しっかり身につく

基礎から学ぶ力学

竹内秀夫

現代数学社

はしがき

「力学」は，物理学の体系の中で最も基本となる学問であり，理工系学部に入学した多くの学生諸君が最初に学ぶ科目でもある．後に続く物理学科目や理学・工学専門科目で扱う物理的な考え方と数学的手法の多くが,「力学」で学ぶ事柄の中に凝縮されて現れてくるため，初めに学ぶ「力学」で十分に力をつけておくことは，将来どの分野に進む者にとっても非常に大切である．

しかしながら，学問に身を投じるとき，学ぶべき範囲が圧倒的に広い森のように感じられ進むべき道筋がなかなか見えてこず，とまどう学生も少なからずいるものと思う．そこで，新しく学ぼうとする学生諸君ができるだけ早く勉強のありかたを見出せるような「力学」の教科書を作ろうと考えてこの本を執筆した．学問の森に分け入っていく導入路を示し，読み終えたときには自分の歩いてきた道筋が眺望できるような地点にたどり着けるようにと心掛けた．

本の内容は，著者が学部1年生を対象として「力学」の講義を行ったときのノートをもとに書かれている．幹となる重要な力学法則の間の関係を明確にし，全体の流れを筋をおって読めるように記述すると同時に，初年次に修得しておくべき様々な数学的手法をできるだけ取り入れて,「力学」を学びながら数学的解析力も身につけることができるように解説した．高校レベルの数学力を前提として，それを発展させていくことにより，無理なく読めるように工夫したつもりである．

第1章では，物体を質点とみなして，その運動を記述するために必要な座標やベクトルの扱い方を述べている．ここで準備しておいてから，第2章以降のニュートン力学の世界に踏み入っていく．第2, 3章では，はじめにニュートン力学の柱である運動の法則について述べる．その後に，いくつかの重要な数学的手法を導入しつつ，放物体の運動や振動系の運動などの問題を具体的に解いていく．物体の運動が特定の曲面上や曲線上に制限されている束縛された運動についても述べる．第4章では，力の場を扱うときに必要な偏微分や微分演算子の手法を導入して，力のする仕事と運動エネルギー，状態量と保存力の概念について述べる．第5章では，ケプラーの法則を示し，これが運動の法則と万有引力の法則を用いて導けることを述べる．一般的な中心力のもとでは力学的エネルギー保存の法則とともに力の中心のまわりの角運動量が保存することを導き，並進運動と回転運動の方程式を一般的に扱う方法を述べる．

前の章までに明らかにされた質点の力学に基づいて，第 6 章では，質点の集まりである質点系の運動を記述する方法について述べる．質点系全体を特徴づける物理量を探し，それらの物理量の間に成り立つ法則を見出していく．重心の並進運動と原点のまわりの回転運動の方程式に加えて，重心のまわりの自転運動に対して成り立つ方程式を調べる．第 7, 8 章では，質点系の運動法則を，大きさをもつ物体である剛体に適用していく．第 9, 10 章では，再び質点の運動に戻り，慣性系でない座標系において物体の運動がどのような方程式で記述されるかについて述べる．さらに，地球表面に固定した座標系での自転の寄与が無視できない運動を取り上げる．第 11 章では，固定点のまわりの剛体の運動について述べる．

物理学の学習においては，個別の事項を修得するとともに，全体を貫いている考え方をつかみとることが大事である．この本で述べた「力学」を 1 つのストーリーとして読み進めてもらえたら幸いである．

本文の随所に，思考力や計算力を養成するための基本的な問題を与えた．どうしても解けない場合には，巻末に挙げた参考書等を調べ，そこに載せられている数々の関連問題を研究することも大切である．紙面の都合で本書では取りあげていない多くの興味深い問題がこれらの文献に載せられているので，熱心な学生諸君は積極的に読み進めて力学三昧の日々を満喫していただきたい．さらに高い頂きにむけて踏み出すための学生諸君の知恵と基礎体力の養成に，拙著が役立てばと願っている．

お会いするたびに貴重なアドバイスをして下さるにこやかな数学者愛知教育大学名誉教授小寺平治氏，編集・出版に大変お世話いただいた現代数学社社長富田淳氏に，厚くお礼を申し上げます．

2013 年 8 月　　　竹内秀夫

目 次

1　運動学

力学は近代科学の出発点となった学問であり，これを学ぼうとするとき，必須となる数学を修得して現象を解析的に取り扱えるようにしておく必要がある．すでに高校数学において，スカラー関数の微分・積分やベクトル，複素数，三角関数，指数関数などを学んでいるので，この章では，それらに加えて関数の近似法，ベクトルの微分，3 次元座標とその一般化などを扱えるようにしていく．物体の状態の時間的変化を**物体の運動**として考えるとき，まずは運動の様態の記述方法に着目して，運動の原因となるもの (次章で導入される**力**という概念) にはふれないでおく．このような**運動学**は，力を扱って運動を記述する力学に進むための助走として大事な内容をもっている．

1.1　テイラー展開

マクローリン展開

実数または複素数 x の関数 $f(x)$ がある（関数値も実数または複素数）．この関数が定数 c_n を係数として次のように書けるものとする．

$$f(x) = c_0 + c_1 x + c_2 x^2 + c_3 x^3 + \cdots = \sum_{n=0}^{\infty} c_n x^n \tag{1.1}$$

各項の x^n を x の**巾**（べき）と呼び，関数をこのような級数の形に展開することを**巾級数展開**という．ここでは，関数 $f(x)$ が $x=0$ において**無限回微分可能である**としている．すなわち，関数が $x=0$ の近傍において十分滑らかであることを前提としている．階乗に関して $0! \equiv 1$ と定義しておく（「$\equiv$」は定義式であることを意味している）．まず，上式で $x=0$ とおくと $f(0) = c_0 = 0!\, c_0$ となる．次に，式（1.1）の両辺を 1 回微分する．右辺を項別微分して

$$f'(x) = c_1 + 2c_2 x + 3c_3 x^2 + 4c_4 x^3 + \cdots$$

となる．ここで $x=0$ とおくと $f'(0) = c_1 = 1!\, c_1$ となる．関数 $f(x)$ が $x=0$ において無限回微分可能であるとしたので，同様に微分してから $x=0$ とおく計算を繰り返すと，一般に

$$\left(\frac{d^n f}{dx^n}\right)_{x=0} \equiv f^{(n)}(0) = n!\, c_n \tag{1.2}$$

の関係式が得られる．これより展開係数 c_n が決まるので，展開式は

$$f(x) = f(0) + \frac{f'(0)}{1!}x + \frac{f''(0)}{2!}x^2 + \cdots = \sum_{n=0}^{\infty} \frac{f^{(n)}(0)}{n!}x^n \tag{1.3}$$

と表される．この級数展開を**マクローリン** (Maclaurin) **展開**という．

テイラー展開

関数 $f(x)$ が $x = a$ において無限回微分可能である場合には，$x = a$ の近傍において $f(x)$ を $(x - a)$ の巾級数に展開することができる．

いま $t \equiv x - a$ とおくと $f(x) = f(t + a) \equiv g(t)$ のように，関数は t に関しては別の形 $g(t)$ になる．例えば，関数 $f(x) = x^2$ を $x = 1$ のまわりに巾級数展開することを考えてみる．$t = x - 1$ とおけば，$x = 1$ は $t = 0$ に対応し，$x^2 = (t + 1)^2$ であるから関数 $g(t) = (t + 1)^2$ を $t = 0$ のまわりに巾級数展開する問題に帰着される．

関数 $g(t)$ は $f(x)$ と別の関数形をもつが，横軸に t および x をそれぞれとったグラフを描いて比べてみると，$g(t)$ は $f(x)$ を横軸方向へ $-a$ だけ平行移動した形になっている．x が a の近傍にあるとき t は 0 の近傍にあるから，$g(t)$ は $t = 0$ で無限回微分可能であることになる．従って，$g(t)$ は次のように $t = 0$ のまわりで巾級数展開することができる．

$$g(t) = \sum_{n=0}^{\infty} \frac{g^{(n)}(0)}{n!} t^n$$

ここで $g^{(n)}(0) = f^{(n)}(a)$ となるので，関数 $f(x)$ は

$$f(x) = \sum_{n=0}^{\infty} \frac{f^{(n)}(a)}{n!} (x - a)^n \tag{1.4}$$

と表せる．このような $x = a$ のまわりでの級数展開を一般に**テイラー** (Taylor) **展開**という．マクローリン展開は，テイラー展開において $a = 0$ とおいた特別な場合に相当していることがわかる．

関数 $f(x) = x^2$ の $x = 1$ のまわりでの展開を実際に行うと

$$x^2 = 1 + 2(x - 1) + (x - 1)^2 \tag{1.5}$$

となり，3 次以上の高次の項は全て 0 となっている．

【等比級数】 関数 $f(x) = 1/(1+x)$ を $x = 0$ のまわりでテイラー展開し x^2 の項まで求めてみよう．

【解】関数 $f(x)$ を微分して $f'(x) = -(1+x)^{-2}$, $f''(x) = 2(1+x)^{-3}$ を得るので，$x = 0$ においては $f(0) = 1$, $f'(0) = -1$, $f''(0) = 2$ である．これらより，関数は

$$\frac{1}{1+x} = \frac{1}{0!} + \frac{-1}{1!}x + \frac{2}{2!}x^2 + \cdots = 1 - x + x^2 - \cdots$$

と展開できる．

この巾級数展開が初項 1，公比 $-x$ の等比級数になっていることに気付いただろうか．図にグラフが描かれている．和に高次の項を加えるに従って $x = 0$ の近傍のグラフが展開される関数 $f(x)$ のグラフの形に次第に近づいていく．x の 1 次までで近似した式 $y = 1 - x$ は，$x = 0$ における接線の式となっている．**【終】**

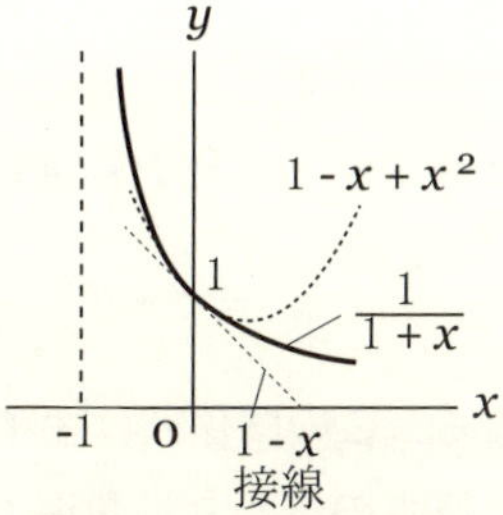

関数 1/(1+x) の展開

次に，関数 $f(x) = 1/(1-x^2)$ を $x = 0$ のまわりでテイラー展開し x^4 の項まで求めると $1 + x^2 + x^4 + \cdots$ となる．この場合のテイラー展開は，上の結果を利用すると，より容易に計算できる．すなわち，$1/(1+x)$ において $x \to -x^2$ と置き換えれば関数 $1/(1-x^2)$ が得られるということに注目して，右辺の展開された各項でも同じ置き換えをすれば，求める結果の式が得られる．この関数は**偶関数**なので，x の偶数次の項のみが展開の中に現れてくる．他方，**奇関数**を展開した場合には，x の奇数次の項のみが展開の中に現れることになる．

【$\sin x$, $\cos x$, e^x のテイラー展開】 奇関数 $\sin x$，偶関数 $\cos x$，および指数関数 e^x を $x = 0$ のまわりでテイラー展開してみよう．

【解】三角関数 $\sin x$ と $\cos x$ を $x=0$ のまわりでテイラー展開すると

$$\sin x = x - \frac{x^3}{3!} + \frac{x^5}{5!} - \cdots,$$
$$\cos x = 1 - \frac{x^2}{2!} + \frac{x^4}{4!} - \cdots$$

となる．また，指数関数 e^x の $x=0$ のまわりでのテイラー展開は

$$e^x = 1 + x + \frac{x^2}{2!} + \frac{x^3}{3!} + \frac{x^4}{4!} + \cdots$$

となる.【終】

---

e^x のテイラー展開において，$x = i\theta$（i は虚数単位，θ（スィータ）は実数）を代入すると，実数の項と純虚数の項が交互に現れるが，それらの順序を入れ替えて，それぞれ実数部分と虚数部分としてまとめて和をとると

$$e^{i\theta} = \cos\theta + i\sin\theta \tag{1.6}$$

となる．この関係式は**オイラーの公式**と呼ばれている．$e^{i\theta}$ は複素平面上で複素数を原点のまわりに角度 θ だけ回転させる演算子であり，理工学の専門書でしばしば現れる.

テイラー展開において，$|x-a|<1$ の場合には，$|x-a|^n$ の次数 n が大きくなるにつれて $|x-a|^n$ は次第に小さくなっていく．$x=a$ の近傍で高次の項が小さくなっていき級数が収束する場合には，**展開の次数の低い側から取ったいくつかの項の和**だけでもとの関数を**近似**することができる.

例えば，関数 $1/(1-x)$ を $x=0$ の近傍でテイラー展開すると $1+x+x^2+\cdots$ となる．これは，初項が 1，公比が x の等比級数である．もし $x=1/2$ ならば $(1/2) > (1/2)^2 > (1/2)^3 > \cdots$ である．このとき，展開の 0 次から 2 次の項までの和で関数の値を近似すると 1.75 となる（もとの関数値 2 の 87.5%）.

【$\sin x$ の近似】関数 $\sin x$ において，$|x|$ が十分小さければ $\sin x \simeq x$ と近似できる．$x = 10^\circ$ の場合について計算してみよう.

【解】$10^\circ \fallingdotseq 0.17453...\text{rad}$, $\sin 10^\circ \fallingdotseq 0.173648...$ であるから，その差は相対的に $9/1745 \fallingdotseq 0.005$ 程度の小さな量である．

このことを図で考えてみると，半径 1 で中心角 x の扇形 OAB において，弧の一端の点 B から半径 OA に下ろした垂線の長さ BH$= \sin x$ と弧の長さ AB$= x$ を等しいとみなすことに相当している．ここで，元の角度 x とその関数 $\sin x$ は無次元の量であるが，長さ 1 をかけてあるため，x と $\sin x$ が長さを表していることに注意する．

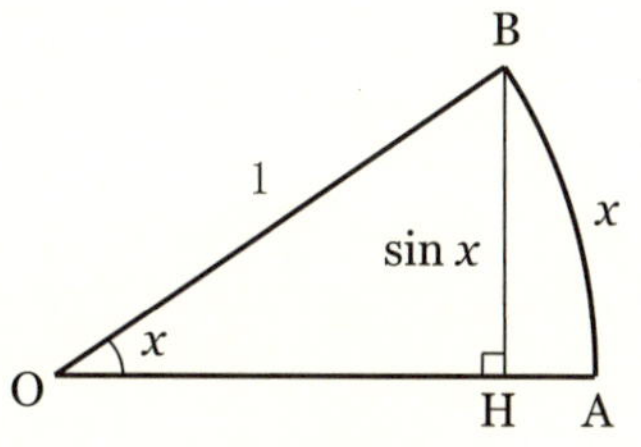

$\sin x$ の近似

角度 x が無限小となる極限を考えたとき，垂線の長さ $\sin x$ と弧の長さ x は限りなく近づき，**極限において等しくなる**とみなせる．無限小の角度に関するこの関係は大変重要であり，今後しばしば用いることになる．【終】

▶ **問題 1.1A** 次の関数を $x = 0$ のまわりにテイラー展開し x^3 の項まで求めよ．

(1) $\sqrt{1+x}$　　(2) $\tan x$　　(3) $\log(1+x)$　　(4) $\cos\left(\dfrac{\pi}{3}+x\right)$

▶ **問題 1.1B** 関数 $f(x) = 1/(1-2x+x^2)$ を $x = 0$ のまわりにテイラー展開し x^3 の項まで求めよ．

▶ **問題 1.1C** 実数 x の関数 $f(x) = a - \sqrt{a^2 - x^2}$　($|x| \le a$, a は正の定数) において $|x| \ll a$ のとき $y = f(x)$ は放物線 $y = g(x)$ で近似できる．$g(x)$ を求めよ．

1.2　双曲線関数

物理学では，三角関数によく似た記号を用いた**双曲線関数** (Hyperbolic function) がしばしば現れる．双曲線関数は，x を複素数として次の式により定義される．

$$\left.\begin{aligned}\cosh x &\equiv \frac{e^x + e^{-x}}{2}\,, \\ \sinh x &\equiv \frac{e^x - e^{-x}}{2}\,, \\ \tanh x &\equiv \frac{\sinh x}{\cosh x}\,, \\ \mathrm{sech}\, x &\equiv \frac{1}{\cosh x}\end{aligned}\right\} \quad (1.7)$$

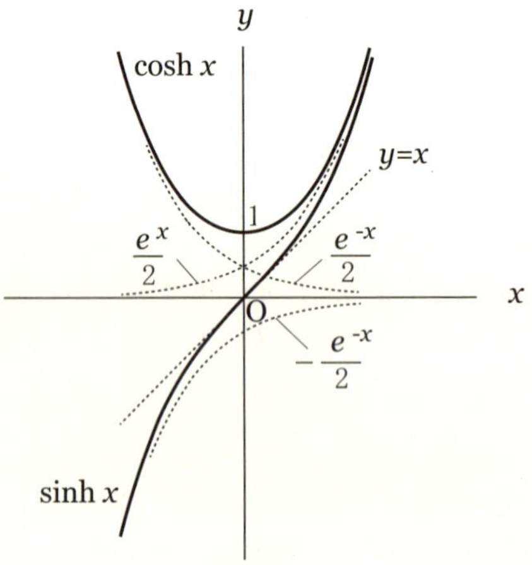

通常，$\sinh x$ を「ハイパボリック・サイン・エックス」と読む．双曲線関数は，次の性質をもっている．

$$\left.\begin{aligned}&\cosh^2 x - \sinh^2 x = 1\,, \\ &\frac{d}{dx}\cosh x = \sinh x\,, \\ &\frac{d}{dx}\sinh x = \cosh x\,, \\ &\frac{d}{dx}\tanh x = \mathrm{sech}^2 x\end{aligned}\right\} \quad (1.8)$$

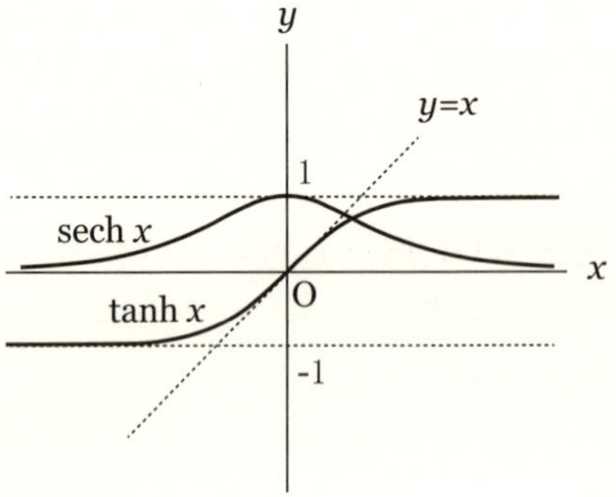

双曲線関数を $x = 0$ のまわりにテイラー展開すると

$$\cosh x = 1 + \frac{x^2}{2!} + \frac{x^4}{4!} + \frac{x^6}{6!} + \cdots, \tag{1.9}$$

$$\sinh x = x + \frac{x^3}{3!} + \frac{x^5}{5!} + \frac{x^7}{7!} + \cdots, \tag{1.10}$$

$$\tanh x = x - \frac{1}{3}x^3 + \frac{2}{15}x^5 - \frac{17}{315}x^7 + \cdots \tag{1.11}$$

となる．この展開より，$\sinh x$ と $\tanh x$ は，$x = 0$ で同じ直線 $y = x$ に接していることがわかる．糸などの両端を同じ高さに固定して吊り下げたときできる曲線は，懸垂線（カテナリー；Catenary）と呼ばれる．なわ飛びを始めるときのなわはどんな形をしていただろうか.

【ロピタルの定理とテイラー展開】 $x \to 0$ のときの $\sinh 2x/\sin 3x$ の極限を考えてみよう.

【解】 $\frac{0}{0}$ になる不定形の極限は, **ロピタルの定理** $\displaystyle\lim_{x\to 0}\frac{f(x)}{g(x)} = \lim_{x\to 0}\frac{f'(x)}{g'(x)}$ により計算できる. 実行すると

$$\lim_{x\to 0}\frac{\sinh 2x}{\sin 3x} = \lim_{x\to 0}\frac{2\cosh 2x}{3\cos 3x} = \frac{2}{3}$$

と極限値が得られる.

他方, $\sinh 2x$ と $\sin 3x$ を $x = 0$ のまわりでテイラー展開すると

$$\sinh 2x = 2x + \frac{4}{3}x^3 + \cdots, \quad \sin 3x = 3x - \frac{9}{2}x^3 + \cdots$$

となる. これより

$$\frac{\sinh 2x}{\sin 3x} = \frac{2x + \frac{4}{3}x^3 + \cdots}{3x - \frac{9}{2}x^3 + \cdots} = \frac{2 + \frac{4}{3}x^2 + \cdots}{3 - \frac{9}{2}x^2 + \cdots}$$

と x が約せて, $x \to 0$ のとき極限値が $\frac{2}{3}$ となる. これに対して, ロピタルの定理による計算では, 分子・分母をテイラー展開したときの x の 1 次の項を微分することにより $\frac{2}{3}$ が現れていることがわかる.【終】

▶ **問題 1.2A** 次の双曲線関数を $\sinh\alpha$, $\cosh\alpha$, $\sinh\beta$, $\cosh\beta$ を用いて表せ.

(1) $\sinh(\alpha+\beta)$ (2) $\cosh(\alpha+\beta)$ (3) $\sinh 2\alpha$ (4) $\cosh(\alpha-\beta)$

▶ **問題 1.2B** 双曲線関数 $\tanh(\alpha+\beta)$ を $\tanh\alpha$, $\tanh\beta$ を用いて表せ.

1.3 ベクトル

物体の運動と質点

物体の運動とは, 物体の状態が時刻と共に変化することを指していう. この

章で述べる**運動学**では，物体の運動をいかに量的に表現するか，を明らかにしていく．まだ物体の運動の原因となるもの（次章で導入する**力**）についてはふれず，運動の様態だけを問題としてとりあげる．

物体は**大きさ**と**質量**をもつが，物理学では大きさをもたず質量のみをもつ理想的な物体を考え，これを**質点**と呼ぶ．物体の運動を考えるにあたって，まず質量が第一に重要な量であると考えて，大きさをもつ物体の全質量が物体の一点（第 6 章で導入する**重心**）に集まったものとして，物体を点として扱ってしまうわけである．

この章では質点の運動学について解説し，以下の第 2, 3, 4, 5 章および第 9, 10 章で**質点の力学**について述べる．3 次元空間内での質点の運動を考えるときには，各時刻における瞬間的な**直線運動**と**基準点のまわりの回転運動**に注目する．実際の物体は大きさをもつので，さらに**物体の一点のまわりの回転運動**（**自転運動**）も扱う必要がでてくる．物体の大きさも考慮した運動については，物体を質点の集まりと考えて，第 6, 7, 11 章で**質点系の力学**としてとりあげていく．

直交座標と一般化座標

物体の運動を記述する場合には，**物体の空間内での位置を表す方法が必要となってくる．**

最も普通の方法は，空間の一点を選び，そこを座標原点 O として，その点を通る互いに直交した 3 方向に座標軸をとる方法である．これらの座標軸を x 軸，y 軸，z 軸と呼び，それぞれ正の向きを決める．このとき，2 通りの選び方がある．普通は，x 軸正方向から y 軸正方向へと小さいほうの角度 $\pi/2$ の向きに右ねじを回転させたときねじの進む向きを z 軸正方向として選ぶ．これを**右手系**という．右手の親指，人差し指，中指を互いに直交させて立てたとき，親指が x 軸，人差し指が y 軸，中指が z 軸の正方向を向くようにすることができるためである．

これに対して，左手を用いて同様に定めた座標系は**左手系**と呼ばれる．左手系はどのように回転させて移動しても右手系と重なることはない．現在ではほとんどの文献で右手系が用いられているため，この本でも右手系を用いて記述していくことにする．

このようにして選ばれた座標系 $Oxyz$ を **3 次元直交座標系**または**デカルト座標系**と呼ぶ．哲学者のデカルトが夜ベッドに横になって部屋の隅を飛んでいるハエを眺めていてハエの位置が 2 つの壁と天井への距離の 3 つの値で決まることに気付いた，と伝えられている．運動を問題にしている質点の位置 P から 3 つの座標軸のそれぞれに垂線を下ろしたときの垂線の足の座標値を (x, y, z) と並べて書き，これを点 P の**位置座標**という．

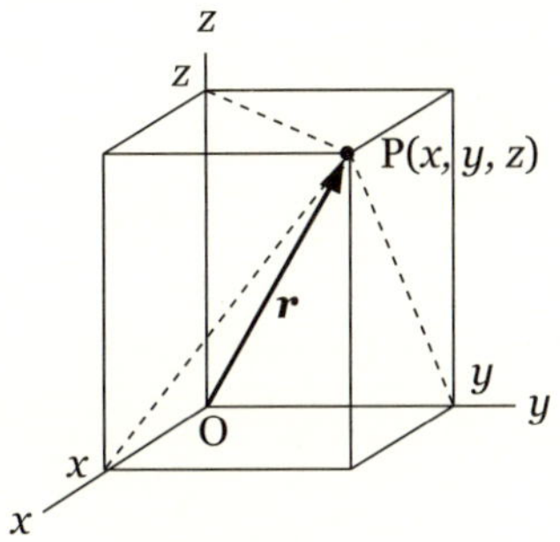

右手系と位置ベクトル

質点の位置は，原点 O に始点をもち点 P を終点とする**位置ベクトル** $\overrightarrow{\mathrm{OP}} \equiv \boldsymbol{r}$ によって表すこともできる．**ベクトル**は大きさと向きをもつ量である．位置ベクトルの大きさは線分 OP の長さであり r と書かれる．太字 $\boldsymbol{r}$ は大きさと向きをもつベクトル量を，細字 r はベクトル $\boldsymbol{r}$ の大きさ（正または 0）を表している．

原点のまわりに座標軸を回転させたときに，直交座標の 3 成分 $(x,\ y,\ z)$ **と同じ変換性をもつ量**を **1 階テンソル**（または**ベクトル**）という．これに対し，**座標原点のまわりに座標軸を回転させたときに不変な量**を **0 階テンソル**（または**スカラー**）という．原点からの距離 $r = \sqrt{x^2 + y^2 + z^2}$ は座標回転に対して不変量なのでスカラーである．後に物体の回転運動を議論するときに，x, y, z 座標の 2 個の積からなる 9 つの成分 $(xx,\ xy,\ xz,\ yx,\ yy,\ yz,\ zx,\ zy,\ zz)$ と同じ変換性をもつ **2 階テンソル**として，回転に対する慣性を表す「慣性テンソル」を扱うことになる．

質点の位置を表すには別の方法もある．よく使われるものとして **3 次元極座標** がある．これは，点 P の原点 O からの距離（**動径**）を r，線分 OP が z 軸から傾いた角度（**天頂角**）を θ，点 P を xy 平面へ射影した点を H として線分 OH が x 軸となす角度（**方位角**）を φ（ファイ）としたとき，これらの 3 つの座標 $(r,\ \theta,\ \varphi)$ で質点の位置を表す方法である．ここで，半直線 Oz を**極軸**と呼ぶ．3 変数の取りうる値の範囲は $0 \leq r,\ 0 \leq \theta \leq \pi,\ 0 \leq \varphi \leq 2\pi$ とする．点 P のデカルト座標と 3 次元極座標の間には次の関係がある．

$$x = r \sin\theta \cos\varphi, \quad y = r \sin\theta \sin\varphi, \quad z = r \cos\theta \tag{1.12}$$

点 P の 3 次元極座標 (r, θ, φ) がわかっていれば，上の関係からデカルト座標 (x, y, z) を計算できる．

また (x, y, z) がわかっていれば

$$\left.\begin{aligned} r &= \sqrt{x^2+y^2+z^2}\,, \\ \cos\theta &= \frac{z}{\sqrt{x^2+y^2+z^2}}\,, \\ \sin\theta &= \frac{\sqrt{x^2+y^2}}{\sqrt{x^2+y^2+z^2}}\,, \\ \cos\varphi &= \frac{x}{\sqrt{x^2+y^2}}\,, \\ \sin\varphi &= \frac{y}{\sqrt{x^2+y^2}} \end{aligned}\right\} \qquad (1.13)$$

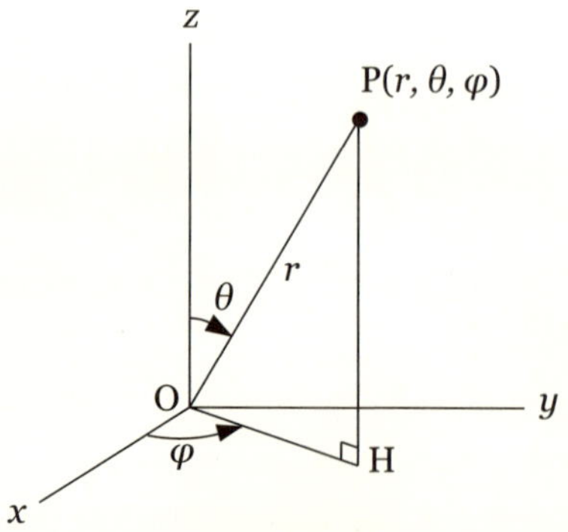

3 次元極座標

から逆に (r, θ, φ) を計算できる．

質点の位置を表すもう 1 つの良く使われる方法として，**円柱座標**（または**円筒座標**）がある．

これは，点 P を xy 平面へ射影した点を H として，点 H の原点 O からの距離 OH を ρ（ロー），線分 OH が x 軸となす角度を φ として，3 つの座標 (ρ, φ, z) で質点の位置を表す方法である．変数の値の範囲は $0 \leq \rho$, $0 \leq \varphi \leq 2\pi$, $-\infty < z < \infty$ である．

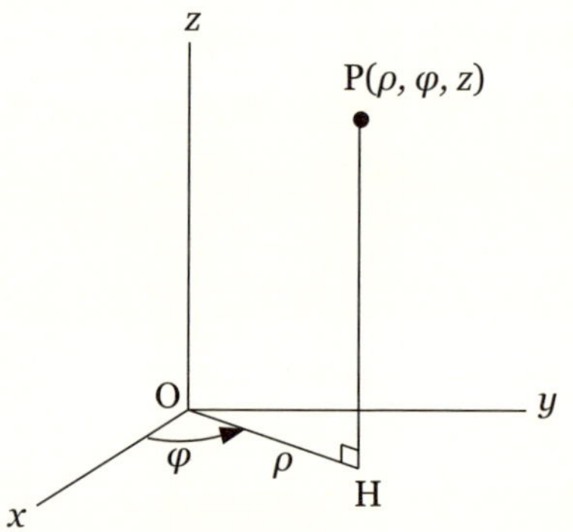

円柱座標

点 P のデカルト座標と円柱座標の間には次の関係がある．

$$x = \rho\cos\varphi\,, \quad y = \rho\sin\varphi\,, \quad z = z \qquad (1.14)$$

3 次元空間内の質点の位置を表すには 3 個の変数（独立変数）が必要である．このことを「質点の運動の**自由度**が 3 である」という．解くべき問題に応じて

適した座標を選ぶことにより，問題を楽に解くことができる．

3 次元極座標や円柱座標のような座標を，デカルト座標から座標概念を一般化させたという意味で**一般化座標** と呼ぶ．これらの一般化座標は長さの次元をもつとは限らない．他にどんな一般化座標のとり方があるか，各自調べてみよう．

一般的なベクトル

ここで，力学を学ぶ上でベクトルに関して必要となる事柄を整理しておこう．3 次元直交座標系を用いて質点の運動を記述するとき，位置ベクトル（原点に始点をもつ）以外に空間の任意の点を始点とするベクトル（例えば力を表すベクトル）や，より抽象的なベクトル（例えば速度や加速度を表すベクトル）を取り扱う必要がある．このような**一般的なベクトル** $\boldsymbol{A}$ は，平行移動して始点を原点においた場合の終点の座標 Q（一般に長さと異なる単位をもつ）が $(A_x,\ A_y,\ A_z)$ であるとすると，これらを 3 成分としてもつベクトルとして

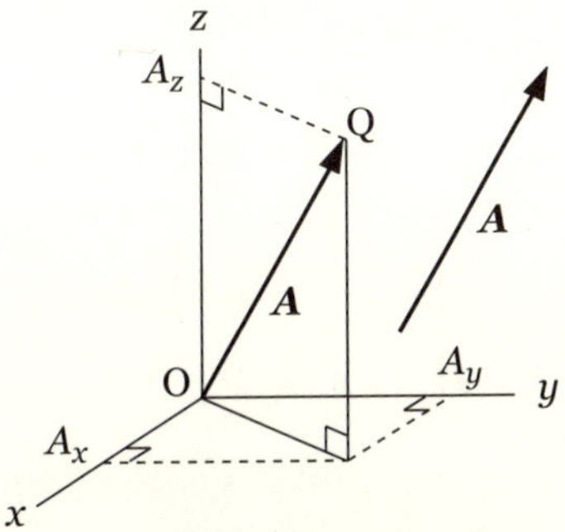

一般のベクトル

$$\boldsymbol{A} = (A_x,\ A_y,\ A_z) \tag{1.15}$$

と表される．一般のベクトルにおいては，**平行移動して得られるベクトルは全てもとのベクトルと等価なもの**として取り扱い，同じ記号 $\boldsymbol{A}$ で表す．

ベクトルの大きさ

ベクトルは**大きさ**と**向き**をもつ量である．ベクトル $\boldsymbol{A}$ の大きさ A（ベクトルそのものと区別して細字で表す）は

$$A \equiv |\boldsymbol{A}| \equiv \sqrt{A_x^2 + A_y^2 + A_z^2} \tag{1.16}$$

と定義される．三平方の定理を用いれば，ベクトルの大きさは，図に描いたときのベクトルの長さ OQ によって表されていることがわかる．

ベクトルのスカラー倍

任意のスカラーを c として，ベクトル $\boldsymbol{A}$ のスカラー c 倍を

$$c\boldsymbol{A} \equiv (cA_x,\ cA_y,\ cA_z) \tag{1.17}$$

のように各成分を c 倍したもので定義する．図を描いて三角形の相似を用いて考えればわかるように，$c\boldsymbol{A}$ はベクトル $\boldsymbol{A}$ と同じ向きをもち大きさが c 倍となったベクトルを表している．特に，$c = -1$ のときは，ベクトル $\boldsymbol{A}$ と同じ大きさをもち向きが反対方向を向いたベクトル $-\boldsymbol{A}$ になる．

ベクトルの和と差

2つのベクトル $\boldsymbol{A}$ と $\boldsymbol{B}$ の和はそれぞれの成分の和を成分としてもつベクトルとして，次のように定義される．

$$\boldsymbol{A} + \boldsymbol{B} \equiv (A_x + B_x,\ A_y + B_y,\ A_z + B_z)$$

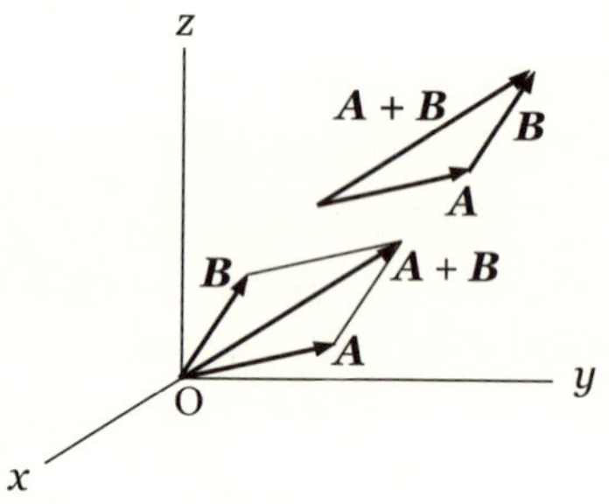

ベクトルの和

これは，2つのベクトルを同じ始点にして $\boldsymbol{A}$ と $\boldsymbol{B}$ を二辺とする平行四辺形を作図したとき，同じ始点からでて平行四辺形の対角位置にできる新しい頂点を終点とするベクトルによって表される．

$\boldsymbol{A}$ から $\boldsymbol{B}$ を引いた差は，$\boldsymbol{A} - \boldsymbol{B} = \boldsymbol{A} + (-\boldsymbol{B})$ を表す．これは，それぞれの成分の差を成分としてもつベクトルで

$$\boldsymbol{A} - \boldsymbol{B} \equiv (A_x - B_x,\ A_y - B_y,\ A_z - B_z)$$

である．従って，$\boldsymbol{A} - \boldsymbol{B}$ は $\boldsymbol{A}$ と $-\boldsymbol{B}$ を二辺とする平行四辺形を作図すれば，描くことができる．

単位ベクトルと基本ベクトル

大きさ1のベクトルは**単位ベクトル**と呼ばれる．座標原点 O を中心とした半径1の単位球を考えたとき，O を始点とし，単位球面上の点を終点とするベクトルはすべて単位ベクトルである．ベクトル $\boldsymbol{A}$ と同じ向きを向いた単位ベクト

ルを $\boldsymbol{e}_A$ と表せば，ベクトル $\boldsymbol{A}$ は

$$\boldsymbol{A} = A\,\boldsymbol{e}_A \tag{1.18}$$

と書ける．すなわち，ベクトル $\boldsymbol{A}$ は大きさ A と向き $\boldsymbol{e}_A$ の掛け算で表される．

単位ベクトルのなかで，特に**直交座標軸の正方向を向いた大きさ 1 のベクトルを基本ベクトル**という．x 軸, y 軸, z 軸の正方向を向いた基本ベクトルを，それぞれ順に $\boldsymbol{i}$, $\boldsymbol{j}$, $\boldsymbol{k}$ と表す．

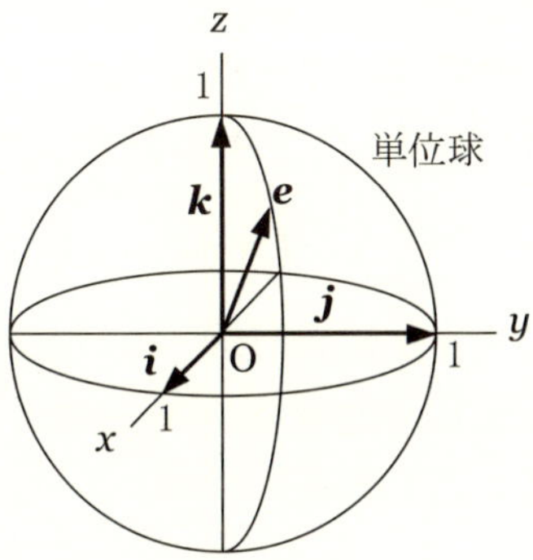

単位ベクトル

基本ベクトルによる表現

基本ベクトルを用いると，ベクトル $\boldsymbol{A}$ は

$$\boldsymbol{A} = A_x\,\boldsymbol{i} + A_y\,\boldsymbol{j} + A_z\,\boldsymbol{k} \tag{1.19}$$

と表すことができる．位置ベクトルでは

$$\boldsymbol{r} = x\,\boldsymbol{i} + y\,\boldsymbol{j} + z\,\boldsymbol{k} \tag{1.20}$$

となる．大きさ 0 のベクトルは**ゼロ・ベクトル**と呼ばれ

$$\boldsymbol{0} \equiv 0\,\boldsymbol{i} + 0\,\boldsymbol{j} + 0\,\boldsymbol{k} \tag{1.21}$$

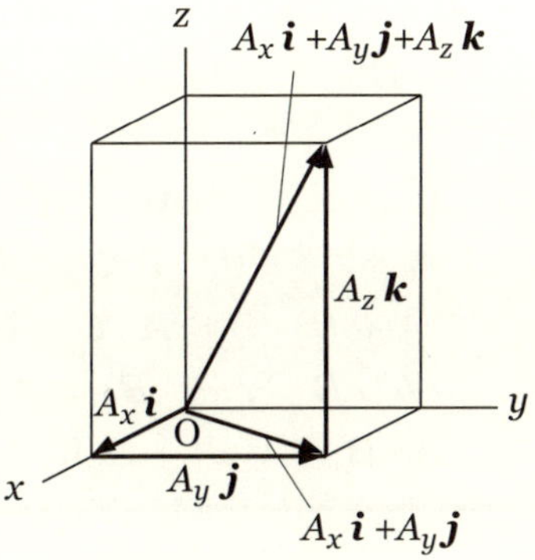

ベクトルの成分

という記号で表される．ベクトル $\boldsymbol{A}$ と $\boldsymbol{B}$ の和と差は，それぞれ

$$\boldsymbol{A} + \boldsymbol{B} = (A_x + B_x)\,\boldsymbol{i} + (A_y + B_y)\,\boldsymbol{j} + (A_z + B_z)\,\boldsymbol{k}\,, \tag{1.22}$$

$$\boldsymbol{A} - \boldsymbol{B} = (A_x - B_x)\,\boldsymbol{i} + (A_y - B_y)\,\boldsymbol{j} + (A_z - B_z)\,\boldsymbol{k} \tag{1.23}$$

と表せる．2 つのベクトル $\boldsymbol{A}$ と $\boldsymbol{B}$ が等しいためには，$\boldsymbol{A}$ と $\boldsymbol{B}$ の x, y, z 成分どうしが等しいことが必要十分条件となる．すなわち

$$A_x\,\boldsymbol{i} + A_y\,\boldsymbol{j} + A_z\,\boldsymbol{k} = B_x\,\boldsymbol{i} + B_y\,\boldsymbol{j} + B_z\,\boldsymbol{k} \quad \rightleftharpoons \quad A_x = B_x,\ A_y = B_y,\ A_z = B_z \tag{1.24}$$

である．

内積（スカラー積）

2つのベクトル $\boldsymbol{A}$ と $\boldsymbol{B}$ からつくられる**内積** を次のように定義する．

$$\boldsymbol{A} \cdot \boldsymbol{B} \equiv AB\cos\theta \tag{1.25}$$

ここで θ は2つのベクトルのなす角度である．θ の大きさによって，内積は，正，0，または負の値をもつ．内積はスカラー量なので，内積のことを**スカラー積**ということもある．

【ベクトルの内積の性質】 内積に関しては，次にあげるような性質がある．

(i)　$\boldsymbol{B} \cdot \boldsymbol{A} = \boldsymbol{A} \cdot \boldsymbol{B}$　（交換則）

(ii)　$\boldsymbol{A} \cdot \boldsymbol{B} = 0 \quad (AB \neq 0) \quad \rightleftharpoons \quad \boldsymbol{A} \perp \boldsymbol{B}$

　基本ベクトルについては　$\boldsymbol{i} \cdot \boldsymbol{j} = \boldsymbol{j} \cdot \boldsymbol{k} = \boldsymbol{k} \cdot \boldsymbol{i} = 0$

(iii)　$\boldsymbol{A} \cdot \boldsymbol{A} = A^2 = |\boldsymbol{A}|^2 \equiv \boldsymbol{A}^2$

　基本ベクトルについては　$\boldsymbol{i}^2 = \boldsymbol{j}^2 = \boldsymbol{k}^2 = 1$

(iv)　$(\boldsymbol{A} + \boldsymbol{B}) \cdot \boldsymbol{C} = \boldsymbol{A} \cdot \boldsymbol{C} + \boldsymbol{B} \cdot \boldsymbol{C}$　（分配則）

(v)　$(c\boldsymbol{A}) \cdot \boldsymbol{B} = c\,(\boldsymbol{A} \cdot \boldsymbol{B}) = \boldsymbol{A} \cdot (c\boldsymbol{B})$　（c はスカラー）

(vi)　$\boldsymbol{A} \cdot \boldsymbol{B} = A_x B_x + A_y B_y + A_z B_z$

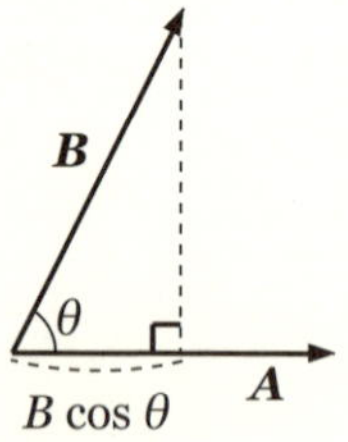

座標軸の回転

デカルト座標系において z 軸のまわりに角度 φ だけ座標系を回転させる．このとき，**右ねじの進む向きが z 軸正方向と同じになる回転方向を φ の正回転の向きとする．**

古い座標系の基本ベクトル $\boldsymbol{i}$，$\boldsymbol{j}$ を新しい座標系 $\mathrm{O}'x'y'z'$ の x', y' 成分に分解する．

$\boldsymbol{i}$ の x' 成分は $\cos\varphi$ と単位ベクトル $\boldsymbol{e}_1$ の積，y' 成分は $\sin\varphi$ と単位ベクトル $-\boldsymbol{e}_2$ の積である．

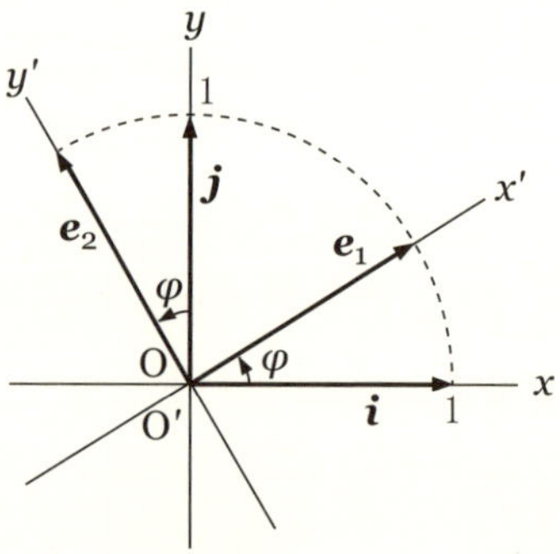

座標軸回転

$\boldsymbol{j}$ も同様に x', y' 成分に分けると，$\boldsymbol{i}$, $\boldsymbol{j}$ と x', y' 軸方向の基本ベクトル $\boldsymbol{e}_1, \boldsymbol{e}_2$

との間に次の関係式が成り立つ.

$$\boldsymbol{i} = \cos\varphi\,\boldsymbol{e}_1 - \sin\varphi\,\boldsymbol{e}_2\,, \tag{1.26}$$

$$\boldsymbol{j} = \sin\varphi\,\boldsymbol{e}_1 + \cos\varphi\,\boldsymbol{e}_2 \tag{1.27}$$

外積（ベクトル積）

角度 θ（ただし $0 \leq \theta \leq \pi$）をなす2つのベクトル $\boldsymbol{A}$ と $\boldsymbol{B}$ からつくられる新しいベクトル量 $\boldsymbol{A}\times\boldsymbol{B}$ を，**大きさが** $AB\sin\theta$**，向きが** $\boldsymbol{A}$ **から** $\boldsymbol{B}$ **へ右ねじを回転したときねじの進む向き**，となるように定義する.

この場合に**回転は 2 つのベクトルのなす角度のうち小さい方を選ばなければならない**．すなわち，$0 \leq \theta \leq \pi$ である角度 θ に沿って回転する．このベクトル量は，2 つのベクトルの**外積**と呼ばれる．外積はベクトル量なので**ベクトル積**とも呼ばれる.

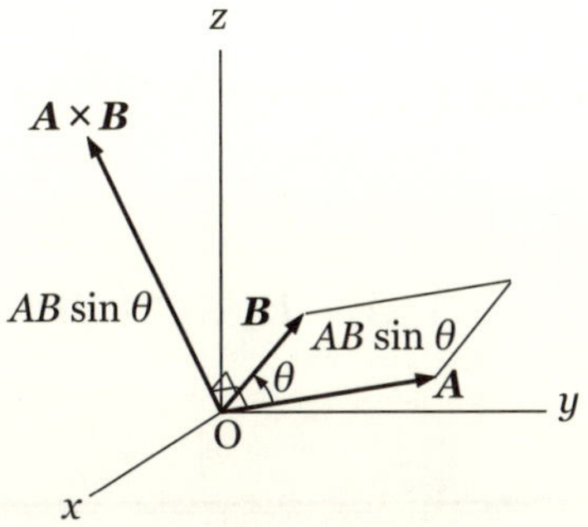

ベクトルの外積

外積の大きさは 2 つのベクトルを隣り合う二辺とする平行四辺形の面積に等しく，外積の方向はこの平行四辺形の面に垂直となる.

2 つのベクトルの外積を扱うときには，ベクトルの順を変えると逆向きのベクトルとなってしまうことに注意する必要がある.

【ベクトルの外積の性質】 外積に関しては，次にあげるような性質がある（c はスカラーとする）.

(i) $\boldsymbol{A} \parallel \boldsymbol{B}$ のとき $\boldsymbol{A}\times\boldsymbol{B} = \boldsymbol{0}$

(ii) $\boldsymbol{B}\times\boldsymbol{A} = -\boldsymbol{A}\times\boldsymbol{B}$

(iii) $(c\boldsymbol{A})\times\boldsymbol{B} = c\,(\boldsymbol{A}\times\boldsymbol{B}) = \boldsymbol{A}\times(c\boldsymbol{B})$

(iv) $(\boldsymbol{A}+\boldsymbol{B})\times\boldsymbol{C} = \boldsymbol{A}\times\boldsymbol{C} + \boldsymbol{B}\times\boldsymbol{C}$

(v) $\boldsymbol{i}\times\boldsymbol{i} = \boldsymbol{j}\times\boldsymbol{j} = \boldsymbol{k}\times\boldsymbol{k} = \boldsymbol{0}$

(vi) $\boldsymbol{i}\times\boldsymbol{j} = \boldsymbol{k}\,,\quad \boldsymbol{j}\times\boldsymbol{k} = \boldsymbol{i}\,,\quad \boldsymbol{k}\times\boldsymbol{i} = \boldsymbol{j}$

(vii) $\boldsymbol{A}\times\boldsymbol{B} = (A_yB_z - A_zB_y)\,\boldsymbol{i} + (A_zB_x - A_xB_z)\,\boldsymbol{j} + (A_xB_y - A_yB_x)\,\boldsymbol{k}$

(viii) $\boldsymbol{A}\cdot(\boldsymbol{B}\times\boldsymbol{C}) = \boldsymbol{C}\cdot(\boldsymbol{A}\times\boldsymbol{B}) = \boldsymbol{B}\cdot(\boldsymbol{C}\times\boldsymbol{A})$

(ix) $|\boldsymbol{A}\cdot(\boldsymbol{B}\times\boldsymbol{C})|$ は $\boldsymbol{A},\boldsymbol{B},\boldsymbol{C}$ で作られる平行六面体の体積である．

(x) $\boldsymbol{A}\times(\boldsymbol{B}\times\boldsymbol{C}) = (\boldsymbol{A}\cdot\boldsymbol{C})\,\boldsymbol{B} - (\boldsymbol{A}\cdot\boldsymbol{B})\,\boldsymbol{C}$

ベクトルの外積は，3次元ベクトルを扱うときに定義される量であり，内積とともに物理学では広く現れることになる．物体の回転運動を扱うときに現れる角運動量や力のモーメント，電磁気学を学ぶと現れるローレンツ力なども，外積を用いて記述されることがいずれわかる．回転座標系で現れるコリオリの力や遠心力も外積を用いて記述される．

▶ **問題 1.3A** 次の関係式を示せ．

(1) $(\boldsymbol{A}+\boldsymbol{B})\cdot(\boldsymbol{C}+\boldsymbol{D}) = \boldsymbol{A}\cdot\boldsymbol{C} + \boldsymbol{A}\cdot\boldsymbol{D} + \boldsymbol{B}\cdot\boldsymbol{C} + \boldsymbol{B}\cdot\boldsymbol{D}$

(2) $(\boldsymbol{A}+\boldsymbol{B})\times(\boldsymbol{C}+\boldsymbol{D}) = \boldsymbol{A}\times\boldsymbol{C} + \boldsymbol{A}\times\boldsymbol{D} + \boldsymbol{B}\times\boldsymbol{C} + \boldsymbol{B}\times\boldsymbol{D}$

【ベクトルの内積と外積の計算】$\boldsymbol{A} = 2\,\boldsymbol{i}$, $\boldsymbol{B} = 3\,\boldsymbol{i}+5\,\boldsymbol{k}$, $\boldsymbol{C} = \boldsymbol{i}+\boldsymbol{j}+\boldsymbol{k}$ のとき，次の量を計算してみよう．

(1) $\boldsymbol{A}\cdot\boldsymbol{B}$　(2) $\boldsymbol{A}\cdot\boldsymbol{C}$　(3) $\boldsymbol{A}\times\boldsymbol{B}$　(4) $\boldsymbol{B}\times\boldsymbol{C}$　(5) $\boldsymbol{A}\cdot(\boldsymbol{B}\times\boldsymbol{C})$

(6) $\boldsymbol{A}\times(\boldsymbol{B}\times\boldsymbol{C})$

【解】(1) $\boldsymbol{A}\cdot\boldsymbol{B} = 2\,\boldsymbol{i}\cdot(3\,\boldsymbol{i}+5\,\boldsymbol{k}) = 6$

(2) $\boldsymbol{A}\cdot\boldsymbol{C} = 2\,\boldsymbol{i}\cdot(\boldsymbol{i}+\boldsymbol{j}+\boldsymbol{k}) = 2$

(3) $\boldsymbol{A}\times\boldsymbol{B} = 2\,\boldsymbol{i}\times(3\,\boldsymbol{i}+5\,\boldsymbol{k}) = 10\,\boldsymbol{i}\times\boldsymbol{k} = -10\,\boldsymbol{j}$

(4) $\boldsymbol{B}\times\boldsymbol{C} = (3\,\boldsymbol{i}+5\,\boldsymbol{k})\times(\boldsymbol{i}+\boldsymbol{j}+\boldsymbol{k}) = 3\,\boldsymbol{i}\times\boldsymbol{j}+3\,\boldsymbol{i}\times\boldsymbol{k}+5\,\boldsymbol{k}\times\boldsymbol{i}+5\,\boldsymbol{k}\times\boldsymbol{j}$

$\quad = 3\,k - 3\,j + 5\,j - 5\,i = -5\,\boldsymbol{i} + 2\,\boldsymbol{j} + 3\,\boldsymbol{k}$

(5) $\boldsymbol{A}\cdot(\boldsymbol{B}\times\boldsymbol{C}) = 2\,\boldsymbol{i}\cdot(-5\,\boldsymbol{i}+2\,\boldsymbol{j}+3\,\boldsymbol{k}) = -10$

(6) $\boldsymbol{A}\times(\boldsymbol{B}\times\boldsymbol{C}) = 2\,\boldsymbol{i}\times(-5\,\boldsymbol{i}+2\,\boldsymbol{j}+3\,\boldsymbol{k}) = 4\,\boldsymbol{i}\times\boldsymbol{j}+6\,\boldsymbol{i}\times\boldsymbol{k} = -6\,\boldsymbol{j}+4\,\boldsymbol{k}$

【別法】 $(\boldsymbol{A}\cdot\boldsymbol{C})\boldsymbol{B} - (\boldsymbol{A}\cdot\boldsymbol{B})\boldsymbol{C} = 2(3\,\boldsymbol{i}+5\,\boldsymbol{k}) - 6(\boldsymbol{i}+\boldsymbol{j}+\boldsymbol{k}) = -6\,\boldsymbol{j}+4\,\boldsymbol{k}$ 【終】

▶ **問題 1.3B** $\boldsymbol{A} = 4\,\boldsymbol{i} + 3\,\boldsymbol{j}$, $\boldsymbol{B} = 3\,\boldsymbol{i} + 4\,\boldsymbol{j}$, $\boldsymbol{C} = 4\,\boldsymbol{j}$ のとき次の量を求めよ．

(1) $(\boldsymbol{B} + \boldsymbol{C}) \cdot \boldsymbol{A}$ (2) $(\boldsymbol{C} + \boldsymbol{A}) \cdot \boldsymbol{B}$

▶ **問題 1.3C** Oxyz 座標系を z 軸のまわりに $\pi/6$ 回転したとき（xy 面内で x, y 座標軸が反時計回りに $\pi/6$ 回転したとき）の新しい座標系の基本ベクトルを $\boldsymbol{e}_1$, $\boldsymbol{e}_2$, $\boldsymbol{e}_3$ とする．$\boldsymbol{e}_1$, $\boldsymbol{e}_2$, $\boldsymbol{e}_3$ を用いて $\boldsymbol{A} = 2\,\boldsymbol{i}$, $\boldsymbol{B} = 3\,\boldsymbol{i} + 5\,\boldsymbol{k}$, $\boldsymbol{C} = \boldsymbol{i} + \boldsymbol{j} + \boldsymbol{k}$ を表したものを $\boldsymbol{A}', \boldsymbol{B}', \boldsymbol{C}'$ とするとき，次の量を求めよ．

(1) $\boldsymbol{A}'$ (2) $\boldsymbol{B}'$ (3) $\boldsymbol{C}'$ (4) $\boldsymbol{A}' \times \boldsymbol{B}'$ (5) $\boldsymbol{C}' \cdot (\boldsymbol{A}' \times \boldsymbol{B}')$

▶ **問題 1.3D** 3 次元極座標系で表された 2 点 A$(r_1,\, \theta_1,\, \varphi_1)$, B$(r_2,\, \theta_2,\, \varphi_2)$ と原点 O のつくる角 ∠AOB=ψ（プサイ）は次の関係式を満たすことを示せ．

$$\cos\psi = \cos\theta_1 \cos\theta_2 + \sin\theta_1 \sin\theta_2 \cos(\varphi_1 - \varphi_2)$$

ベクトルの時間微分

物体（質点）の運動を記述するために，空間の中に 3 次元直交座標系 Oxyz をとって考える．ある時刻 t における質点の位置 P は，その点のデカルト座標 $\big(x(t),\, y(t),\, z(t)\big)$ を 3 成分としてもつ位置ベクトル

$$\boldsymbol{r}(t) = x(t)\,\boldsymbol{i} + y(t)\,\boldsymbol{j} + z(t)\,\boldsymbol{k}$$

によって表される．ここで $x(t)$ 等は時刻 t における各座標の値であり，これらの値が t の関数として時刻とともに変化していくことを示している．

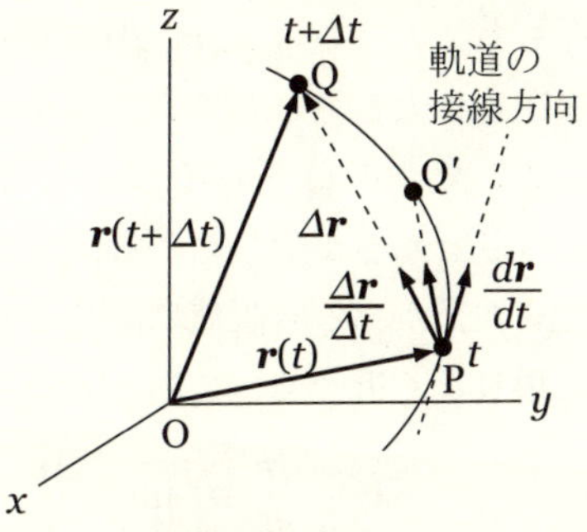

速度ベクトル

Oxyz 座標系に乗って物体の運動を観測するときは基本ベクトル $\boldsymbol{i}, \boldsymbol{j}, \boldsymbol{k}$ は変化しないので，スカラー部分 x, y, z の時間的変化だけを考えればよい．**質点が空間内を運動するときたどる曲線**を，質点の**軌道**という．質点の軌道は x, y, z の間に成り立つ関係式で表される．少し後の時刻 $t + \Delta t$ において，質点が軌道上の点 Q まで移動していたとする．Δt という時間の間に，x 座標は Δx，y 座

標は Δy，z 座標は Δz だけ変化する．

点 Q の座標は $(x+\Delta x,\ y+\Delta y,\ z+\Delta z)$ となる．点 Q の位置ベクトルは

$$\boldsymbol{r}(t+\Delta t) = x(t+\Delta t)\,\boldsymbol{i} + y(t+\Delta t)\,\boldsymbol{j} + z(t+\Delta t)\,\boldsymbol{k} \tag{1.28}$$

と表される．質点の位置の変化分を表すベクトルは

$$\begin{aligned}\Delta\,\boldsymbol{r} &\equiv \boldsymbol{r}(t+\Delta t) - \boldsymbol{r}(t) \\ &= \bigl[x(t+\Delta t) - x(t)\bigr]\,\boldsymbol{i} + \bigl[y(t+\Delta t) - y(t)\bigr]\,\boldsymbol{j} + \bigl[z(t+\Delta t) - z(t)\bigr]\,\boldsymbol{k} \\ &= \Delta x\,\boldsymbol{i} + \Delta y\,\boldsymbol{j} + \Delta z\,\boldsymbol{k}\end{aligned} \tag{1.29}$$

となる．これを**変位ベクトル**という．変位量の大きさは

$$|\Delta\boldsymbol{r}| = \sqrt{(\Delta x)^2 + (\Delta y)^2 + (\Delta z)^2} \tag{1.30}$$

で与えられる．単位時間あたり（1 秒間あたり）の位置ベクトルの変化は

$$\frac{\Delta\boldsymbol{r}}{\Delta t} = \frac{\Delta x}{\Delta t}\,\boldsymbol{i} + \frac{\Delta y}{\Delta t}\,\boldsymbol{j} + \frac{\Delta z}{\Delta t}\,\boldsymbol{k}$$

となる．このベクトルは，変位ベクトルと同じ（点 P から点 Q へ向かう）向きをもち，大きさは $|\Delta\boldsymbol{r}|/\Delta t$ である．すなわち点 P から点 Q へ移動する**平均的な速さ**を大きさとしてもつベクトルとなっている．

ここで，点 Q を点 P により近い位置 Q$'$ にとると，ベクトル $\Delta\boldsymbol{r}/\Delta t$ はその大きさと向きが少し変わる．点 Q を点 P に限りなく近づける極限では，大きさ $|\Delta\boldsymbol{r}|/\Delta t$ がある有限値に限りなく近づき，**向きも点 P における軌道の接線方向に限りなく近づく**．このことを式で書けば

$$\begin{aligned}\boldsymbol{v} \equiv \frac{d\boldsymbol{r}}{dt} &\equiv \lim_{\Delta t\to 0}\frac{\Delta\boldsymbol{r}}{\Delta t} \\ &= \left(\lim_{\Delta t\to 0}\frac{\Delta x}{\Delta t}\right)\boldsymbol{i} + \left(\lim_{\Delta t\to 0}\frac{\Delta y}{\Delta t}\right)\boldsymbol{j} + \left(\lim_{\Delta t\to 0}\frac{\Delta z}{\Delta t}\right)\boldsymbol{k} \\ &= \frac{dx}{dt}\,\boldsymbol{i} + \frac{dy}{dt}\,\boldsymbol{j} + \frac{dz}{dt}\,\boldsymbol{k}\end{aligned} \tag{1.31}$$

となる．このようにして得られたベクトル $\boldsymbol{v}$ は，時刻 t において質点が進んでいく**軌道の接線方向**を向き，その瞬間での**速さ**を大きさとしてもつようなベクトルである．これを，時刻 t における質点の**速度ベクトル**と呼ぶ．すなわち，速

度ベクトルは時刻 t における**位置ベクトルの時間的変化率**を表すベクトルである．速度ベクトルの x, y, z 成分をそれぞれ v_x, v_y, v_z と書けば

$$\boldsymbol{v}(t) = v_x(t)\,\boldsymbol{i} + v_y(t)\,\boldsymbol{j} + v_z(t)\,\boldsymbol{k} \tag{1.32}$$

であるから

$$v_x(t) = \frac{dx}{dt}, \qquad v_y(t) = \frac{dy}{dt}, \qquad v_z(t) = \frac{dz}{dt} \tag{1.33}$$

と書けることがわかる．また，速さ v は速度ベクトル $\boldsymbol{v}$ の大きさであるから

$$v = \sqrt{v_x^2 + v_y^2 + v_z^2} \tag{1.34}$$

で与えられる．

加速度ベクトル

速度ベクトル $\boldsymbol{v}$ は質点の軌道上の位置により異なる．つまり，速度ベクトルも時刻 t の関数である．

時刻 t における速度 $\boldsymbol{v}(t)$ と時刻 $t+\Delta t$ における速度 $\boldsymbol{v}(t+\Delta t)$ とを比べ，時間 Δt における速度の増加分ベクトルを $\Delta\boldsymbol{v}$ と表す．速度の平均変化率 $\Delta\boldsymbol{v}/\Delta t$ において Δt を無限小にした極限を考え，極限値を次のようにおく．

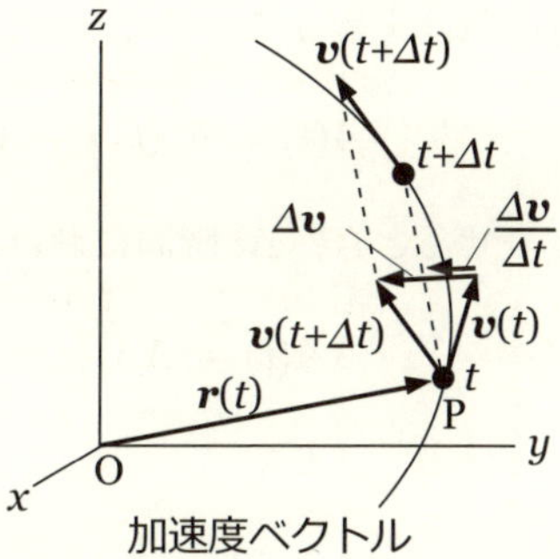

$$\begin{aligned}\boldsymbol{\alpha} \equiv \frac{d\boldsymbol{v}}{dt} &\equiv \lim_{\Delta t\to 0}\frac{\Delta\boldsymbol{v}}{\Delta t}\\ &= \left(\lim_{\Delta t\to 0}\frac{\Delta v_x}{\Delta t}\right)\boldsymbol{i} + \left(\lim_{\Delta t\to 0}\frac{\Delta v_y}{\Delta t}\right)\boldsymbol{j} + \left(\lim_{\Delta t\to 0}\frac{\Delta v_z}{\Delta t}\right)\boldsymbol{k}\\ &= \frac{dv_x}{dt}\,\boldsymbol{i} + \frac{dv_y}{dt}\,\boldsymbol{j} + \frac{dv_z}{dt}\,\boldsymbol{k}\end{aligned} \tag{1.35}$$

$\boldsymbol{\alpha}$（アルファ）は時刻 t における速度の瞬間変化率を表しているベクトルなので**加速度ベクトル**と呼ばれる．加速度ベクトル $\boldsymbol{\alpha}$ は，位置ベクトルを 2 回時間微分して得られるので

$$\boldsymbol{\alpha} \equiv \frac{d\boldsymbol{v}}{dt} \equiv \frac{d^2\boldsymbol{r}}{dt^2} = \frac{d^2x}{dt^2}\,\boldsymbol{i} + \frac{d^2y}{dt^2}\,\boldsymbol{j} + \frac{d^2z}{dt^2}\,\boldsymbol{k} \tag{1.36}$$

と表すことができる．加速度ベクトルの x, y, z 成分を $\alpha_x, \alpha_y, \alpha_z$ と書けば

$$\boldsymbol{\alpha}(t) = \alpha_x(t)\,\boldsymbol{i} + \alpha_y(t)\,\boldsymbol{j} + \alpha_z(t)\,\boldsymbol{k} \tag{1.37}$$

であるから，上の 2 つの式を比べると

$$\alpha_x(t) = \frac{dv_x}{dt} = \frac{d^2x}{dt^2}\,, \quad \alpha_y(t) = \frac{dv_y}{dt} = \frac{d^2y}{dt^2}\,, \quad \alpha_z(t) = \frac{dv_z}{dt} = \frac{d^2z}{dt^2}$$

であることがわかる．また，加速度ベクトルの大きさは

$$\alpha = \sqrt{\alpha_x^2 + \alpha_y^2 + \alpha_z^2} \tag{1.38}$$

で与えられる．

一般のベクトルの時間微分

速度ベクトルや加速度ベクトルを導いたのと同様にして，一般のベクトルの時間微分を行うことができる．ベクトル $\boldsymbol{A}(t)$ がその直交座標成分を用いて

$$\boldsymbol{A}(t) = A_x(t)\,\boldsymbol{i} + A_y(t)\,\boldsymbol{j} + A_z(t)\,\boldsymbol{k} \tag{1.39}$$

と表せるとき，$\varDelta t$ 時間におけるベクトル $\boldsymbol{A}$ の増加は

$$\varDelta\boldsymbol{A}(t) = \varDelta A_x(t)\,\boldsymbol{i} + \varDelta A_y(t)\,\boldsymbol{j} + \varDelta A_z(t)\,\boldsymbol{k} \tag{1.40}$$

と書ける．ここで

$$\begin{aligned}
\varDelta A_x(t) &\equiv A_x(t+\varDelta t) - A_x(t)\,, \\
\varDelta A_y(t) &\equiv A_y(t+\varDelta t) - A_y(t)\,, \\
\varDelta A_z(t) &\equiv A_z(t+\varDelta t) - A_z(t)
\end{aligned}$$

は，各成分の増加量を表している．ベクトル $\boldsymbol{A}$ の平均変化率 $\varDelta\boldsymbol{A}/\varDelta t$ において $\varDelta t$ を無限小にした極限を考え，極限値を

$$\begin{aligned}
\frac{d\boldsymbol{A}}{dt} &\equiv \lim_{\varDelta t\to 0}\frac{\varDelta\boldsymbol{A}}{\varDelta t} \\
&= \left(\lim_{\varDelta t\to 0}\frac{\varDelta A_x}{\varDelta t}\right)\boldsymbol{i} + \left(\lim_{\varDelta t\to 0}\frac{\varDelta A_y}{\varDelta t}\right)\boldsymbol{j} + \left(\lim_{\varDelta t\to 0}\frac{\varDelta A_z}{\varDelta t}\right)\boldsymbol{k} \\
&= \frac{dA_x}{dt}\,\boldsymbol{i} + \frac{dA_y}{dt}\,\boldsymbol{j} + \frac{dA_z}{dt}\,\boldsymbol{k}
\end{aligned} \tag{1.41}$$

とおく．このベクトルは，時刻 t においてもとのベクトルの時間微分を行なって得られたベクトルで，成分がもとのベクトルの各成分を時間微分したものとして与えられている．従って，このベクトル自体また時刻の関数になっている．速度ベクトルや加速度ベクトルは，一般のベクトルの時間微分の特別な場合に相当している．

いま，$\phi(t)$ をスカラー関数，$\boldsymbol{A}(t)$, $\boldsymbol{B}(t)$ をベクトル関数とすると，一般のベクトルの時間微分に関して，次の関係が成り立つ（ギリシャ文字 ϕ と φ はいずれも「ファイ」である）．

$$\frac{d(\phi\boldsymbol{A})}{dt} = \frac{d\phi}{dt}\,\boldsymbol{A} + \phi\,\frac{d\boldsymbol{A}}{dt}\,, \qquad \frac{d(\boldsymbol{A}+\boldsymbol{B})}{dt} = \frac{d\boldsymbol{A}}{dt} + \frac{d\boldsymbol{B}}{dt} \tag{1.42}$$

デカルト座標系にのって運動を記述するときは，基本ベクトル $\boldsymbol{i}$, $\boldsymbol{j}$, $\boldsymbol{k}$ は時間変化せず一定なベクトルであったため，例えば速度ベクトルを求める計算において，位置ベクトル $\boldsymbol{r} = x\,\boldsymbol{i} + y\,\boldsymbol{j} + z\,\boldsymbol{k}$ の成分のスカラー部分 x, y, z だけの時間微分を考えればよかった．しかし，後に述べるように，**極座標ではその基本ベクトルがデカルト座標系にのってみたとき時間変化する**．この場合には，上の関係式に従って，**スカラー部分を時間微分した項とともに基本ベクトルを時間微分した項もいれて取り扱わなければならない**ことに注意しよう．

2 つのベクトルの内積を時間微分すると

$$\frac{d}{dt}(\boldsymbol{A}\cdot\boldsymbol{B}) = \left(\frac{d\boldsymbol{A}}{dt}\cdot\boldsymbol{B}\right) + \left(\boldsymbol{A}\cdot\frac{d\boldsymbol{B}}{dt}\right) \tag{1.43}$$

の関係が成り立つことが簡単にわかる．ここで，$\boldsymbol{A} = \boldsymbol{B}$ ならば

$$\frac{d\boldsymbol{A}^2}{dt} = \frac{d}{dt}(\boldsymbol{A}\cdot\boldsymbol{A}) = \frac{dA^2}{dt} = 2\left(\boldsymbol{A}\cdot\frac{d\boldsymbol{A}}{dt}\right) \tag{1.44}$$

となる．2 つのベクトルの外積を時間微分すると，次の関係が成り立つ．

$$\frac{d}{dt}(\boldsymbol{A}\times\boldsymbol{B}) = \left(\frac{d\boldsymbol{A}}{dt}\times\boldsymbol{B}\right) + \left(\boldsymbol{A}\times\frac{d\boldsymbol{B}}{dt}\right) \tag{1.45}$$

【等速円運動】 xy 平面内の原点を中心とした半径 a の円周上を，質点が一定の角速度 $\omega(>0)$ で等速円運動している場合を調べてみよう．時刻 t における質点の位置ベクトルは $\boldsymbol{r} = a\cos\omega t\,\boldsymbol{i} + a\sin\omega t\,\boldsymbol{j}$ で与えられているとする．

【解】時刻 t における位置ベクトルを時間微分して，速度ベクトルが

$$\boldsymbol{v} = -a\omega \sin \omega t \, \boldsymbol{i} + a\omega \cos \omega t \, \boldsymbol{j}$$

と得られる．さらにこれを時間微分して，時刻 t における加速度ベクトルが

$$\boldsymbol{\alpha} = -a\omega^2 \cos \omega t \, \boldsymbol{i} - a\omega^2 \sin \omega t \, \boldsymbol{j}$$

と得られる．時刻 t における質点の速さは

$$v = \sqrt{(a\omega \sin \omega t)^2 + (a\omega \cos \omega t)^2} = a\omega$$

と計算される．これより，質点の速さが時刻によらず一定であることがわかる．

得られたベクトルの表式を用いて内積を計算してみると

$$\boldsymbol{r} \cdot \boldsymbol{v} = 0\,, \qquad \boldsymbol{v} \cdot \boldsymbol{\alpha} = 0$$

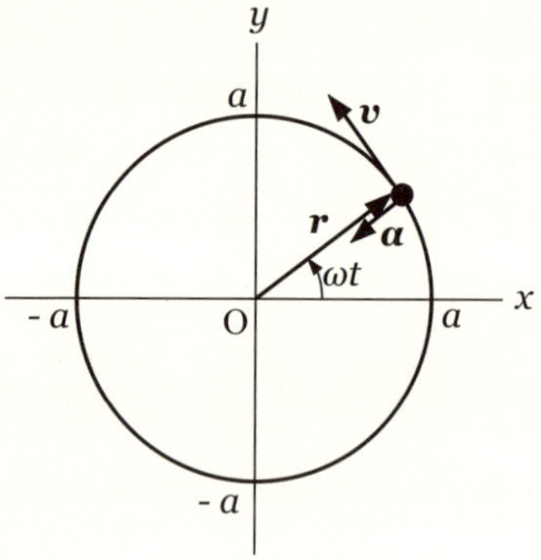

となる．位置ベクトルと速度ベクトル，速度ベクトルと加速度ベクトルがあらゆる時刻で直交していることがわかる．また，

$$\boldsymbol{\alpha} = -\omega^2 \boldsymbol{r}$$

があらゆる時刻で成り立っていることがわかる．これは，加速度ベクトルが常に座標原点を向いていることを示している．質点の座標が，パラメータ（媒介変数）t を用いて

$$x = a \cos \omega t\,, \qquad y = a \sin \omega t$$

と表されているから，これらより時刻 t を消去することにより，軌道の式が

$$x^2 + y^2 = a^2$$

と得られる．これは，原点を中心とした xy 平面内の半径 a の円を表している．時刻 $t = 0$ には $x = a$, $y = 0$ の点にあり，質点は xy 平面内で円周上を反時計回りに等速運動している．【終】

物理学においては，時刻の関数の時間微分を簡単のために関数記号の上に微分する回数分の点を書いて表すことがある．これをニュートンの**ドット記号**という．時刻 t のスカラー関数 $\phi(t)$ およびベクトル関数 $\boldsymbol{A}(t)$ を時間微分したものは

$$\dot{\phi} \equiv \frac{d\phi}{dt}, \qquad \ddot{\phi} \equiv \frac{d^2\phi}{dt^2}, \qquad \dot{\boldsymbol{A}} \equiv \frac{d\boldsymbol{A}}{dt}, \qquad \ddot{\boldsymbol{A}} \equiv \frac{d^2\boldsymbol{A}}{dt^2} \tag{1.46}$$

のように表す．この記号法を用いると，速度ベクトルや加速度ベクトルは次のようにも表せる．

$$\boldsymbol{v} = \dot{\boldsymbol{r}} = \dot{x}\,\boldsymbol{i} + \dot{y}\,\boldsymbol{j} + \dot{z}\,\boldsymbol{k}, \tag{1.47}$$

$$\boldsymbol{\alpha} = \dot{\boldsymbol{v}} = \ddot{\boldsymbol{r}} = \dot{v}_x\,\boldsymbol{i} + \dot{v}_y\,\boldsymbol{j} + \dot{v}_z\,\boldsymbol{k} = \ddot{x}\,\boldsymbol{i} + \ddot{y}\,\boldsymbol{j} + \ddot{z}\,\boldsymbol{k} \tag{1.48}$$

これに対して，時刻以外の変数の関数である場合は，その変数による微分は「ダッシュ（$'$）」を右肩につけて表す．例えば，空間座標 x の関数 $\phi(x)$ や $\boldsymbol{A}(x)$ の場合には，これらを空間微分したものを

$$\phi' \equiv \frac{d\phi}{dx}, \qquad \phi'' \equiv \frac{d^2\phi}{dx^2}, \qquad \boldsymbol{A}' \equiv \frac{d\boldsymbol{A}}{dx}, \qquad \boldsymbol{A}'' \equiv \frac{d^2\boldsymbol{A}}{dx^2} \tag{1.49}$$

のように表す．

【楕円運動】 質点の位置ベクトルが $\boldsymbol{r}(t) = a\sin\omega t\,\boldsymbol{i} - 2a\cos\omega t\,\boldsymbol{j}$ と表されるとき，速度ベクトル $\boldsymbol{v}(t)$，加速度ベクトル $\boldsymbol{\alpha}(t)$，軌道の式，速さの最大値 $v_{\max}$ および最小値 $v_{\min}$ を求めてみよう（a, ω は正の定数）．

【解】 位置ベクトルを時間微分して

$$\boldsymbol{v} = a\omega\cos\omega t\,\boldsymbol{i} + 2a\omega\sin\omega t\,\boldsymbol{j},$$

$$\boldsymbol{\alpha} = -a\omega^2\sin\omega t\,\boldsymbol{i} + 2a\omega^2\cos\omega t\,\boldsymbol{j} = -\omega^2\boldsymbol{r}$$

となる．加速度は常に原点の方向を向いている．

$$x = a\sin\omega t, \qquad y = -2a\cos\omega t$$

より t を消去して軌道の式が

$$\left(\frac{x}{a}\right)^2 + \left(\frac{y}{2a}\right)^2 = 1$$

と得られる．質点は xy 面内の楕円軌道上を反時計回りに運動する．

速さは

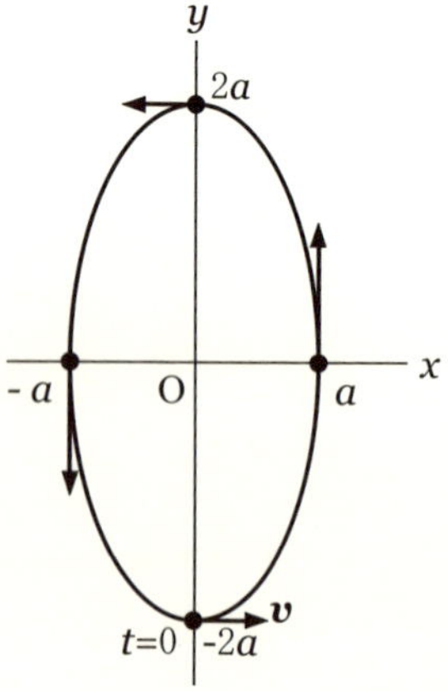

$$v = a\omega\sqrt{(\cos\omega t)^2 + (2\sin\omega t)^2}$$
$$= a\omega\sqrt{\frac{5 - 3\cos 2\omega t}{2}}$$

であるから，その最大値と最小値はそれぞれ次のようになる．

$$v_{\max} = 2a\omega\,, \qquad v_{\min} = a\omega$$

原点に最も近い位置で，速さが最大となっている．
【終】

▶ **問題 1.3E** $dA^2/dt = 2\boldsymbol{A}\cdot\dot{\boldsymbol{A}}$ の公式を用いて，等速円運動の場合に関係式 $\boldsymbol{r}\cdot\boldsymbol{v} = 0$ および $\boldsymbol{v}\cdot\boldsymbol{\alpha} = 0$ が成り立つことをを示せ．

▶ **問題 1.3F** 質点の位置ベクトルが $\boldsymbol{r}(t) = a\cosh\omega t\,\boldsymbol{i} + a\sinh\omega t\,\boldsymbol{j}$ で表されるとき，速度ベクトル $\boldsymbol{v}(t)$，加速度ベクトル $\boldsymbol{\alpha}(t)$，原点からの距離 $r(t)$，速さ $v(t)$，加速度の大きさ $\alpha(t)$，軌道の式を求めよ（a, ω は正の定数）．

1.4 極座標

平面極座標

質点が**平面運動**，すなわち一定の平面内だけを運動する場合には，この運動平面内に x, y 軸を選ぶと 3 次元極座標において常に $\theta = \pi/2$ とした場合に相当する．すなわち，変数 (r, φ) の 2 つだけで運動が記述できることになる．このように選んだ極座標は**平面極座標** と呼ばれる．平面極座標では，半直線 Ox が極軸となっている．

平面極座標の基本ベクトル（互いに直交する大きさ 1 のベクトル）として，点 P(r, φ) から φ を固定して r だけ増加させたとき点の進む方向を向いた単位ベクトル $\boldsymbol{e}_r$ と，点 P(r, φ) から r を固定して φ だけ増加させたとき点の進む方向を向いた単位ベクトル $\boldsymbol{e}_\varphi$ を選ぶ．

図よりわかるように，デカルト座標系の基本ベクトル $\boldsymbol{i}, \boldsymbol{j}$ との間に

$$\boldsymbol{i} = \cos\varphi\,\boldsymbol{e}_r - \sin\varphi\,\boldsymbol{e}_\varphi\,, \tag{1.50}$$

$$\boldsymbol{j} = \sin\varphi\,\boldsymbol{e}_r + \cos\varphi\,\boldsymbol{e}_\varphi \tag{1.51}$$

の関係式が成り立つ．

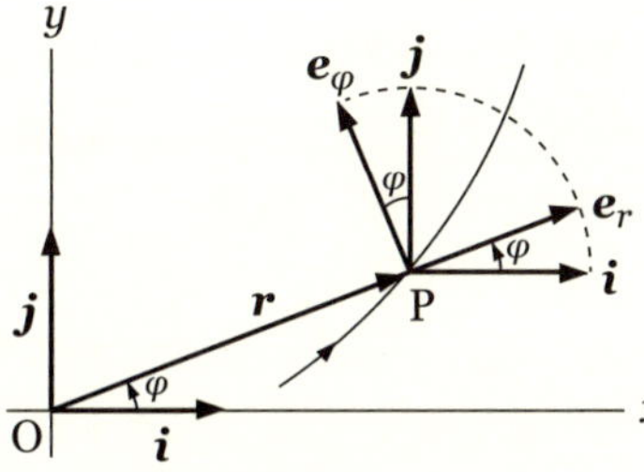

平面極座標の基本ベクトル

質点の位置ベクトル，速度ベクトルおよび加速度ベクトルは

$$\boldsymbol{r} = r\cos\varphi\,\boldsymbol{i} + r\sin\varphi\,\boldsymbol{j}\,, \tag{1.52}$$

$$\boldsymbol{v} = (\dot{r}\cos\varphi - r\dot{\varphi}\sin\varphi)\,\boldsymbol{i} + (\dot{r}\sin\varphi + r\dot{\varphi}\cos\varphi)\,\boldsymbol{j}\,, \tag{1.53}$$

$$\begin{aligned}\boldsymbol{\alpha} &= (\ddot{r}\cos\varphi - 2\dot{r}\dot{\varphi}\sin\varphi - r\ddot{\varphi}\sin\varphi - r\dot{\varphi}^2\cos\varphi)\,\boldsymbol{i} \\ &\quad + (\ddot{r}\sin\varphi + 2\dot{r}\dot{\varphi}\cos\varphi + r\ddot{\varphi}\cos\varphi - r\dot{\varphi}^2\sin\varphi)\,\boldsymbol{j}\end{aligned} \tag{1.54}$$

となるので，$\boldsymbol{i}, \boldsymbol{j}$ を $\boldsymbol{e}_r, \boldsymbol{e}_\varphi$ で表した式を代入すれば，極座標だけを用いた式が次のように得られる．

$$\boldsymbol{r} = r\,\boldsymbol{e}_r\,, \tag{1.55}$$

$$\boldsymbol{v} = \dot{r}\,\boldsymbol{e}_r + r\dot{\varphi}\,\boldsymbol{e}_\varphi\,, \tag{1.56}$$

$$\boldsymbol{\alpha} = (\ddot{r} - r\dot{\varphi}^2)\,\boldsymbol{e}_r + (2\dot{r}\dot{\varphi} + r\ddot{\varphi})\,\boldsymbol{e}_\varphi \tag{1.57}$$

【平面極座標での速度ベクトルを求める別法】

デカルト座標系を用いて運動を記述するとき，基本ベクトル $\boldsymbol{i}, \boldsymbol{j}, \boldsymbol{k}$ は座標系に固定されたベクトルなので時間変化しなかった．これに対して，極座標を用いて運動を記述する場合には，取り扱いに違いが現れてくる．**デカルト座標系にのってみると，極座標の基本ベクトルはその方向が物体の運動とともに変わるから，基本ベクトルの時間変化を考えなければならない．**

時刻 t における平面極座標の基本ベクトル $\boldsymbol{e}_r, \boldsymbol{e}_\varphi$ は，微小時間 dt（実際には無限小とする）後の時刻 $t+dt$ においては，それぞれ $\boldsymbol{e}_r + d\boldsymbol{e}_r$, $\boldsymbol{e}_\varphi + d\boldsymbol{e}_\varphi$ に変化する．この時刻 $t+dt$ における基本ベクトルの始点 Q を，時刻 t における基本ベクトルの始点 P まで平行移動して考える．このとき，基本ベクトルの終点

R, S は，点 R′, S′ に移動する．

平行移動であるので，時刻 t における基本ベクトルと時刻 $t+dt$ における基本ベクトルは，角度 $d\varphi$ をなしている．dt 時間に基本ベクトルが変化した分 $d\boldsymbol{e}_r$, $d\boldsymbol{e}_\varphi$ は，平行移動で始点を同じくした両時刻での基本ベクトルの差として計算できる．基本ベクトル $\boldsymbol{e}_r$, $\boldsymbol{e}_\varphi$ は大きさ 1 のベクトルであるから，$d\boldsymbol{e}_r$, $d\boldsymbol{e}_\varphi$ の大きさは，半径 1 で中心角 $d\varphi$ の円弧の長さ $1\cdot d\varphi = d\varphi$ で与えられる．

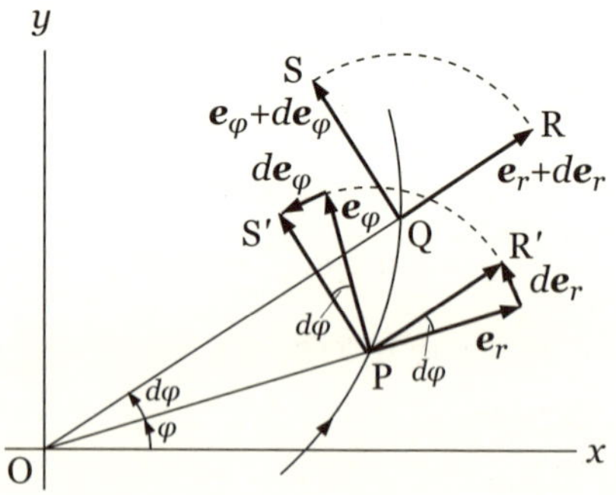

基本ベクトルの時間的変化

また，$d\boldsymbol{e}_r$, $d\boldsymbol{e}_\varphi$ は，無限小変化を考えているので，それぞれ $\boldsymbol{e}_r$ および $\boldsymbol{e}_\varphi$ に直交しており，その方向の単位ベクトルは $\boldsymbol{e}_\varphi$ および $-\boldsymbol{e}_r$ である．従って，次のように書ける．

$$d\boldsymbol{e}_r = d\varphi\,\boldsymbol{e}_\varphi\,, \qquad d\boldsymbol{e}_\varphi = -d\varphi\,\boldsymbol{e}_r$$

それぞれの式の両辺を dt で割り，$dt \to 0$ の極限をとることにより，平面極座標の基本ベクトルの時間変化率は次の式で与えられる．

$$\frac{d\boldsymbol{e}_r}{dt} = \frac{d\varphi}{dt}\,\boldsymbol{e}_\varphi\,, \qquad \frac{d\boldsymbol{e}_\varphi}{dt} = -\frac{d\varphi}{dt}\,\boldsymbol{e}_r \tag{1.58}$$

一般公式

$$\frac{d(\phi\boldsymbol{A})}{dt} = \dot{\phi}\boldsymbol{A} + \phi\dot{\boldsymbol{A}}$$

を用いて位置ベクトル $\boldsymbol{r} = r\,\boldsymbol{e}_r$ を時間微分すると

$$\boldsymbol{v} = \frac{d\boldsymbol{r}}{dt} = \frac{dr}{dt}\,\boldsymbol{e}_r + r\,\frac{d\boldsymbol{e}_r}{dt} \tag{1.59}$$

となる．この式に $d\boldsymbol{e}_r/dt$ の表式を代入すれば，極座標だけで速度ベクトルを表した式が，次のように得られる．

$$\boldsymbol{v} = \dot{r}\,\boldsymbol{e}_r + r\dot{\varphi}\,\boldsymbol{e}_\varphi \tag{1.60}$$

これをさらに時間微分すると

$$\boldsymbol{\alpha} = (\ddot{r} - r\dot{\varphi}^2)\,\boldsymbol{e}_r + (2\dot{r}\dot{\varphi} + r\ddot{\varphi})\,\boldsymbol{e}_\varphi \tag{1.61}$$

となり，前の結果と一致することがわかる．このように**ベクトルの時間的変化率を求めておくと後の計算が楽に行える**ことに注目しよう．この考え方は，3 次元極座標の場合にも使うことができる．

【円運動】 xy 平面内を運動する質点の平面極座標 (r, φ) が，時刻 $t\,(0 \le t \le \pi/(2\omega))$ の関数として $r(t) = a\cos\omega t,\ \varphi(t) = \omega t$ で与えられるとき（$a,\ \omega$ は正の定数），時刻 t における位置ベクトル，速度ベクトル，加速度ベクトルを平面極座標の基本ベクトルを用いて表してみよう．さらに，軌道の式を平面極座標およびデカルト座標で表そう．

【解】 上で得られた公式を用いると，位置ベクトル，速度ベクトル，加速度ベクトルは，それぞれ

$$\boldsymbol{r} = a\cos\omega t\,\boldsymbol{e}_r\,,$$

$$\boldsymbol{v} = a\omega\,(-\sin\omega t\,\boldsymbol{e}_r + \cos\omega t\,\boldsymbol{e}_\varphi)\,,$$

$$\boldsymbol{\alpha} = -2a\omega^2(\cos\omega t\,\boldsymbol{e}_r + \sin\omega t\,\boldsymbol{e}_\varphi)$$

となる．$r(t),\ \varphi(t)$ から t を消去して軌道の式を極座標で表すと

$$r = a\cos\varphi$$

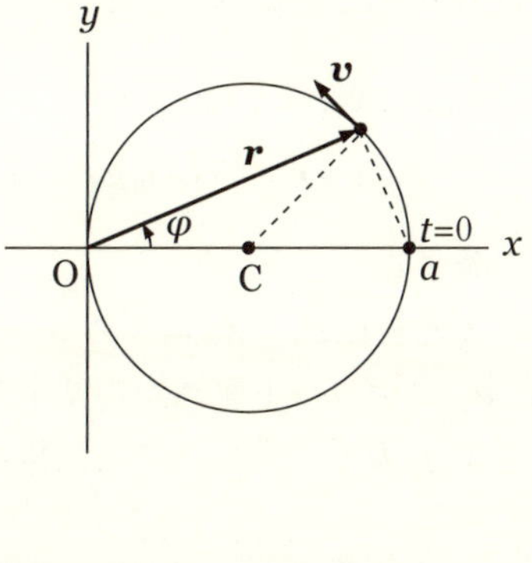

と得られる．これをデカルト座標で書き直すと

$$\left(x - \frac{a}{2}\right)^2 + y^2 = \left(\frac{a}{2}\right)^2$$

となる．質点は原点を通る円軌道に沿って運動している．速度ベクトルの式から，等速円運動であることがわかる．**【終】**

▶ **問題 1.4A** 質点が xy 平面内において原点を中心とする半径 a の円周上を一定の角速度 $\omega(> 0)$ で運動している．$t = 0$ のとき質点は x 軸上で $x > 0$ の点にあった．時刻 t における速度ベクトルおよび加速度ベクトルを平面極座標を用いて表せ．

▶ **問題 1.4B**　時刻 t における質点の位置ベクトルが $\boldsymbol{r} = a\cos\omega t\,\boldsymbol{i} + b\sin\omega t\,\boldsymbol{j}$ で表される (a, b, ωは正の定数). xy 面内に x 軸を極軸とした平面極座標 (r, φ) をとり，平面極座標で表した軌道の式 $r(\varphi)$ を求めよ．また，この運動において $r^2\dot{\varphi}$ はどのような値をとるか．

3 次元極座標での速度ベクトルと加速度ベクトル

デカルト座標系においては，x, y, z のうちの **1 つの座標のみ増加させたとき点の動く向きに単位ベクトル** $\boldsymbol{i}, \boldsymbol{j}, \boldsymbol{k}$ を選んでいた．

同様に，3 次元極座標の基本ベクトル（互いに直交する大きさ 1 のベクトル）として，点 P(r, θ, φ) から θ と φ を固定して r だけ増加させたとき点の進む方向を向いた単位ベクトルを $\boldsymbol{e}_r$ とし，r と φ を固定して θ だけ増加させたとき点の進む方向を向いた単位ベクトルを $\boldsymbol{e}_\theta$ と選び，r と θ を固定して φ だけ増加させたとき点の進む方向を向いた単位ベクトルを $\boldsymbol{e}_\varphi$ と表す．

デカルト座標系の基本ベクトルと同様に，**これらは互いに直交する単位ベクトルである．**

点 O から点 P を xy 面内に射影した点 H へ向く単位ベクトルを

$$\boldsymbol{e}_\rho \equiv \cos\varphi\,\boldsymbol{i} + \sin\varphi\,\boldsymbol{j} = \sin\theta\,\boldsymbol{e}_r + \cos\theta\,\boldsymbol{e}_\theta \quad (1.62)$$

と定義する．

3 次元極座標の基本ベクトル $\boldsymbol{e}_r$, $\boldsymbol{e}_\theta$, $\boldsymbol{e}_\varphi$ とデカルト座標系の基本ベクトル $\boldsymbol{i}$, $\boldsymbol{j}$, $\boldsymbol{k}$ との間に，次の関係が成り立つ．

$$\boldsymbol{e}_r = \sin\theta\,\boldsymbol{e}_\rho + \cos\theta\,\boldsymbol{k}\,, \quad (1.63)$$

$$\boldsymbol{e}_\theta = \cos\theta\,\boldsymbol{e}_\rho - \sin\theta\,\boldsymbol{k}\,, \quad (1.64)$$

$$\boldsymbol{e}_\varphi = -\sin\varphi\,\boldsymbol{i} + \cos\varphi\,\boldsymbol{j} \quad (1.65)$$

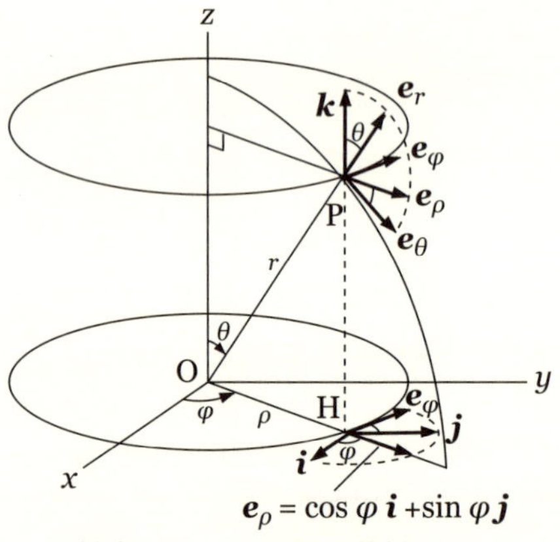

基本ベクトルの間の関係

これらの式を時間微分すると

$$\dot{\boldsymbol{e}_\rho} = \dot\varphi\,(-\sin\varphi\,\boldsymbol{i} + \cos\varphi\,\boldsymbol{j}) = \dot\varphi\,\boldsymbol{e}_\varphi\,, \tag{1.66}$$

$$\dot{\boldsymbol{e}_r} = \dot\theta\,(\cos\theta\,\boldsymbol{e}_\rho - \sin\theta\,\boldsymbol{k}) + \sin\theta\,\dot{\boldsymbol{e}_\rho}\,, \tag{1.67}$$

$$\dot{\boldsymbol{e}_\theta} = -\dot\theta\,(\sin\theta\,\boldsymbol{e}_\rho + \cos\theta\,\boldsymbol{k}) + \cos\theta\,\dot{\boldsymbol{e}_\rho}\,, \tag{1.68}$$

$$\dot{\boldsymbol{e}_\varphi} = -\dot\varphi\,(\cos\varphi\,\boldsymbol{i} + \sin\varphi\,\boldsymbol{j}) = -\dot\varphi\,\boldsymbol{e}_\rho \tag{1.69}$$

が得られる．さらに書きなおせば，3 次元極座標の基本ベクトルの時間変化率が次の式で与えられる．

$$\dot{\boldsymbol{e}_r} = \dot\theta\,\boldsymbol{e}_\theta + \dot\varphi\sin\theta\,\boldsymbol{e}_\varphi\,, \tag{1.70}$$

$$\dot{\boldsymbol{e}_\theta} = -\dot\theta\,\boldsymbol{e}_r + \dot\varphi\cos\theta\,\boldsymbol{e}_\varphi\,, \tag{1.71}$$

$$\dot{\boldsymbol{e}_\varphi} = -\dot\varphi\sin\theta\,\boldsymbol{e}_r - \dot\varphi\cos\theta\,\boldsymbol{e}_\theta \tag{1.72}$$

これらの関係式を利用し，質点の位置ベクトル

$$\boldsymbol{r} = r\,\boldsymbol{e}_r \tag{1.73}$$

を微分すると，3 次元極座標を用いて速度および加速度ベクトルを表した式が次のように得られる．

$$\boldsymbol{v} = \dot r\,\boldsymbol{e}_r + r\dot\theta\,\boldsymbol{e}_\theta + r\dot\varphi\sin\theta\,\boldsymbol{e}_\varphi\,, \tag{1.74}$$

$$\begin{aligned}\boldsymbol{\alpha} &= (\ddot r - r\dot\theta^2 - r\dot\varphi^2\sin^2\theta)\,\boldsymbol{e}_r + (r\ddot\theta + 2\dot r\dot\theta - r\dot\varphi^2\sin\theta\cos\theta)\,\boldsymbol{e}_\theta \\ &\quad + (r\ddot\varphi\sin\theta + 2\dot r\dot\varphi\sin\theta + 2r\dot\theta\dot\varphi\cos\theta)\,\boldsymbol{e}_\varphi\end{aligned} \tag{1.75}$$

これらの式は，常に $\theta = \pi/2$ を満たして運動しているときには変数 (r, φ) を用いた平面極座標の表式に移行する．また，常に $\varphi =$ 一定 で運動しているときには，変数 (r, θ) を用いて記述した平面極座標の表式になることも示せる．

【球面上の円運動】 空間内を運動する質点の 3 次元極座標 (r, θ, φ) が，時刻 $t(\geq 0)$ の関数として $r(t) = a$, $\theta(t) = \beta$, $\varphi(t) = \omega t$ で与えられている（a, β, ω は正の定数）．時刻 t における質点の位置ベクトル $\boldsymbol{r}$，速度ベクトル $\boldsymbol{v}$，加速度ベクトル $\boldsymbol{\alpha}$ を 3 次元極座標の基本ベクトルを用いて表してみよう．

【解】$r(t) = a$, $\theta(t) = \beta$, $\varphi(t) = \omega t$ を時間微分して

$$\dot{r} = 0\,, \qquad \dot{\theta} = 0\,, \qquad \dot{\varphi} = \omega\,,$$
$$\ddot{r} = 0\,, \qquad \ddot{\theta} = 0\,, \qquad \ddot{\varphi} = 0$$

であるから，公式より

$$\boldsymbol{r} = a\,\boldsymbol{e}_r\,,$$
$$\boldsymbol{v} = a\omega\sin\beta\,\boldsymbol{e}_\varphi\,,$$
$$\boldsymbol{\alpha} = -a\omega^2\sin\beta\,(\sin\beta\,\boldsymbol{e}_r + \cos\beta\,\boldsymbol{e}_\theta)$$

となる．この運動は，半径 a の球面上における等速円運動である．【終】

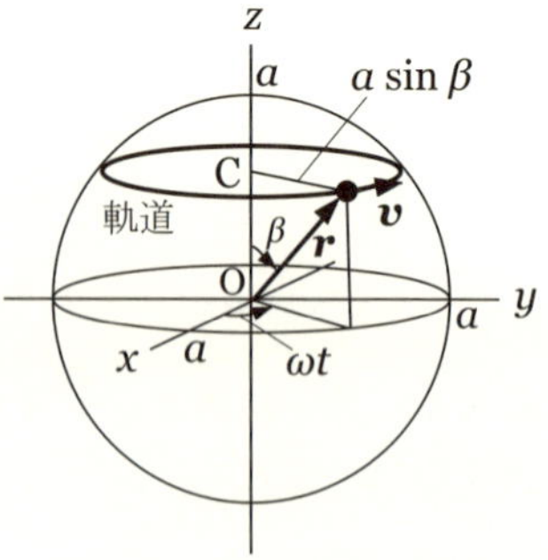

面積素片と体積素片

ここでは，曲面を微小な面積の集まりとして扱う方法や，立体を微小な体積の集まりとして扱う方法について述べる．

2次元デカルト座標 (x, y) をとり，その原点 O(0, 0) と，点 A(2, 0), B(2, 3), C(0, 3) を頂点とする xy 面内の長方形について考えてみる．

この長方形内部にある点 $\mathrm{P}(x, y)$ から，x 座標のみ微小増加させた点を $\mathrm{Q}(x + dx, y)$，y 座標のみ微小増加させた点を $\mathrm{S}(x, y + dy)$ とすると，線分 PQ と線分 PS は直交している．x 座標と y 座標の両方を同時に微小増加させた点を $\mathrm{R}(x + dx, y + dy)$ とすると，長方形 PQRS の面積は**直交する 2 方向の変位の積** $dx \times dy$ で与えられる．このような微小な面積をもつ図形を**面積素片**と呼ぶ．その微小な面積を dS で表すと，$dS = dxdy$ である．

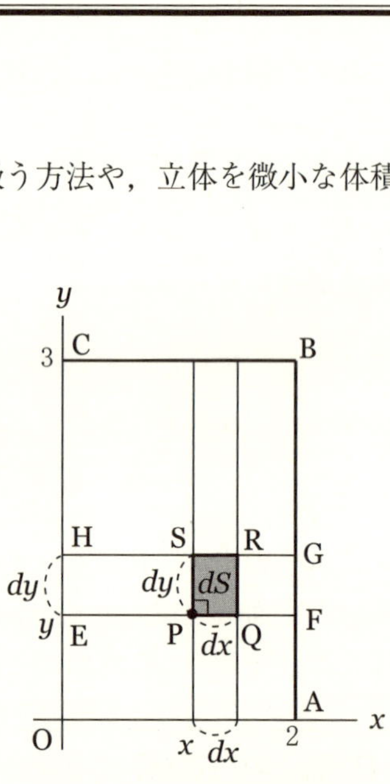

デカルト座標の面積素片

長方形 OABC をこのような面積素片の集まりと考えると，長方形 OABC の

面積 S は，P 点の x 座標が 0 から 2 まで，その各々に対して y 座標が 0 から 3 までの範囲にある面積素片の面積を足し合わせたものになっている．dx および dy を無限小にした極限を考える．この無限小量 dS の足し算の記号として積分記号 $\int$ が用いられる．計算を実行すると，次のように得られる．

$$S = \int dS = \iint dx\,dy = \int_0^3 \left(\int_0^2 dx \right) dy = \int_0^3 2\,dy = 6 \tag{1.76}$$

上式に現れた**二重積分**では，まず y をある値に固定して x だけ 0 から 2 まで変化させたときの面積素片について和をとっている．そのため，dy は共通な因子として和（積分 $\int_0^2 dx$）の後ろにくくりだせる．計算された $2\,dy$ は，y と $y + dy$ で挟まれた高さが無限小の長方形 EFGH の面積になる．次に，これを y について 0 から 3 まで変化させて和をとるということは，この細長い長方形の面積を $y = 0$ にあるものから，$y = 3$ にあるものまで足していくことを意味している．

次に，座標原点 O を中心とする半径 3 の xy 面内にある円の面積について，Ox 方向を極軸とする平面極座標を用いて考えてみる．

この円の内部にある点 P(r, φ) から，r 座標のみ微小増加させた点を Q$(r + dr, \varphi)$，φ 座標のみ微小増加させた点を S$(r, \varphi + d\varphi)$ とすると，線分 PQ と線分 PS は $d\varphi$ が無限小となるとき直交するようになる．r 座標と φ 座標の両方を同時に微小増加させた点を R$(r + dr, \varphi + d\varphi)$ とする．**2 つの線分 PQ, SR と 2 つの弧 PS, QR で囲まれた図形 PQRS は，dr および $d\varphi$ が無限小となる極限を考えたとき，限りなく長方形に近づく．**面積素片の面積 dS は直交する 2 方向の変位の積 $dS = dr \cdot r d\varphi = r dr d\varphi$ で与えられる．

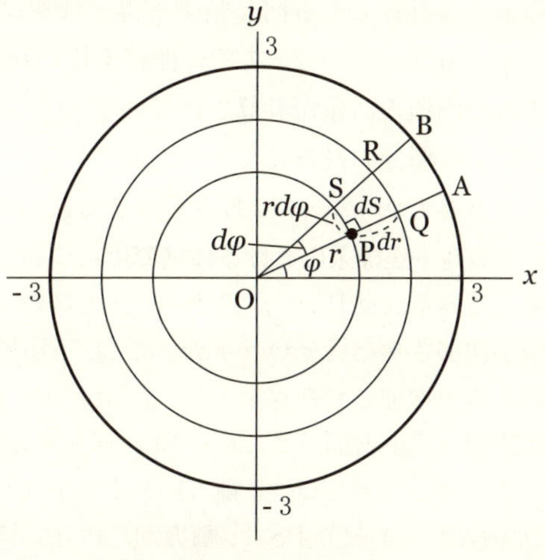

平面極座標の面積素片

円をこのような面積素片の集まりと考えると，円の面積 S は，P 点の r 座標が 0 から 3 まで，その各々に対して φ 座標が 0 から 2π までの範囲での面積素片の面積を足し合わせたものになっている．dr および $d\varphi$ を無限小にした極限を考えて足し合わせると，次のようになる．

$$S = \int dS = \int_0^{2\pi} \left(\int_0^3 r dr \right) d\varphi = \int_0^{2\pi} \left(\frac{3^2}{2} \right) d\varphi = 9\pi \qquad (1.77)$$

上式に現れた二重積分では，まず φ をある値に固定して r だけ変化させたときの面積素片について和をとっている（$\int_0^3 r dr \cdot d\varphi$）．従って，共通な因子 $d\varphi$ は r の積分の後ろにくくりだしている．ここで計算されたものは扇形 OAB の面積になっている．次に，これを φ について和をとるということは，この扇形 OAB の面積を $\varphi = 0$ にある扇形から，$\varphi = 2\pi$ にある扇形まで面積を足していくことを意味している．

この積分では，2 つの変数の積分区間が独立なので，積分する変数 r と φ の順序を入れ替えて

$$S = \int dS = \int_0^3 \left(\int_0^{2\pi} d\varphi \right) r dr = \int_0^3 2\pi r dr = 9\pi \qquad (1.78)$$

のように計算しても同じ結果が得られる．この場合は，先に，半径 r を固定して $\varphi = 0$ から $\varphi = 2\pi$ までの面積素片の和をとって，半径 r と半径 $r + dr$ で挟まれた円環の面積が計算されている ($\int_o^{2\pi} d\varphi \cdot r dr$)．このとき共通な因子 $r dr$ を φ による積分の後ろにくくりだしている．そのあとで，この円環の面積を r=0 にあるものから r=3 にあるものまでについて和をとっている．

デカルト座標系における体積素片について考えてみる．点 P(x, y, z) から，x 座標のみ微小増加させた点を Q($x+dx$, y, z)，y 座標のみ微小増加させた点を R(x, $y+dy$, z)，z 座標のみ微小増加させた点を S(x, y, $z+dz$) とすると，線分 PQ（x 軸方向）と線分 PR（y 軸方向）と線分 PS（z 軸方向）は互いに直交している．これらの三辺でできた直方体をデカルト座標系における体積素片 $dV = dxdydz$ とする．

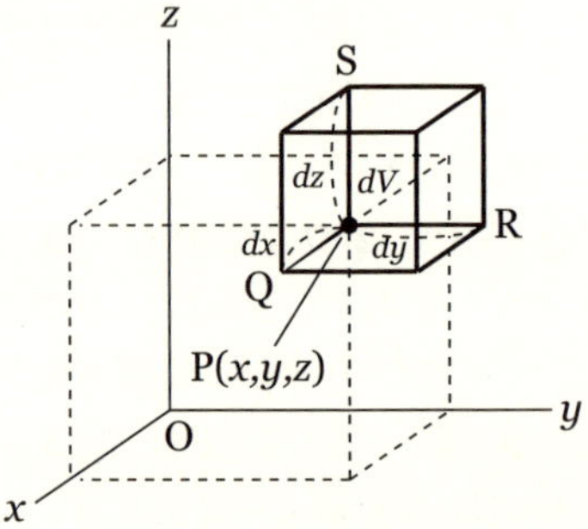

デカルト座標の体積素片

空間内の立体をこのような体積素片の集まりと考えて

$$V = \iiint_{\text{Volume}} dxdydz \tag{1.79}$$

を計算すれば，立体の体積を求めることができる．

3 次元極座標における体積素片について考えてみる．空間を $r =$ 一定 の曲面（球面），$\theta =$ 一定 の曲面（円錐面），$\varphi =$ 一定 の曲面（極軸を含む平面）で細かく刻む．そのようにしてできた体積素片の代表として，点 $\mathrm{P}(r, \theta, \varphi)$ にある体積素片の体積 dV を計算してみる．

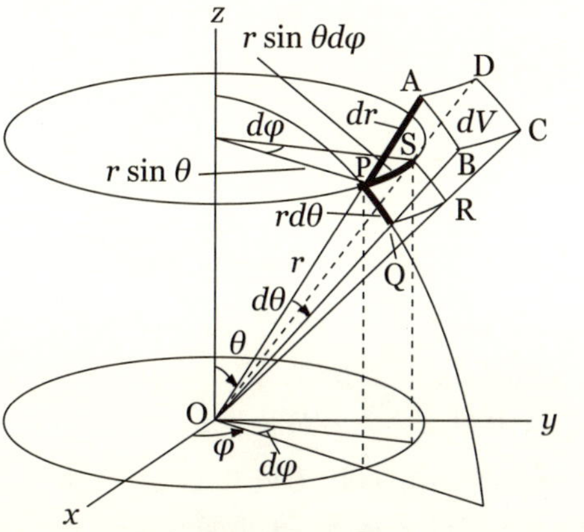

3次元極座標の体積素片

点 P から，θ 座標のみ微小増加させた点を $\mathrm{Q}(r, \theta + d\theta, \varphi)$，$\varphi$ 座標のみ微小増加させた点を $\mathrm{S}(r, \theta, \varphi + d\varphi)$，$\theta$ 座標および φ 座標を同時に微小増加させた点を $\mathrm{R}(r, \theta + d\theta, \varphi + d\varphi)$ とする．

さらに，P, Q, R, S の各点の r 座標のみ微小増加させた点をそれぞれ A, B, C, D とする．

極座標の変化量が無限小となる極限において，球面と円錐面と平面からできた立体 PQRSABCD を，線分 PA(長さ dr) と線分 PQ(長さ $rd\theta$) と線分 PS(長さ $r\sin\theta\, d\varphi$) を互いに直交する三辺とする直方体と見なすことができる．これら三辺でできた直方体の体積は，次のように計算される．

$$dV = dr \cdot rd\theta \cdot r\sin\theta\, d\varphi = r^2 \sin\theta\, dr\, d\theta\, d\varphi \tag{1.80}$$

空間内の立体をこのような体積素片の集まりと考えて，それを足し合わせることにより，球などの立体の体積を求めることができる．

例えば，半径 a の球の体積 V は三次元極座標を用いて次のように計算できる．

$$V = \int_0^{2\pi} \left[\int_0^{\pi} \left(\int_0^a r^2 dr \right) \sin\theta\, d\theta \right] d\varphi = \frac{4\pi a^3}{3} \tag{1.81}$$

【球の表面積】 半径 a の球の表面積 S を計算してみよう．

【解】 二辺の長さ $a\,d\theta$ と $a\sin\theta\,d\varphi$ でつくられる面積素片 dS を球面全体にわたり足し合わせればよいから，次のように計算できる．

$$S = \iint a^2 \sin\theta\, d\theta\, d\varphi$$
$$= \int_0^{\pi} \left[\int_0^{2\pi} a^2 \sin\theta\, d\varphi \right] d\theta = 4\pi a^2$$

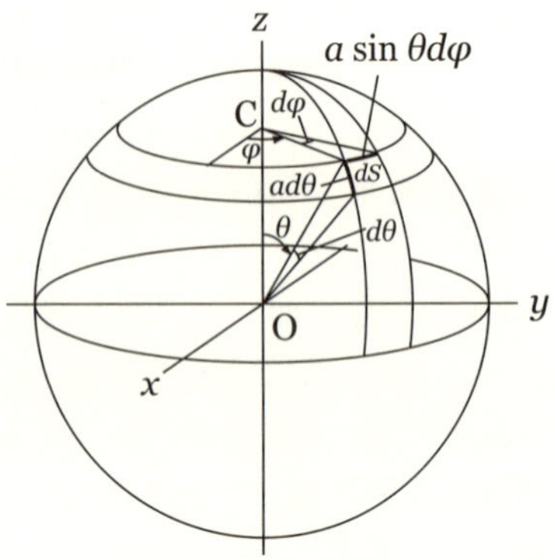

球面上の面積素片

φ の積分だけを先に行ってしまうと $2\pi a\sin\theta\cdot ad\theta$ となり，これを θ について積分すればよいことがわかる．

$2\pi a\sin\theta\cdot ad\theta$ は，C を中心とする半径 $a\sin\theta$ の円の円周の長さに，それと直交する幅 $ad\theta$ を掛けたものとなっていて，θ と $\theta+d\theta$ の 2 つの円で挟まれた無限小の帯の面積である．従って，はじめから面積素片として $dS = 2\pi a\sin\theta\cdot ad\theta$ をとって θ について積分すれば積分計算を一回少なくできる．

電磁気学では単位球の表面のうち極軸とある角度 β をなす半径を母線とする円錐で切り取られる球面の一部の面積を計算する場合があるが，ここでの考え方を用いれば簡単に求めることができる．上の積分で θ の範囲を π までとせず，β でとどめればよい（問題参照）．**【終】**

▶ **問題 1.4C** 底面の半径 a，高さ h の直円錐の体積を，底面に平行な無数の面で厚さ無限小の円板（体積素片）に切り分ける．これらの体積素片からの寄与を足し合わせる（積分する）ことにより直円錐の体積を求めよ．

▶ **問題 1.4D** 原点 O を中心とする半径 a の球面のうち，z 軸と β の角度をなす半径を母線として描かれる円錐面で切り取られる部分（$z = a$ を含む側の部分）の面積はどれだけか（$0 \leq \beta \leq \pi$）．

▶ **問題 1.4E** 半径 a の球の内部に分布する質量の体積密度 ρ が中心からの距離

r に $\rho = k(a - r)$ の形で依存しているとき，球の質量はどれだけか（k は正の定数）．

1.5 接線・法線加速度

質点が xy 平面内で運動しているとして，**軌道上のある固定点 A から軌道に沿って測った座標** s **を考える**．点 A で $s = 0$ とし，運動する向きを s の正の向きとする．また，質点の位置 P での軌道の接線が x 軸正方向となす角を ψ とする．このようにとった変数 (s, ψ) で運動を記述するとき，これらを**自然座標**と呼ぶ．少し後の時刻 $t + dt$ における質点の軌道上の位置を Q とすると，点 Q の座標は $s + ds$ となる．点 P と点 Q の間の軌道の曲線は点 P で内接するある円の円弧によって近似できる．

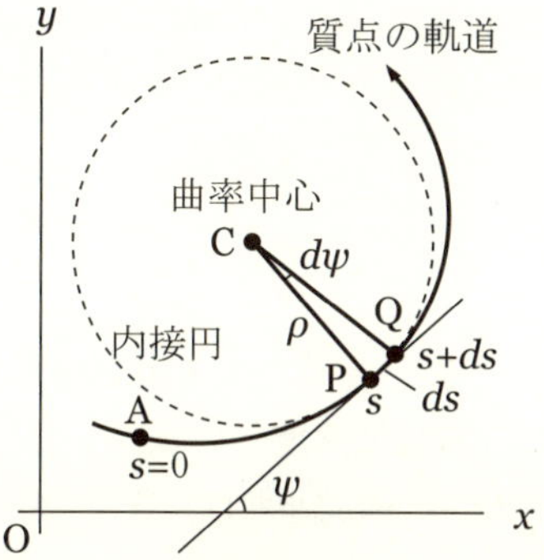

自然座標

dt を限りなくゼロに近づける極限では，点 P 近傍においてこの内接円は限りなく軌道の曲線に近づくとする．このとき，内接円の半径を ρ，円弧の長さを ds，円弧が内接円の中心（**曲率中心**）に張る角度を $d\psi$ とすると $\rho\, d\psi = ds$ の関係が成り立つ．ρ を内接円の**曲率半径**という．曲率半径の逆数 κ（カッパ）を**曲率**という．式で表せば

$$\kappa \equiv \frac{1}{\rho} = \frac{d\psi}{ds} \tag{1.82}$$

となる．曲率はその点における軌道の曲がり具合を表す量である．軌道上の点 P から軌道に沿って質点が運動する方向（速度ベクトル $\boldsymbol{v}$ の方向）を**接線方向**，曲率中心に向かう方向を**法線方向** (主法線方向) という．2 つの方向は直交しつつ，質点の運動とともに向きが変化していく．接線方向を向いた単位ベクトルを $\boldsymbol{e}_v$，主法線方向を向いた単位ベクトルを $\boldsymbol{e}_n$，内接円の法線方向 (従法線方向) を向いた単位ベクトルを $\boldsymbol{e}_b$ $(= \boldsymbol{e}_v \times \boldsymbol{e}_n)$ とする．一般的には，互いに直交するこれらの $\boldsymbol{e}_v, \boldsymbol{e}_n, \boldsymbol{e}_b$ を自然座標の基本ベクトルとして，運動を記述する．

初めの xy 面内で運動している場合に戻ると，時刻 t から $t + dt$ までの間に角

度は $d\psi$ だけ変化し，この間の単位ベクトル $\boldsymbol{e}_v$ の変化量は dt を無限小としたとき $d\boldsymbol{e}_v = 1 \cdot d\psi \cdot \boldsymbol{e}_n$ と表される．従って，単位ベクトル $\boldsymbol{e}_v$ の時間変化率は

$$\frac{d\boldsymbol{e}_v}{dt} = \frac{d\psi}{dt}\,\boldsymbol{e}_n = \frac{d\psi}{ds}\cdot\frac{ds}{dt}\,\boldsymbol{e}_n = \frac{1}{\rho}\,v\,\boldsymbol{e}_n$$

で与えられる．

質点の速度ベクトルは $\boldsymbol{v} = v\,\boldsymbol{e}_v$ と書けるので，質点の加速度ベクトルはこれを時間微分することにより

$$\boldsymbol{\alpha} = \dot{v}\,\boldsymbol{e}_v + \frac{v^2}{\rho}\,\boldsymbol{e}_n \tag{1.83}$$

と表せる．右辺の第 1 項を**接線加速度**，第 2 項を**法線加速度**という．

接線・法線加速度は，質点の軌道が円軌道であるときに特に役立つ．その場合に，運動は必ずしも等速円運動とは限らず，一般的には加速度が接線成分をもつ．

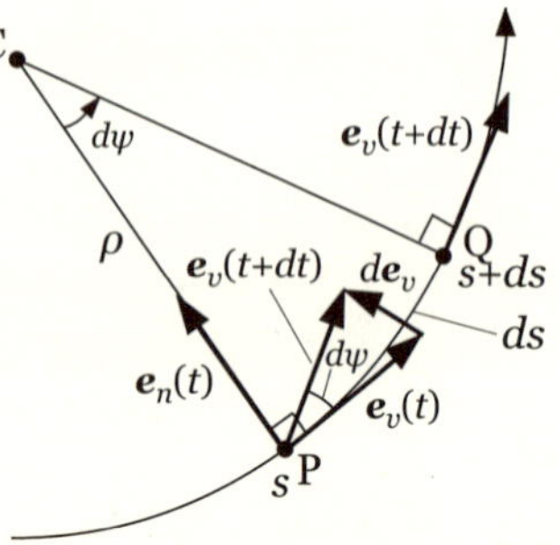

$\boldsymbol{e}_v$, $\boldsymbol{e}_n$の時間的変化

【円運動の接線・法線成分表示】 質点が半径 a の円周上を運動している．軌道上の固定点を原点として軌道に沿ってとった自然座標が $s = a\omega t$ で与えられる（ω は正の定数）．速度および加速度の接線・法線成分を考えてみよう．

【解】 質点の速度および速度ベクトルは

$$v = \dot{s} = a\,\omega = \text{一定},$$

$$\boldsymbol{v} = a\omega\,\boldsymbol{e}_v$$

となるので，加速度ベクトルは次のようになる．

$$\boldsymbol{\alpha} = \frac{v^2}{a}\boldsymbol{e}_n = a\,\omega^2\boldsymbol{e}_n$$

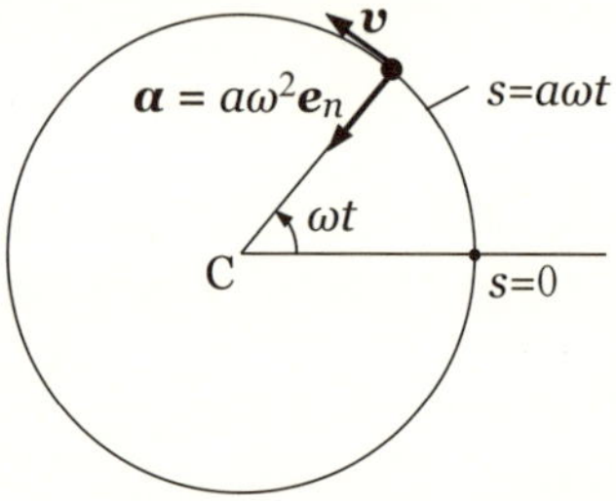

この式は，等速運動のために加速度ベクトルが常に曲率中心（円の中心）の方向を向いたベクトルとなっていることを表している．

例えば，陸上競技場のトラックの半円の部分に沿って一定の速さで走るときには，円の半径が小さいほど（内側のコースを走るほど）円の中心を向いた大きな加速度が必要になる．この加速度を得るにはどうしたらよいだろうか.【終】

▶ **問題 1.5A** 質点が直線上を運動している．軌道に沿ってとった自然座標が時刻 t において $s = at^2 + bt$ であるとき，加速度ベクトルを接線 · 法線成分表示で表せ（a, b は正の定数）．

▶ **問題 1.5B** 質点が半径 a の円周上を運動している．軌道に沿ってとった自然座標が時刻 $t(\geq 0)$ において $s = gt^2/2$ であるとき，速度ベクトルおよび加速度ベクトルを接線 · 法線成分表示で表せ（g は正の定数）．

2 運動の法則

前章で述べた運動学では，各時刻で与えられた質点の位置ベクトルから，それを時間微分することにより速度ベクトルや加速度ベクトルを求め，運動の様態について調べてきた．

この章では，質点の運動が生じる原因として，**力**という概念を導入し，**力学**の本論に入っていく．初めに，ニュートンの運動の法則について解説する．そこでは，運動を記述する基準座標系として**慣性座標系**が提示され，この座標系にのって運動を観測するとき運動の三法則が成り立つことを学ぶ．特に，第二法則である**運動方程式**は力学の**基礎方程式**として重要である．空間の各位置で質点に働く力（**力の場**）が与えられると，運動方程式により質点の加速度ベクトルがわかる．これにより，運動学とは逆に，加速度ベクトルを時間積分することによって，質点の速度ベクトルや位置ベクトルの時間的変化を知ることができる．

2.1 運動の三法則

基準座標系

物理的に**測定**（または**観測**）できる量を**物理量**という．**時刻**は物理量の変化を記述するためのパラメータと考える．物理量の各成分はすべて**実数**で観測される．質点の運動はその位置 $\boldsymbol{r}$，速度 $\boldsymbol{v}$，加速度 $\boldsymbol{\alpha}$ などの物理量によって特徴づけられる．これらの**物理量を各時刻** t **で測るためには，空間の中に基準となる座標系（基準座標系）を選ぶ必要がある．**

デカルト座標系を基準座標系として用いる場合にも様々なデカルト座標系がありうるが，基準座標系としてどのようなものを選ぶかは，重要な問題である．それは，一般に，**選んだ基準座標系によって運動の法則の表式が異なってくる**からである．

ニュートン力学

ケプラーは，**ティコ・ブラーエ**の天体観測のデータをもとにして，惑星運動の数学的計算を行ない，その成果を 17 世紀初頭に**惑星の運動の法則**として発表した．一方，**ガリレイ**は，17 世紀初頭に落体の運動の研究を行ない，落体の落下距離や落下速度と落下時間との関係を見出した．**ニュートン**は，これらの惑星の運動の法則（天体の法則）と落体の運動の法則（地上の法則）が同じ力によるものであることを証明し，『自然哲学の数学的原理』（1687 年）に著した．ここでは，ニュートンにより構築された力学（**ニュートン力学**）と，その応用について話を進めていく．

ニュートン力学では，恒星の相対的位置関係が変わらないものと考え，基準座標系として，**恒星に対して座標軸の方向が固定されていて座標原点が恒星に対して加速度をもたない座標系**を選ぶ．このような基準座標系は**慣性系**と呼ばれる．その例として，我々の太陽の中心に座標原点をもち，互いに直交する三つの座標軸を他の恒星に対して固定された方向に選んだデカルト座標系がある．物体の運動を慣性系で記述することにより，ニュートンの運動法則が導かれる．

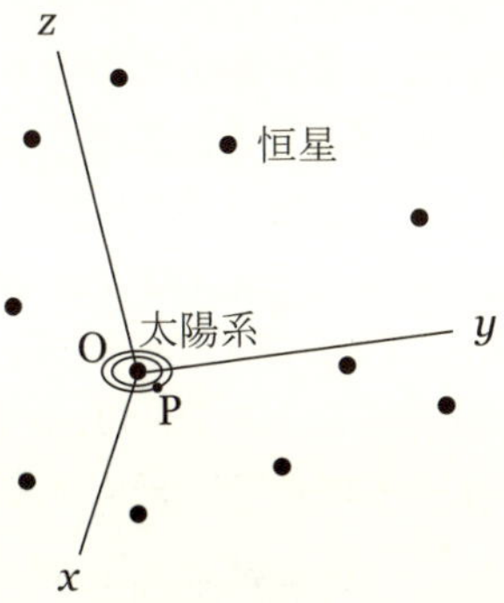

慣性座標系

その運動法則と万有引力の法則を合わせて用いることによって，観測して得られた結果としてのケプラーの惑星の運動法則を説明できることを，後に第 5 章で述べるであろう．

運動の三法則

慣性系にのって運動を記述するとき，ニュートンの運動の三法則は以下に述べる内容をもつ．

(I) **第一法則（慣性の法則）**

他の物体から十分離れていて何の作用も受けない物体は，加速度のない運動を行う．

「加速度のない運動」とは，$\boldsymbol{\alpha} = \boldsymbol{0}$ すなわち $\boldsymbol{v} =$ 一定 の運動である．この運動は**等速直線運動**であって，ある時刻である速度をもっていれば後の時刻においても常に同じ速度で直線運動する．もし，ある時刻に座標系に対して静止していれば，後の時刻も静止し続ける．物体の速度を変えまいとするこのような性質を**慣性**という．慣性系は慣性の法則が成り立つ基準座標系である．慣性の法則は,「我々の世界には慣性系が存在している」ということを主張しているといえる．ここで，慣性は物体ごとに異なるので，慣性の大きさを表す物体固有の量として**慣性質量**（単に**質量**ということもある）という概念を導入する．

いま，慣性系 $\mathrm{O}xyz$ に対してある一定速度 $\boldsymbol{v}_0$ で並進している（座標軸方向が回転しないで移動している）座標系 $\mathrm{O}'x'y'z'$ を考える．ここで，両方の座標系で時刻 t は共通しているとする．簡単のために，初めの時刻 $t = 0$ では 2 つの座標系は一致していたものとする．原点 O' の慣性系における位置は $\boldsymbol{r}_0 = \boldsymbol{v}_0 t$ である．時刻 t における質点 P の位置ベクトルを，$\mathrm{O}xyz$ 座標系では $\boldsymbol{r}$, $\mathrm{O}'x'y'z'$ 座標系では $\boldsymbol{r}'$ とすると

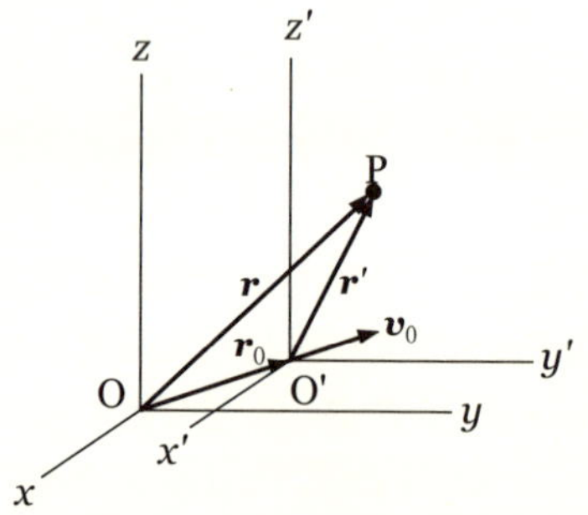

慣性系に対し並進運動する座標系

$$\boldsymbol{r} = \boldsymbol{r}' + \boldsymbol{r}_0 = \boldsymbol{r}' + \boldsymbol{v}_0 t \tag{2.1}$$

の関係が成り立っている．これを 2 回時間微分すると

$$\ddot{\boldsymbol{r}} = \ddot{\boldsymbol{r}}' \tag{2.2}$$

となる．$\mathrm{O}xyz$ は慣性系なので何の作用も受けていなければ $\ddot{\boldsymbol{r}} = \boldsymbol{0}$ である．このとき $\ddot{\boldsymbol{r}}' = \boldsymbol{0}$ が成り立ち，座標系 $\mathrm{O}'x'y'z'$ においても質点は等速直線運動している．すなわち，座標系 $\mathrm{O}'x'y'z'$ においても慣性の法則が成り立っており，$\mathrm{O}'x'y'z'$ も慣性系である．つまり，**慣性系に対して一定速度で運動している座標系もまた慣性系である**といえる．一定な並進速度の選び方は無数にあるから，慣性系も無数に存在することになる．

ここで，地球上に固定した座標系が慣性系であるかどうか検討してみよう．太陽の中心に座標原点をとり他の恒星に対して定まった方向に座標軸をもつ座標系を慣性系と考えているので，**地球表面に固定した座標系は地球の自転と公転のため，上の慣性系に対して回転運動していることになる**．**回転運動は慣性系に対して加速度をもつ運動であるから，地球表面に固定した座標系は慣性系ではない（非慣性系である）**ことになる．しかしながら，地球の自転や公転の周期と比較して極めて短い時間の間に起こる物体の運動を調べるのであれば，物

体の運動に対する自転や公転の影響は小さく，その間は地球上に固定した座標系は慣性系に非常に近いものと考えられる．

地球上に固定した座標系における通常の観測においては，慣性系に対する回転運動を無視して扱って良い場合が多く，**地球上に固定した座標系を近似的に慣性系と見なして**話を進めていく．地球の自転の影響等の効果が大きな運動については，後に第 10 章で非慣性系における物体の運動として議論する．

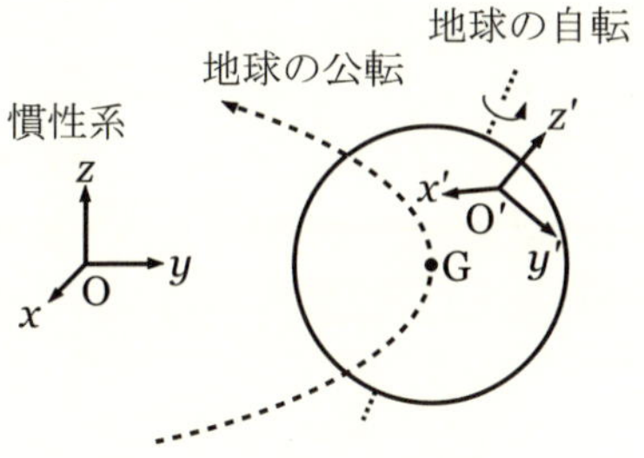

地表に固定された座標系

(II) **第二法則（運動方程式）**

> **時刻とともに物体の運動量が変化する割合は，物体に作用する力の大きさに比例し，力が働く向きに生じる．**

物体の運動は各時刻においてある**大きさ**とある**向き**をもって行われるので，ベクトルを用いるのが適している．これを**運動量ベクトル** $\boldsymbol{p}$ で表す．運動量の向きは，その瞬間に物体が動こうとしている向き，すなわち速度ベクトル $\boldsymbol{v}$ の向きと同じにとる．運動の大きさは，物体の速さが速いほどより運動していると考えられる．また，同じ速さの物体であっても，慣性質量が大きいほどその運動状態を続けようとするので，運動の量が大きいと考える．このことから，運動の量の大きさを，慣性質量とその速さの積で表す．質点の慣性質量を m とすれば，運動量ベクトルは

$$\boldsymbol{p} \equiv m\boldsymbol{v} = m\frac{d\boldsymbol{r}}{dt} \tag{2.3}$$

と定義される．

物体の運動状態の変化は，目に見える形でその物体の位置や速度の変化により観測される．時々刻々の位置の変化は，その瞬間の位置と速度により決まる．また速度の変化はその瞬間での速度と加速度で決まる．ニュートン力学においては，**物体の運動量を変化させる原因として力と呼ばれる概念を導入する**．す

なわち，運動量に変化が生じたとき，目には見えないが物体に力というものが作用したと考えるわけである．質点に作用する力を $\boldsymbol{F}$ と表すと

$$\frac{d\boldsymbol{p}}{dt} = \boldsymbol{F} \tag{2.4}$$

が成り立つ．これを**ニュートンの運動方程式**という．この微分方程式はニュートン力学の**基礎方程式**となっている重要な式である．もし，運動の間に質点の質量が変化しなければ，上式は

$$m\frac{d\boldsymbol{v}}{dt} = \boldsymbol{F} \quad \text{または} \quad m\frac{d^2\boldsymbol{r}}{dt^2} = \boldsymbol{F} \quad \text{または} \quad m\boldsymbol{\alpha} = \boldsymbol{F} \tag{2.5}$$

と書ける．

質点の質量および質点に働く力が具体的に与えられれば，初期条件のもとに運動方程式を積分することによって，速度ベクトルや位置ベクトルを時刻の関数として求めることができる．質点の質量が変化しないとき，デカルト座標系を用いて問題を解く場合には

$$m(\ddot{x}\,\boldsymbol{i} + \ddot{y}\,\boldsymbol{j} + \ddot{z}\,\boldsymbol{k}) = F_x\,\boldsymbol{i} + F_y\,\boldsymbol{j} + F_z\,\boldsymbol{k} \tag{2.6}$$

であるから，運動方程式の三成分

$$m\ddot{x} = F_x\,, \qquad m\ddot{y} = F_y\,, \qquad m\ddot{z} = F_z \tag{2.7}$$

を，初期条件「$t = 0$ のとき $\boldsymbol{r} = \boldsymbol{r}_0$, $\boldsymbol{v} = \boldsymbol{v}_0$」すなわち

$$x = x_0\,, \quad y = y_0\,, \quad z = z_0\,, \quad v_x = v_{0x}\,, \quad v_y = v_{0y}\,, \quad v_z = v_{0z} \tag{2.8}$$

を満たすように積分して，$\boldsymbol{r}(t)$, $\boldsymbol{v}(t)$ を求めればよい．このことから，**初期条件および空間の各点で質点に作用する力が与えられれば，後の時刻における質点の位置と速度は決定されてしまう**ことがわかる．

(III) 第三法則（作用・反作用の法則）

2 つの物体が互いに及ぼし合う力は，大きさが等しく逆向きで，両方の物体を結ぶ直線の方向を向いている．

2つの質点1（質量 m_1）と2（質量 m_2）があるとする．質点1が2に及ぼす力を $\boldsymbol{F}_{1\to2}$（以後簡単に $\boldsymbol{F}_{12}$ と書く），質点2が1に及ぼす力を $\boldsymbol{F}_{2\to1}$（以後簡単に $\boldsymbol{F}_{21}$）と表すと，それぞれの質点に対する運動方程式は，質量が変化しないとして

$$m_1\dot{\boldsymbol{v}}_1 = \boldsymbol{F}_{21}\,, \quad m_2\dot{\boldsymbol{v}}_2 = \boldsymbol{F}_{12} \tag{2.9}$$

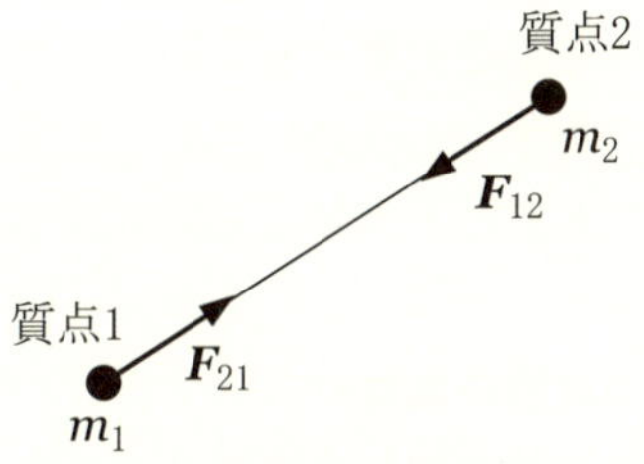

作用と反作用

と書ける．

ここで，**経験法則**（実験や観測を通して成り立つことが明らかにされてきた法則）として次のことがいえる．

> **互いに力を及ぼし合いながら，他から何の力も受けなければ，2 つの物体の運動量の和は変化しない．**

この法則を**運動量保存の法則**という．

「保存」という表現は，物体が時刻とともに運動しても2つの物体の運動量の和は常に一定に保たれて変化しない，ということを意味している．ある時刻での速度ベクトルを $\boldsymbol{v}_1$, $\boldsymbol{v}_2$，後の時刻での速度ベクトルを $\boldsymbol{v}'_1$, $\boldsymbol{v}'_2$ とすれば，運動量保存の法則から

$$m_1\boldsymbol{v}_1 + m_2\boldsymbol{v}_2 = m_1\boldsymbol{v}'_1 + m_2\boldsymbol{v}'_2 = 一定 \tag{2.10}$$

がいえる．時間微分して

$$m_1\dot{\boldsymbol{v}}_1 + m_2\dot{\boldsymbol{v}}_2 = 0 \tag{2.11}$$

となるので

$$\boldsymbol{F}_{21} = -\boldsymbol{F}_{12} \tag{2.12}$$

が得られる．これは作用·反作用の法則の内容を表した式となっている．運動量保存の法則と第二法則（運動方程式）を組み合わせることにより作用·反作用の法則が導かれる，ということがわかる．

運動量保存の法則を時間微分した式から $m_2/m_1 = \alpha_1/\alpha_2$ の関係式がでてくる．この式を用いると，**物体に働いている力がわからなくても 2 つの物体の加**

速度の大きさの比から質量の比が求まる．質量の小さい物体と質量の大きい物体を正面衝突させると，質量の小さい物体は速度を変えやすいため質量の大きい物体に弾き飛ばされてしまう．これを利用して，小さな質量の粒子を対象物にあてたとき起こる散乱現象から，対象物の様態を調べることができる．

物理量の単位

力学で現れる物理量は，それぞれ**物理的次元**（dimension）をもっていて，その**単位** (unit) が国際的に定められている．力学で現れる物理的次元は，

長さ (Length) [L]　　質量 (Mass) [M]　　時間 (Time) [T]

よりなり，各物理量はこれらの組み合わせの次元をもつ．この 3 つの次元に対する単位系として，m（メートル）, kg（キログラム）, sec（秒）を用いるものをその頭文字を並べて **MKS 単位系**といい，cm（センチメートル）, g（グラム）, sec（秒）を用いるものを **CGS 単位系**という．力学で用いられるそれぞれの単位系の単位をまとめると，下表のようになる．

単位系	長さ [L]	質量 [M]	時間 [T]
MKS 単位系	1 m	1 kg	1 s
CGS 単位系	1 cm	1 g	1 s

電磁気現象で現れる物理量を含めて扱う場合には，MKS 単位系では力学単位にさらに電流の単位 A（アンペア）を加えた **MKSA 単位系**を用いる．現在では，MKSA 単位系にさらに温度（K；ケルビン），光度（cd；カンデラ），物質量（mol；モル）の単位を加えた 7 個の**基本単位**による**国際単位系**（**SI；エスアイ**）が用いられている．各物理量の単位は長さ，質量，時間の**単位の乗除**により組み立てられるが，多くの物理量について固有の名称の**組立単位**が定められている．例えば，力の単位は SI では **N**（**ニュートン**）で表される．ニュートンの運動方程式 $m\boldsymbol{\alpha} = \boldsymbol{F}$ からわかるように，質量 1 kg の質点に加速度の大きさ $1\,\mathrm{m/s^2}$ が生じたとき質点に加えられた力を 1 N と定義している．従って，

$$1\,\mathrm{N} = 1\,\mathrm{kg}\cdot 1\,\frac{\mathrm{m}}{\mathrm{s}^2} = 1\,\mathrm{kg\,m\,s^{-2}} \tag{2.13}$$

である．

他方，CGS 単位系では力の単位は **dyn**（ダイン）で表される．ニュートンの運動方程式 $m\boldsymbol{\alpha} = \boldsymbol{F}$ から，質量 1 g の質点に加速度の大きさ 1 cm/s^2 が生じたとき質点に加えられた力を 1 dyn と定義する．従って，

$$1\,\mathrm{dyn} = 1\,\mathrm{g} \cdot 1\,\frac{\mathrm{cm}}{\mathrm{s}^2} = 1\,\mathrm{g\,cm\,s^{-2}} \tag{2.14}$$

である．これより，N と dyn の関係は

$$1\,\mathrm{N} = 1\,\frac{\mathrm{kg \cdot m}}{\mathrm{s}^2} = 10^5\,\frac{\mathrm{g \cdot cm}}{\mathrm{s}^2} = 10^5\,\mathrm{dyn} \tag{2.15}$$

となる．

物理学を学ぶ学生にとって単位は大事である．物理量の数値計算を行うときには，単位や数値の大きさ（Order；桁）の誤りを防ぐために，**まず全ての量の単位を SI か CGS 単位系に統一して式に代入してから，計算を実行する**．日常的な電気現象で A（アンペア），V（ボルト），Ω（オーム）といった SI を用いることが多く，**工学分野では，現在，SI を用いるのが普通である**．しかし，**原子の世界を扱う量子物理学では，CGS 単位系の方が式が簡単になり，数値も小さい量を扱うので，CGS 単位系も多く使われている**．従って，どちらの単位系も自由に使いこなせるようにしておくことが望ましい．

2.2 落下運動

地上付近で放り出された物体が放物線に近い曲線軌道を描いて運動することは，よく知られている．このとき，物体は地球からの引力である重力を受けて運動している，と考える．**物体に力が働くとその向きに加速度が生じ，速度はそちらへ曲げられていくので，描かれる軌道も力の働く側の方へと曲がっていくことになる**．物体に重力が働くときに，その力によって物体が得る加速度ベクトルを**重力加速度ベクトル**といい，記号 $\boldsymbol{g}$ で表す．地球上では，重力加速度の大きさや向きは場所により変化しているが，地表付近では大きさがおよそ 9.8 m/sec^2 である．重力加速度ベクトル $\boldsymbol{g}$ の向きを**鉛直下方**，その反対向きを**鉛直上方**という．質量 m の質点には鉛直下方を向いた $m\boldsymbol{g}$ の重力が働く．

空間内の各点で質点に働く力が一義的に与えられているとき，これを力の場と

いう．空間のどの点に質点があっても同じ重力が働く場合には，この重力の場は**一様な重力場**と呼ばれる．地球全体と比べて極めて狭い空間内での運動を扱う際には，物体は一様な重力場からの力を受けていると近似的に考えてよい．

放物体の運動に限らず，物体に働く力の場が与えられれば，ニュートンの運動方程式を立てて解くことにより，物体の速度ベクトルや位置ベクトルを時間の関数として求めることができる．その場合，**初期条件**としてある時刻 t（通常 $t=0$ と選ぶ）**における速度ベクトルと位置ベクトルを指定すれば，後の時刻における物体の運動は一義的に決定**されてしまう．

一様な重力場の中での鉛直運動

一様な重力場の中で，ある位置から鉛直下方へ初速度 $\boldsymbol{v}_0$ で落下し始めた質量 m の質点の運動を考えてみよう．

初めの時刻を $t=0$ とする．落下し始めた位置を座標原点 O に選び，鉛直下方に x 軸を，水平方向に y 軸と z 軸をとって運動を記述する．運動方程式は次のように書ける．

$$m(\ddot{x}\,\boldsymbol{i}+\ddot{y}\,\boldsymbol{j}+\ddot{z}\,\boldsymbol{k})=mg\,\boldsymbol{i} \tag{2.16}$$

これを，各成分ごとに書くと

$$m\ddot{x}=mg\,,\quad m\ddot{y}=0\,,\quad m\ddot{z}=0 \tag{2.17}$$

となる．

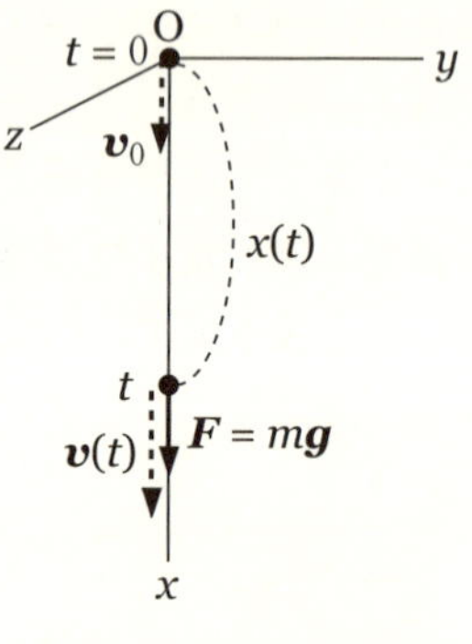

鉛直下方への落下運動

これらの 3 つの成分についての微分方程式を連立させて解く問題となっている．第 2 式は積分して

$$\dot{y}=v_y=c_1 \qquad (c_1\text{は任意定数}) \tag{2.18}$$

と v_y に対する**一般解**が求まる．ここで，一般解とは，**微分方程式を満たす個々の解（特解と呼ばれる）の集まりを表した任意定数を含む解のことで，初期条件により任意定数をある値に決定したときに特別な解（特解）に確定される．**

求める解はあらゆる時刻で成り立つべきであるから，時刻 $t=0$ においても成り立っていなければならない．初期条件「$t=0$ のとき $v_y=0$」が満たされ

るのは $c_1 = 0$ の場合だけなので

$$v_y(t) = 0 \tag{2.19}$$

が解として得られる．これは，あらゆる時刻で速度の y 成分が 0 であることを表している．さらに積分して

$$y = c_2 \qquad (c_2\text{は積分定数}) \tag{2.20}$$

となるが，初期条件「$t = 0$ のとき $y = 0$」を用いると $c_2 = 0$ と決定され

$$y(t) = 0 \tag{2.21}$$

が解として得られる．z 成分についても同様な計算を行ない，

$$v_z(t) = 0\,, \qquad z(t) = 0 \tag{2.22}$$

が得られる．これらの解は，初速度が重力方向を向いて運動を始めると後の時刻においても質点が鉛直線上に沿って運動し，水平方向の速度成分が現れないことを意味している．

次に，運動方程式の x 成分に対する解を求める．初期条件「$t = 0$ のとき $x = 0,\ v_x = v_0$」のもとに

$$\ddot{x} = g \tag{2.23}$$

を積分する．この等式を書き直すと

$$\frac{dv_x}{dt} = g \tag{2.24}$$

となるが，左辺は無限小量 dv_x を無限小量 dt で割り算したときの極限値を表している．両辺に dt を掛けると，時間 $t \sim t + dt$ において 2 つの無限小量 dv_x と $g\,dt$ の間に

$$dv_x = g\,dt \tag{2.25}$$

の関係が成り立つ．従って，それぞれの微小時間ごとに左辺と右辺で等しい無限小量を，ある時間にわたって左辺は左辺，右辺は右辺で足し合わせたものどうしも等しくなる．無限小量もそれを足し合わせることにより，有限の大きさ

をもつ量となる．無限小量の場合の足し算は，足す量の左側に積分記号 $\int$（インテグラル）を付けて表す．すなわち，積分を行うことになる．

$$\int dv_x = \int g \cdot dt \tag{2.26}$$

この両辺の不定積分を実行すると

$$v_x + c_3 = g(t + c_4) \qquad (c_3,\ c_4 \text{は任意定数}) \tag{2.27}$$

となる．これより，一般解は両辺の任意定数を1つにまとめて次のように書ける．

$$v_x = gt + c_5 \qquad (c_5 \text{は任意定数}) \tag{2.28}$$

初期条件「$t = 0$ のとき $v_x = v_0$」を適用して $c_5 = v_0$ と決定されるので，v_x に対する解が

$$\frac{dx}{dt} = v_x(t) = gt + v_0 \tag{2.29}$$

と求まる．物体には常に鉛直下方に向かって一定の重力が働きつづけるので，速さは時刻とともに大きくなっていくことがわかる．さらにこれを積分して位置 $x(t)$ を求める．両辺に dt を掛けて

$$dx = (gt + v_0)dt \tag{2.30}$$

となるので，不定積分

$$\int dx = \int (gt + v_0)dt \tag{2.31}$$

を実行すると，一般解が

$$x = \frac{gt^2}{2} + v_0 t + c_6 \qquad (c_6 \text{は任意定数}) \tag{2.32}$$

と求まる．初期条件「$t = 0$ のとき $x = 0$」を適用して $c_6 = 0$ と決定されるので，初期条件を満たした解として

$$x(t) = \frac{gt^2}{2} + v_0 t \tag{2.33}$$

を得る．落下距離は，落下時間とともに2次関数で増大していくことがわかる．

▶ **問題 2.2A** 水平な地面にある原点 O から鉛直上方に y 軸を，水平方向に x 軸をとる．時刻 $t=0$ に，質量 m の質点を原点の真上で高さ $3a(>0)$ の点 A から鉛直上方に投げ上げた．x 軸上で原点からの距離 $4a$ の点 B から質点の運動を観測したところ，仰角 $\pi/4$ のときに質点が最高点に達して静止し，すぐに鉛直下方に向かって落下運動を始めた．重力加速度の大きさを g とする．点 A から質点を投げ上げたときの初速度の大きさおよび質点が最高点に到達した時刻を求めよ．

2.3 放物運動

斜方投射

時刻 $t=0$ に初速度の大きさ v_0 で水平との角度 φ をなす方向へ質量 m の質点を投げ上げた場合の運動を考えてみよう．

鉛直上方に y 軸，初速度を含む鉛直面内の水平方向に x 軸，これらに直交する水平方向に z 軸を選んで，運動を記述する．一様な重力場中の運動であるとして，その重力加速度を $\boldsymbol{g}$ とすると，質点の運動方程式は

$$m\ddot{\boldsymbol{r}} = m\,\boldsymbol{g}$$

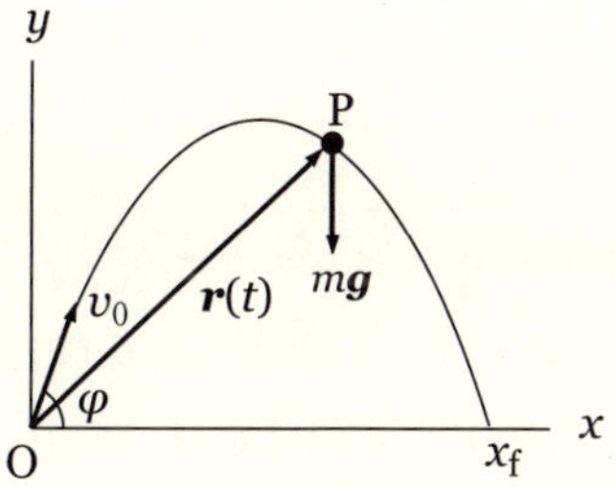

放物運動

と書ける．成分表示すれば

$$m(\ddot{x}\,\boldsymbol{i} + \ddot{y}\,\boldsymbol{j} + \ddot{z}\,\boldsymbol{k}) = -mg\,\boldsymbol{j} \tag{2.34}$$

である．各成分ごとに書いた微分方程式

$$m\ddot{x} = 0\,, \qquad m\ddot{y} = -mg\,, \qquad m\ddot{z} = 0 \tag{2.35}$$

を「$t=0$ において $x=y=z=0$, $v_x = v_0\cos\varphi$, $v_y = v_0\sin\varphi$, $v_z = 0$」の初期条件のもとに，連立させて解く問題となっている．z 成分については簡単に

$$z(t) = 0\,, \qquad v_z(t) = 0 \tag{2.36}$$

が得られる．x 成分について積分を行うと

$$\ddot{x} = 0 \quad より \quad v_x = c_1 \qquad (c_1 は任意定数) \tag{2.37}$$

となる．初期条件から $v_0 \cos\varphi = c_1$ と決定されるので

$$\frac{dx}{dt} = v_x(t) = v_0 \cos\varphi \tag{2.38}$$

が得られる．これをもう一回積分して $x(t)$ を求める．両辺に dt を掛けて不定積分を行うと

$$\int dx = \int v_0 \cos\varphi \cdot dt \tag{2.39}$$

より

$$x = v_0 t \cos\varphi + c_2 \qquad (c_2 \text{は任意定数}) \tag{2.40}$$

となる．時刻 $t=0$ において $x=0$ だから $c_2=0$ と決定される．これより

$$x(t) = v_0 t \cos\varphi \tag{2.41}$$

が得られる．これらの結果から，質点が水平方向へは等速運動していることがわかる．質点には水平方向の力が働かないためである．

$x(t)$ を求める積分において，上のような正統的解法で解いてもよいが，次の方法でも計算できる．変数 t および x について対応する微小量を足していくとき $t=0$ から $t=t$ までの区間に対し $x=0$ から $x=x$ までの区間が対応する．この対応する区間で定積分すれば等しくなるから

$$\int_0^x dx' = \int_0^t v_0 \cos\varphi \cdot dt' \tag{2.42}$$

が成り立つ．定積分の変数の記号は，積分した結果には現れないので何を用いてもよいわけだが，ここでは積分区間を表す記号 x, t との区別がわかるように x', t' を用いた．以下において，この区別に混乱が生じないと考えられる場合には，簡便に積分変数の記号を積分区間と同じ記号 x, t で表してしまうことにする．積分を実行すれば $x(t) = v_0 t \cos\varphi$ という結果が得られる．これは，不定積分した後に積分定数を初期条件により決定した結果と同じ式となっている．

y 成分についても，定積分により解を計算すると

$$\int_{v_0 \sin\varphi}^{v_y} dv_y = \int_0^t (-g) dt \tag{2.43}$$

より

$$\frac{dy}{dt} = v_y(t) = -gt + v_0 \sin\varphi \tag{2.44}$$

が得られる．さらに，dt を掛けてもう一度定積分を行うと

$$\int_0^y dy = \int_0^t (-gt + v_0 \sin\varphi) dt \tag{2.45}$$

より

$$y(t) = -\frac{1}{2}gt^2 + v_0 t \sin\varphi \tag{2.46}$$

となる．質点の高さは，時刻 t の 2 次関数となっている．

軌道の式

パラメータ t によって記述した式 $x(t)$ および $y(t)$ から t を消去すれば，質点の運動する**軌道の式**（x と y の関係式）が次のように得られる．

$$y = -\frac{g}{2(v_0 \cos\varphi)^2}x^2 + \tan\varphi \cdot x \tag{2.47}$$

放物体の軌道は放物線を描くことがわかる．質点を投げ上げてから再び始めと同じ高さに戻ってきたときの水平方向への到達距離 x_{f} は，$y = 0$ とおいて得られる x に関する 2 次方程式を満たす値として求めることができる．解の 1 つである $x = 0$ は，投げ始めた点に対応する．もう 1 つの解から

$$x_{\mathrm{f}}(\varphi) = \frac{v_0^2}{g} \sin 2\varphi \tag{2.48}$$

となる．初速度の大きさ v_0 が大きいほど，2 乗に比例して，水平方向に遠くまで飛ばすことができる．

同じ初速度の大きさ v_0 で放る場合には，その放り上げる角度 φ により，水平到達距離 x_{f} が異なる．このときの最大水平到達距離 x_{m} は $dx_{\mathrm{f}}/d\varphi = 0$ の条件により決まる．計算すると，x_{f} が最大となるのは $\cos 2\varphi = 0$ すなわち $\varphi = \pi/4$ のときであり，$x_{\mathrm{m}} = v_0^2/g$ が得られる．

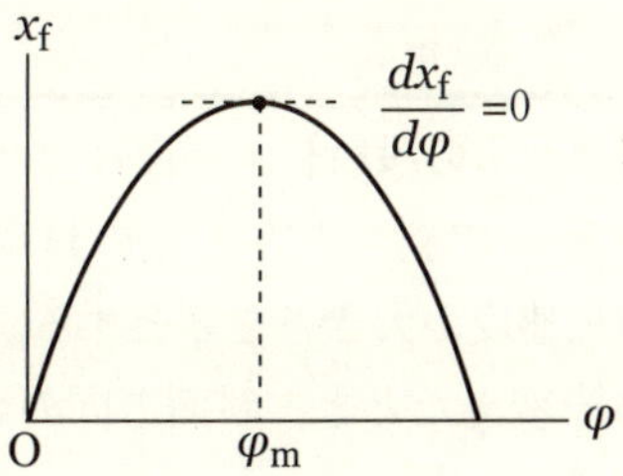

水平到達距離

質点の速さは

$$v = \sqrt{v_0^2 \cos^2\varphi + (-gt + v_0 \sin\varphi)^2} = \sqrt{v_0^2 - 2gy} \tag{2.49}$$

となるので，はじめの位置からの高さだけで決まることがわかる．

さて，地面からの高さ h の位置から，速さ v_0 で鉛直上方へ飛び上がった場合，同じ速さ v_0 で鉛直下方へ飛び降りた場合，速さ 0 で落ち始めた場合，のうちで地面に達したときの速さはどの場合が一番小さくてすむだろうか．

斜面上からの放物体

水平と角度 β（ベータ）をなす平らな斜面上の点から物体を投げ上げて，その落下地点を求めるような場合には，斜面上方または下方に沿って 1 つの座標軸を，斜面の法線方向に他の座標軸を選んで運動方程式をたて，斜面方向と法線方向を独立に解いてみるのが見通しの良い方法である．

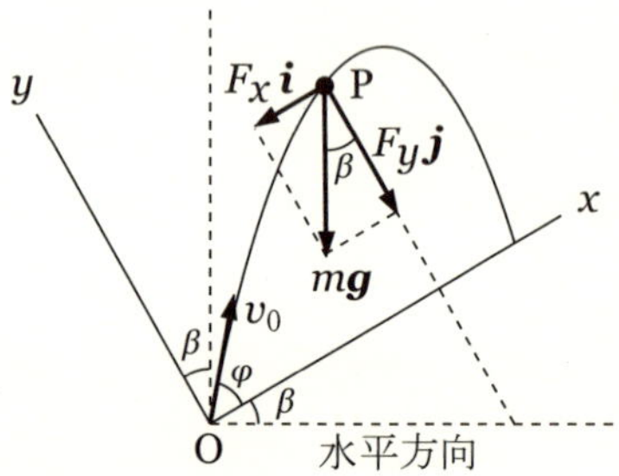

斜面からの投射

例えば，質量 m の物体を斜面上方へ斜面と角度 φ をなす方向へ投げ上げたとき，斜面に沿って上方へ x 軸，斜面の法線方向に y 軸を選ぶと，質点の受ける重力の成分は

$$F_x = -mg\sin\beta\,, \qquad F_y = -mg\cos\beta \tag{2.50}$$

と書ける．これらより運動方程式

$$m\ddot{x} = -mg\sin\beta\,, \qquad m\ddot{y} = -mg\cos\beta \tag{2.51}$$

をたて，初期条件を満たす解 $x(t)$, $y(t)$ を求めればよい．

【斜面からの投射】 水平面と β の角度をなす斜面上の点から，質量 m の質点を初速度 v_0 で斜面上方と φ の角度 $\left(0 < \varphi < \pi/2 - \beta\right)$ をなす方向に投げ上げた．重力加速度の大きさを g とする．初速度の大きさ v_0 を一定として投げ上げる角度 φ を変えたとき，斜面方向の到達距離の最大値がどれだけになるか，求めてみよう．

【解】 投げ上げた位置を原点とし，最大傾斜方向に沿って上方に x 軸，斜面の

法線方向に y 軸をとる．運動方程式の各成分は

$$m\ddot{x} = -mg\sin\beta\,, \qquad m\ddot{y} = -mg\cos\beta$$

と書ける．初期条件のもとに，これらを積分して

$$x = -\frac{g}{2}t^2\sin\beta + v_0 t\cos\varphi\,, \qquad y = -\frac{g}{2}t^2\cos\beta + v_0 t\sin\varphi$$

が得られる．斜面に到達するとき $y = 0$ が成り立つことから，落下地点での x 座標は

$$x_{\mathrm{f}} = \frac{v_0^2}{g\cos^2\beta}[\,\sin(\beta + 2\varphi) - \sin\beta\,]$$

となる．x_{f} の最大値を与える角度は $dx_{\mathrm{f}}/d\varphi = 0$ より求められる．計算すると

$$\varphi = \frac{1}{2}\left(\frac{\pi}{2} - \beta\right)$$

のときとなる．x_{f} の最大値を与えるのは，鉛直上方と斜面方向のちょうど真ん中の方向へ投げ出したときであることがわかる．x_{f} の最大値は

$$x_{\mathrm{m}} = \frac{v_0^2}{g(1 + \sin\beta)}$$

と得られる．

投げ出したときと，斜面に到達したときで，斜面の法線方向の速度成分の間に何か関係が成り立っているだろうか．【終】

▶ **問題 2.3A** 空中の点 O（原点とする）から水平方向に x 軸，鉛直上方に y 軸をとる．時刻 $t = 0$ に，原点から質量 m の質点を初速度 $v_0(> 0)$ で x 軸と φ の角度をなす方向（xy 面内の方向で水平より上向きを $\varphi > 0$ とする）に投げ出す．質点はやがて $x = a\,(> 0)$ の点に到達する．重力加速度の大きさを g とする．初速度の大きさを一定のまま質点を最短時間で $x = a\,(> 0)$ の点に到達させるための角度 φ を求めよ．また，最短時間で到達したときの時刻および到達点の y 座標を求めよ．

▶ **問題 2.3B** 地平面の点 O からの高さが $h(\geq 0)$ の位置から，質量 m の質点を初速度の大きさ v_0 を一定として水平となす角度 φ（水平より上向きを $\varphi > 0$

とする）を変えて投げ上げ，地面に達したときの点Oからの水平方向への到達距離が最大となるようにする．重力加速度の大きさを g とする．点Oからの水平方向への最大到達距離およびそのときの $\sin\varphi$ を求めよ．

▶ **問題 2.3C** 質量 m の質点を地平面上の点から水平と角度 φ をなす方向へ初速度の大きさ v_0 で投げ上げると，物体は放物線を描いて運動したのち地面に到達する．はじめに投げ上げた地点を原点Oとして，軌道が xy 面内（第1象限）にあるように水平方向に x 軸，鉛直上方に y 軸をとる．重力加速度の大きさを g とする．v_0 を一定として角度を $0 \leq \varphi \leq \pi/2$ の範囲で変えたとき，物体が通ることのできる点 $\mathrm{P}(x,\, y)$ はどのような領域の点であるかを求めよ．また，鉛直上方の最大到達距離 y_m と水平方向の最大到達距離 x_m の間にはどのような関係が成り立つか．

▶ **問題 2.3D** 前問において，質点が描く放物線軌道の頂点を $\mathrm{Q}(x_1,\, y_1)$ とする．投げ上げる角度を $0 \leq \varphi \leq \pi/2$ の範囲で変えたとき，放物線軌道の頂点Qはどのような図形上にあるか．

2.4 抵抗力を受ける放物体

速度に比例する抵抗力

一様な重力場の中で物体を斜め方向に投げ上げたとき（投げおろしてもよいが）物体は放物線軌道を描いて運動する，ということが前節で導かれた．

しかし，例えば，バドミントンのシャトルや丸めた紙を投げたとき放物線軌道に沿って運動しているように見えるだろうか．物を放り投げるときは，その軌道を注意深く観察しよう．空気抵抗などの重力以外の力も同時に物体に作用するときは，放物体は必ずしも放物線に沿って運動しているとはいえない．

物体の運動への抵抗力が運動方向と逆向きに働く場合を考えてみる．時刻 $t = 0$ に座標原点から，初速度 $\boldsymbol{v}_0$ で質点を投げ上げたとする．

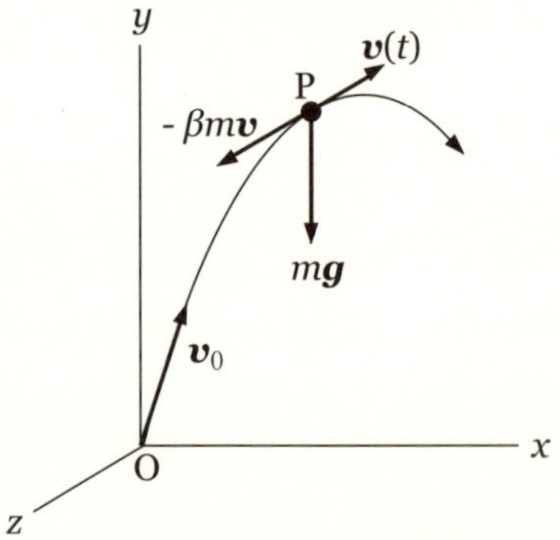

速度に比例する抵抗力のある放物体

物体の速さが比較的小さく抵抗力が速度の 1 乗に比例すると考えた場合に，その抵抗力を $-m\beta\boldsymbol{v}$ とおき運動方程式をたてると次のようになる（β は正の定数）．

$$m\ddot{\boldsymbol{r}} = m\boldsymbol{g} - m\beta\boldsymbol{v} \tag{2.52}$$

鉛直上方に y 軸を，水平面内に x 軸と z 軸をとって成分表示すると

$$m(\ddot{x}\,\boldsymbol{i} + \ddot{y}\,\boldsymbol{j} + \ddot{z}\,\boldsymbol{k}) = -m\beta v_x\,\boldsymbol{i} - (mg + m\beta v_y)\,\boldsymbol{j} - m\beta v_z\,\boldsymbol{k} \tag{2.53}$$

となる．ここでは，初速度ベクトルを含む鉛直面が xy 面となるように x 軸を選んでいる．各成分に分けた微分方程式は

$$m\ddot{x} = -m\beta v_x\,, \quad m\ddot{y} = -(mg + m\beta v_y)\,, \quad m\ddot{z} = -m\beta v_z \tag{2.54}$$

と書ける．それぞれの式の両辺を m で割ると，解くべき微分方程式は次のようになる．

$$\dot{v}_x = -\beta v_x\,, \qquad \dot{v}_y = -(g + \beta v_y)\,, \qquad \dot{v}_z = -\beta v_z \tag{2.55}$$

これらは数学的には，速度の各成分に対する**定数係数の線形 1 階微分方程式**となっている．x 成分については次のようである．

定数係数 $\cdots$ v_x, $\dot{v}_x$の係数が t を含まない

線形 $\cdots$ v_x, $\dot{v}_x$につき 1 次

1 階 $\cdots$ 最高階が$\dot{v}_x$まで現れる

これらの微分方程式は色々な方法で解くことができる．

変数分離法による積分

x 成分に対する微分方程式は次のように書ける．

$$\frac{dv_x}{dt} = -\beta v_x \tag{2.56}$$

これを変形すると次式が得られる．

$$\frac{dv_x}{v_x} = -\beta dt \tag{2.57}$$

ここで，左辺は v_x のみに関係する量，右辺は t のみに関係する量である．この両辺をある区間にわたって各辺それぞれ足し合わせたものも等しくなる．すなわち，不定積分により表すと

$$\int \frac{dv_x}{v_x} = -\int \beta dt \tag{2.58}$$

である．この式の両辺から積分定数がでてくるが，これらを 1 つにまとめて任意定数 c_1 とおいて

$$\log v_x = -\beta t + c_1 \tag{2.59}$$

と書ける．これを v_x について解くと，一般解が

$$v_x = c_2 e^{-\beta t} \qquad (c_2\text{は任意定数}) \tag{2.60}$$

と得られる．このように**左辺と右辺にそれぞれの変数を集めて積分する方法**を**変数分離法**という．y 成分や z 成分に対する微分方程式も同様に変数分離法を用いて積分できる．初期条件「$t = 0$ のとき $v_x = v_{0x}$」を適用すると，任意定数が $c_2 = v_{0x}$ と決定されるので，解は

$$v_x = v_{0x} e^{-\beta t} \tag{2.61}$$

となる．$v_x(t)$ をさらに積分して $x(t)$ を求めることができる．

$$\frac{dx}{dt} = v_{0x} e^{-\beta t} \tag{2.62}$$

より

$$dx = v_{0x} e^{-\beta t} dt \tag{2.63}$$

であるから，両辺それぞれ足し合わせて

$$\int dx = \int v_{0x} e^{-\beta t} dt \tag{2.64}$$

となる．これより一般解は次のように書ける．

$$x = -\frac{v_{0x}}{\beta} e^{-\beta t} + c_3 \qquad (c_3\text{は任意定数}) \tag{2.65}$$

初期条件「$t=0$ のとき $x=0$」を適用すると，任意定数が $c_3 = v_{0x}/\beta$ と決定されるので，解は

$$x = \frac{v_{0x}}{\beta}(1 - e^{-\beta t}) \tag{2.66}$$

と得られる．

この結果は，時刻 t とともに速度の x 成分の大きさ v_x が限りなく小さくなっていくため x は限界値 $x_{\mathrm{f}} = v_{0x}/\beta$ を超えられない，ということを示している．

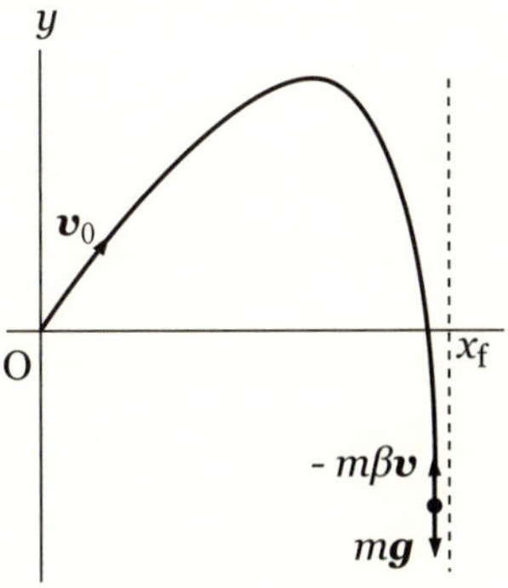

抵抗がある場合の軌道

非同次線形微分方程式の一般的解法

y 成分に対する微分方程式も変数分離法を用いて積分できるが，ここでは別の解法を考えてみよう．微分方程式を変形すると次のように書ける．

$$\dot{v}_y + \beta v_y = -g \tag{2.67}$$

この微分方程式は**非同次線形微分方程式** と呼ばれる形をしている．ここで，**非同次**とは，v_y,$\dot{v}_y$ の 1 次の項以外に，

$$\dot{v}_y + \beta v_y = f(t) \tag{2.68}$$

のように**外力項** $f(t)$ をもっている形を指していう．今の場合 $-g$ の項が外力項である．これに対して，外力項がない微分方程式

$$\dot{v}_y + \beta v_y = 0 \tag{2.69}$$

を**同次線形微分方程式**という．形を比べればわかるように，同次方程式を解く方が非同次方程式を解くより簡単である．

いま，同次方程式の一般解は，変数分離法や同次線形微分方程式の一般的解法により求まっているものとする．このとき非同次微分方程式の一般解 v_y を求めることを考える．微分方程式の不定積分を 1 回行うごとに 1 つの積分定数が任意定数として解の中に入ってくるので，**一般解は微分方程式の階数に等しい個数の任意定数を含む**ことになる．いま考えている非同次微分方程式は v_y に関

して1階であるから，任意定数を1個含んでいてかつ非同次方程式を満たす解が求める一般解となる．

非同次線形微分方程式の解法については，次のことがいえる．

非同次方程式の一般解 ＝ 同次方程式の一般解 ＋ 非同次方程式の特解

上の例でいうと，**同次方程式の一般解**を v_{y1}，**非同次方程式の特解**を v_{y2} とすれば，**非同次方程式の一般解は**

$$v_y = v_{y1} + v_{y2} \tag{2.70}$$

で与えられる．

【証明】条件より

$$\dot{v}_{y1} + \beta v_{y1} = 0 \quad \text{および} \quad \dot{v}_{y2} + \beta v_{y2} = -g \quad \text{だから}$$

$$\frac{d}{dt}(v_{y1} + v_{y2}) + \beta(v_{y1} + v_{y2}) = (\dot{v}_{y1} + \beta v_{y1}) + (\dot{v}_{y2} + \beta v_{y2}) = -g$$

従って $v_{y1} + v_{y2}$ は任意定数を1個（v_{y1} の中に）含みかつ非同次方程式を満たしているから求める解である．

【証明終わり】

実際に計算すると，同次方程式の一般解 v_{y1} は変数分離法を用いて

$$v_{y1} = c_4 e^{-\beta t} \qquad (c_4\text{は任意定数}) \tag{2.71}$$

と得られる．**非同次方程式の特解としてはどのような解でもよいので，定数解（時間に依存しない解）を求めるのが楽である．**その場合には $\dot{v}_{y2} = 0$ となるから $v_{y2} = -g/\beta$ と得られる．これらより，非同次方程式の一般解が

$$v_y = c_4 e^{-\beta t} - \frac{g}{\beta} \tag{2.72}$$

と得られる．初期条件「$t = 0$ のとき $v_y = v_{0y}$」を適用すると，任意定数が $c_4 = v_{0y} + (g/\beta)$ と決定されるので，解は

$$v_y(t) = \left(v_{0y} + \frac{g}{\beta}\right)e^{-\beta t} - \frac{g}{\beta} \tag{2.73}$$

となる．

さらに，両辺に dt を掛けて積分することにより，解 $y(t)$ が次のように得られる．

$$y(t) = -\frac{g}{\beta}t + \frac{1}{\beta}\left(v_{0y} + \frac{g}{\beta}\right)(1 - e^{-\beta t}) \tag{2.74}$$

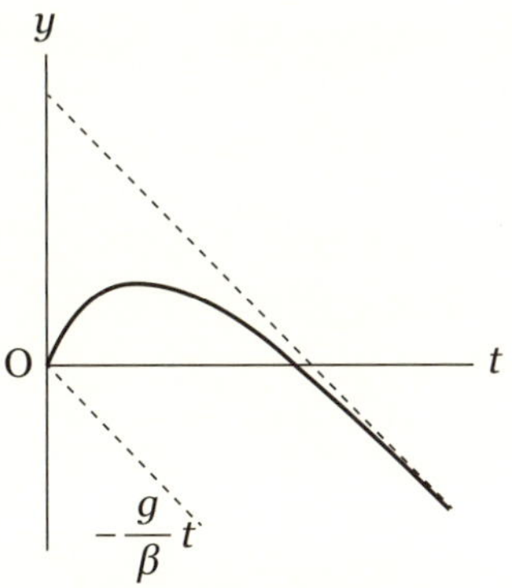

速度に比例する抵抗力のある放物運動

十分時間がたつと ($t \to \infty$) 物体の落下速度の y 成分 $v_y(t)$ はほぼ一定値 $-g/\beta$ に近づきそれ以上速くなることがない． 速度の x 成分も 0 に近づくので，速度ベクトルは鉛直下方を向いた一定値に限りなく近づく．速度ベクトルの極限値 $\boldsymbol{v}_\mathrm{f}$ を**最終速度ベクトル** (final velocity) という．

このようにほぼ一定の速度で落下するときは，**重力と抵抗力がほぼつりあって合力が 0 に近づき，ほとんど等速直線運動になっている**といえる．このことから，最終速度の大きさは $m\beta v_\mathrm{f} = mg$ より $v_\mathrm{f} = g/\beta$ として求めることもできる．速度の 1 乗に比例する抵抗力だけでなく，速度の 2 乗に比例する抵抗力の場合にも，重力とのつり合いから最終速度の大きさを計算することができる．

空から舞い降りる雪片やお祝いの紙ふぶき，夜空を飾る花火などの落ちてくる様子をよく見てみよう．

▶ **問題 2.4A** 質量 m の質点が，時刻 $t = 0$ に，水平と角度 θ をなす斜面上の点から，斜面の法線方向に速さ $v_0 (> 0)$ で投げ出された．質点は重力と速度 $\boldsymbol{v}$ に比例した抵抗力 $-m\beta\boldsymbol{v}$ を受けて空中を運動し，やがて斜面に落下した（β は正の定数）．重力加速度の大きさを g とする．質点が斜面から最も離れた時刻を求めよ．

速度の 2 乗に比例する抵抗力

上で，速度に比例した抵抗力を受けた放物体の運動を調べた．ここでは，抵抗力が速度の 2 乗に比例する場合について考えてみよう．速度が小さいうちはあまり抵抗力の影響はなく，速度が大きくなるに従って急激に抵抗力が大きな影響を物体の運動に及ぼすようになることが予想される．

簡単のために，時刻 $t=0$ に，座標原点から鉛直下方に向かって初速度 0 で質点が落下し始めたとする．鉛直下方に x 軸をとり，抵抗力を $-kv^2\,\boldsymbol{i}$ とおき（k は正の定数）運動方程式をたてると

$$m\dot{v} = mg - kv^2 \tag{2.75}$$

となる．これは v^2 の項があるため v に関する 1 階の非線形微分方程式である．

$$\frac{dv}{dt} = -\frac{k}{m}(v^2 - a^2) \qquad \left(a \equiv \sqrt{\frac{mg}{k}}\right) \tag{2.76}$$

と変形して，変数分離法を用いて積分する．

$$\int \frac{dv}{v^2 - a^2} = -\int \frac{k}{m}\,dt \tag{2.77}$$

において，左辺の積分は，次のように**被積分関数を部分分数分解する**ことにより計算できる．

$$\int \frac{1}{v^2 - a^2}dv = \int \frac{1}{2a}\left(\frac{1}{v-a} - \frac{1}{v+a}\right)dv \tag{2.78}$$

積分を実行してから変形すると，一般解 v について

$$\frac{v-a}{v+a} = c\,e^{-2bt} \qquad \left(c \text{ は任意定数}, \, b \equiv \sqrt{\frac{kg}{m}}\right) \tag{2.79}$$

と得られる．初期条件「$t=0$ のとき $v=0$」を用いて $c=-1$ と決定されるから，解は

$$v(t) = \sqrt{\frac{mg}{k}}\tanh\sqrt{\frac{kg}{m}}t \tag{2.80}$$

となる．さらに，これをもう一度積分して，初期条件「$t=0$ のとき $x=0$」を適用すると

$$x(t) = \frac{m}{k}\log\left(\cosh\sqrt{\frac{kg}{m}}t\right) \tag{2.81}$$

が得られる．

運動の様子を $x(t)$ のグラフを描いて確かめてみるとよい．
計算結果から，最終速度の大きさは $v_{\mathrm{f}} = \sqrt{mg/k}$ となる．これは，十分時間が

たったときの抵抗力と重力のつりあいの関係からも計算できる．

$x(t)$ のグラフでは，接線の勾配が一定値に近づいていくことからこのことが理解できる．

ここでは，鉛直下方に落下させた場合について解いたが，**初速度を与えて鉛直上方へ投げ上げた場合には，最高点に達するまでの運動とそこから鉛直下方に落ちていく場合では，運動方程式の抵抗項の符号が逆転する**ことに注意しよう．従って，運動を 2 通りの場合に分けて解く必要がある．

初めの高さにもどったときの速さはどうなるだろうか．

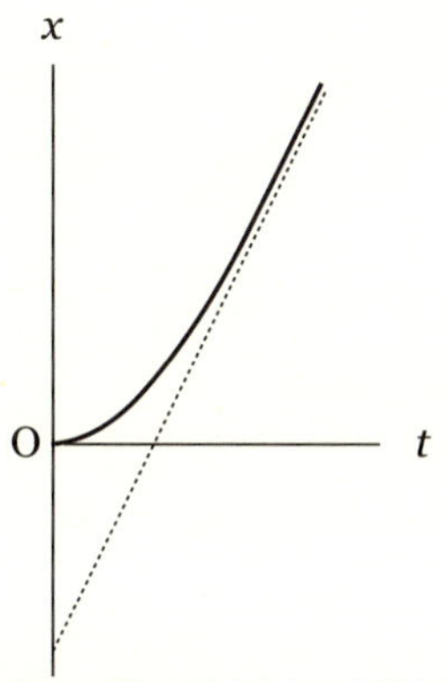

速度の2乗に比例する抵抗力のある放物運動

▶ **問題 2.4B** 質量 m の質点を，時刻 $t=0$ に，速さ $v_0(>0)$ で鉛直上方に投げ上げた．質点は重力と速度 v の 2 乗に比例した抵抗力 $-kv^2$ を受けて運動する（k は正の定数）．重力加速度の大きさを g とする．質点が最高点に達するまでの間の時刻 t における速さを求めよ．

速度の n 乗に比例する抵抗力

物体に働く抵抗力が速度の n 乗に比例する場合に，n を変えていったら運動様態にどのような違いが現れてくるだろうか．簡単のために，物体（質点）に対して抵抗力以外に重力等の力は働かないとして，1 次元運動を調べてみよう．

時刻 $t=0$ に，物体を原点から x 軸正方向へ速さ v_0 で放り出す．物体には，運動方向と逆向きに速さの n 乗に比例する抵抗力 $-kv^n$ （k は正の定数, n は 0 でない定数）のみが働くものとする．物体の運動方程式は

$$m\frac{dv}{dt}=-kv^n \tag{2.82}$$

と書けるので，これを

$$v^{-n}\,dv=-\frac{k}{m}\,dt \tag{2.83}$$

のように変形し，変数分離法により積分すると

$$\int_{v_0}^{v} v^{-n}\,dv = -\int_0^t \frac{k}{m}\,dt \tag{2.84}$$

となる．両辺の積分を実行し，さらにもう一度積分して $x(t)$ を求めると，n が

$$3 \to 2 \to \frac{3}{2} \to 1 \to \frac{3}{4} \to \frac{1}{2}$$

と変わるにつれて

$$t^{\frac{1}{2}} \to \log t \to t^{-1} \to e^{-at} \to t^5 \to t^3$$

の形の関数のグラフを移動したものになっていく（$a \equiv k/m$）．この様子を，それぞれの n について実際に計算し，$x(t)$ のグラフを描いて調べてみよう．

▶ **問題 2.4C** 質量 m の質点を，時刻 $t=0$ に，原点から速さ $v_0(>0)$ で x 軸正方向へ向けて投げ出した．質点は運動方向と逆向きに速さ v の 1/2 乗に比例した抵抗力 $-kv^{\frac{1}{2}}$ のみを受けて運動する（k は正の定数）．質点が動いている時刻 t における質点の速さ $v(t)$ および位置座標 $x(t)$ を求めよ．

3　振動

3.1　単振動

フックの法則

滑らかで水平な台の上にばねを置き，その左端を固定する．ばねの長さが**自然長**（伸び縮みのない長さ）のときに，ばねの右端に物体を取り付けて静かに台の上に置くと，物体にはばねからの力は働かない．また，物体に働く重力は台が物体を支える力とつりあって打ち消しあっている．このとき，物体は**平衡点**（つりあいの位置）に静止している．

ここで，物体を少し右へ引っ張り静かに離せば，ばねが伸びた状態から縮もうとするために，物体はばねからの平衡点に向かう左向きの力を受ける．そのため物体は速さを増していき，平衡点に向かう．平衡点を通過するとばねが縮んだ状態になるため伸びようとして，物体はばねからの平衡点に引き戻そうとする右向きの力を受ける．

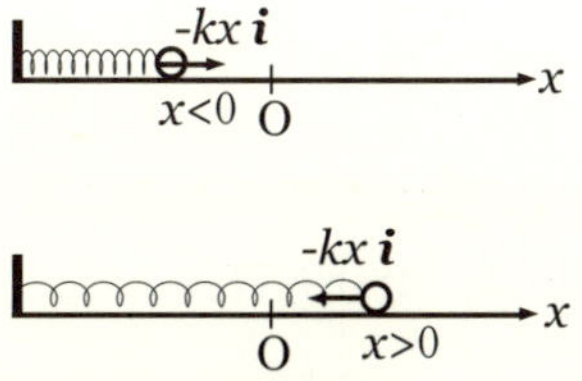

ばねによる復元力

このようにして，物体は，常に平衡点に向かう力を受けながら，平衡点を通る直線上を往復運動する．物体をある固定された平衡点に戻すように働く力を**復元力**という．平衡点を座標原点に選べば，復元力 $\boldsymbol{F}$ が平衡点からの距離に比例するとき，位置ベクトル $\boldsymbol{r}$ を用いて次のように書ける．

$$\boldsymbol{F}(\boldsymbol{r}) = -k\boldsymbol{r} \qquad (k \text{ は正の定数}) \tag{3.1}$$

ばねのもつこの性質を，**フックの法則**と呼ぶ．

実際のばねでは，平衡点からの変位が小さいときは復元力の大きさが平衡点からのずれに比例すると考えてよいが，変位が大きくなるとこの法則からはずれてくる．ばねにつながれた物体の運動ばかりでなく，コンデンサとコイルをつないだ回路では，コンデンサの極板上の電荷と回路を流れる電流とが時間的に変化して振動現象が起こる．自然界には（人工物も含めて）ある平衡状態のまわりでそこからの「ずれ」が振動する現象が多くみられる．

単振動

物体（質点）が，フックの法則に従うばねからの復元力を受けながら，ある直線上を運動するときの様子を調べてみよう．

物体を平衡点（座標原点にとる）からずらして静かに離すと，平衡点からのずれに比例した復元力により，物体は直線上を運動する．復元力の働く方向に沿って x 軸をとると，物体の運動方程式の x 成分は次のように書ける．

$$m\ddot{x} = -kx \tag{3.2}$$

ここで k は正の定数で**ばね定数**と呼ばれ，復元力の強さの程度を表している．上式は**定数係数をもつ 2 階同次線形微分方程式**である．**2 階なので独立な解は 2 個ある．**これを x_1 と x_2 とすれば，**線形なので x_1 と x_2 の線形結合 $c_1x_1 + c_2x_2$ も解となる（c_1, c_2 は任意定数）．これは任意定数を 2 個含むから一般解である．微分方程式を解くときには，最高階の係数を 1 にする**と考えやすい．

具体的に，微分方程式

$$\ddot{x} = -\frac{k}{m}x \tag{3.3}$$

を満たす解を探してみる．解は 2 回微分すると元の形に戻りかつ負符号および定数がつくような性質をもった関数である．このような性質をもつ関数として，三角関数 $\sin\omega t$, $\cos\omega t$ ，指数関数 $e^{\pm i\omega t}$ などがあげられる．ω は $\omega^2 = k/m$ の関係を満たす定数である．ω として正の値をとり，$\omega \equiv \sqrt{k/m}$ とおくことにする．ここでは，次の関数

$$x_1 = \sin\sqrt{\frac{k}{m}}\,t, \qquad x_2 = \cos\sqrt{\frac{k}{m}}\,t \tag{3.4}$$

を独立な解として選ぶことにする．指数関数 $e^{i\sqrt{k/m}\,t}, e^{-i\sqrt{k/m}\,t}$ を独立な解として選んでも初期条件を満たす解は同じになる．**一般解を**

$$x = c_1\sin\sqrt{\frac{k}{m}}\,t + c_2\cos\sqrt{\frac{k}{m}}\,t \qquad (c_1,\ c_2\text{は任意定数}) \tag{3.5}$$

とおく．三角関数の合成により式を変形すれば

$$x = a\sin\left(\sqrt{\frac{k}{m}}\,t + \phi\right) \qquad (a,\ \phi\text{は任意定数}) \tag{3.6}$$

と表せる．上式では，2 つの任意定数 c_1, c_2 のかわりに a, ϕ が 2 つの任意定数となっている．これらの間には

$$c_1 = a\cos\phi\,, \qquad c_2 = a\sin\phi \tag{3.7}$$

の関係がある．ここでは，$0 \leq a$, $0 \leq \phi < 2\pi$ の場合を考える．

物体の位置 x は a から $-a$ までの間を往復運動することがわかる．位置変数がこのようにサイン関数で変化する運動を，**調和振動**または**単振動**という．

単振動は振動の中でも最も基本的な運動である．振動する物体を一般に**振動子**といい，特に調和振動する物体のことを**調和振動子**という．

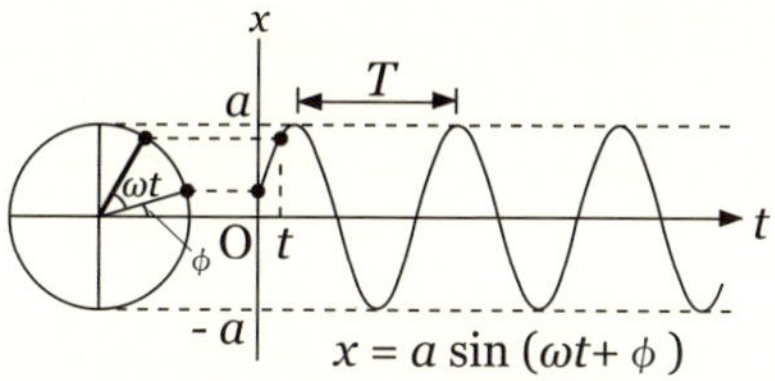

等速円運動と単振動の関係

ここで，$a\,(\geq 0)$ は**振幅**と呼ばれ，振動の大きさを表す．

三角関数 $\sin(\omega t + \phi)$ の真数である角度 $\theta\,(\equiv \omega t + \phi)$ のことを**位相**という．位相の単位はラジアン [rad] であるが，これは中心角 θ の円弧の長さ l と円の半径 r の比 $\theta = l/r$ で定義されるから，位相 θ は物理的には無次元の量である．

ω は単位時間あたり進む位相角であり**角速度**（単位は rad/sec）と呼ばれる．

$t = 0$ のときには位相が ϕ となるので，ϕ のことを**初期位相** という．振幅と初期位相は初期条件により決定される定数である．

位相が 2π だけ増えると三角関数はもとの値に戻るから，質点は 1 振動して戻ってくることになる．質点が 1 振動するのに要する時間 T[sec] を振動の**周期**という．すなわち $\omega T = 2\pi$ の関係が成り立つ．

1 sec 間に振動する回数 $\nu = 1/T$ [sec^{-1}] を**振動数**という．振動数は SI 単位系では**ヘルツ**という組立単位で表される．記号は [Hz] を用い，1 Hz =1 sec^{-1} である．振動数の記号 ν はギリシャ文字で,「ニュー」と読む．

角速度の大きさは，**角振動数**と呼ばれることもある．1 回振動すると位相角は 2π rad 進むから，ν [Hz] の振動の場合には，角振動数と振動数の間に $\omega = 2\pi\nu$ の関係が成り立つ．

【復元力を受けた平面運動】 質量 m の質点が，座標原点 O からの力 $-m\omega^2\boldsymbol{r}$ を受けて xy 平面内を運動する（ω は正の定数）．ここで $\boldsymbol{r}=x\,\boldsymbol{i}+y\,\boldsymbol{j}$ は時刻 t における質点の位置ベクトルである．$t=0$ のときの位置ベクトルは $-a\,\boldsymbol{i}+2a\,\boldsymbol{j}$，速度ベクトルは $v_0\,\boldsymbol{i}$ であった（a, v_0 は正の定数）．また，この運動での x 座標の振幅は $2a$ であった．v_0 を a, ω を用いた式で表してみよう．

【解】 運動方程式の x, y 成分は

$$m\ddot{x}=-m\omega^2x\,,\qquad m\ddot{y}=-m\omega^2y$$

と書ける．これらの一般解を

$$x=2a\sin(\omega t+\phi_1)\,,\qquad y=B\sin(\omega t+\phi_2)$$

とおく（B, ϕ_1, ϕ_2 は任意定数）．時間微分して

$$\dot{x}=2a\omega\cos(\omega t+\phi_1)\,,\qquad \dot{y}=B\omega\cos(\omega t+\phi_2)$$

となる．初期条件を適用すると

$$x(t)=2a\sin\left(\omega t-\frac{\pi}{6}\right),\qquad y(t)=2a\cos\omega t$$

と求まる．ここで初期条件から $v_0=\sqrt{3}a\omega$ でなければならない．

軌道の式は $x(t)$, $y(t)$ からパラメータ t を消去して

$$x^2+xy+y^2=3a^2$$

と得られる．x, y 座標軸を原点のまわりに $\pi/4$ 回転した $x'y'$ 座標系では，軌道の式が

$$\left(\frac{x'}{\sqrt{2}a}\right)^2+\left(\frac{y'}{\sqrt{6}a}\right)^2=1$$

となるので，楕円軌道を描いて運動することがわかる．

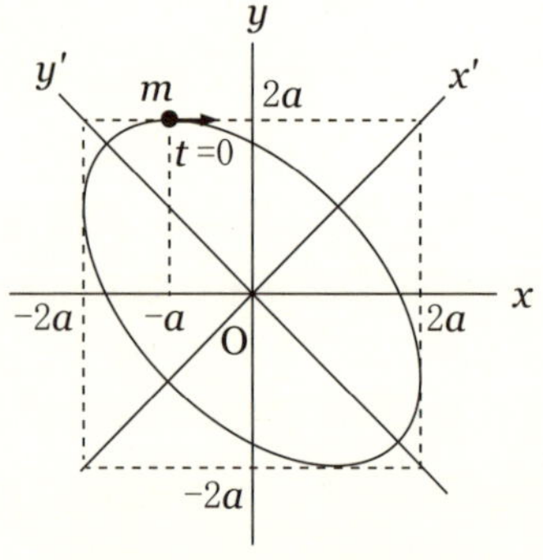

原点に向かう復元力を受けた平面運動

互いに垂直な 2 方向の単振動を合成して得られる図形はリサジュー図形と呼

ばれる．2 方向の角振動数が等しい場合には動点は楕円または直線上を運動するが，異なる場合にはさらに複雑な図形上を運動する．このとき，振動数の比が有理数の比であれば閉じた図形となる．【終】

3.2 外力を受ける振動

質量 m の物体が復元力 $-kx\boldsymbol{i}$ のみを受けて直線上を運動するときは，振動系によって決定される**固有角振動数** $\sqrt{k/m}$ をもつ単振動になることを前に述べた．いま，この振動系に**外力**（一般に時刻 t に依存する）が加わった場合にどのような運動状態の変化が生じるかを調べてみよう．

時間によらない外力

まず初めに，外力として時間によらない力が働いた例として，ばね振り子の運動を考えてみる．上端を固定されたばね（ばね定数 k）を鉛直に吊るし，ばねを自然長にして下端に質量 m の物体を取り付ける．物体の初めの位置を座標原点とし，鉛直下方に x 軸をとる．物体を静かにはなすと，物体は落下し始めるが，同時にばねからの復元力を受けるようになる．解くべき運動方程式は

$$m\ddot{x} = -kx + mg \tag{3.8}$$

である．この場合の外力 $b \equiv mg$ は時間によらない．これを変形して

$$\ddot{x} + \frac{k}{m}x = \frac{b}{m} \tag{3.9}$$

となる．これは非同次線形微分方程式なので，同次方程式の一般解を

$$x_1 = a\sin(\omega t + \phi) \qquad \left(a,\ \phi\text{は任意定数},\ \omega \equiv \sqrt{\frac{k}{m}}\right) \tag{3.10}$$

とおく．非同次方程式の特解として定数解 $x_2 = b/k$ を選ぶ．これらより元の方程式の一般解は

$$x = a\sin(\omega t + \phi) + \frac{b}{k} \tag{3.11}$$

と書ける．このとき，速度は $x(t)$ を時間微分して

$$v = a\omega\cos(\omega t + \phi) \tag{3.12}$$

となる．初期条件「$t=0$ のとき $x=0,\ v=0$」を適用すると

$$a\sin\phi+\frac{b}{k}=0\,,\qquad a\omega\cos\phi=0 \tag{3.13}$$

でなければならない．これらを満たすように任意定数 a,ϕ を決定して，解は

$$x(t)=\frac{mg}{k}\left(1-\ \cos\sqrt{\frac{k}{m}}t\right) \tag{3.14}$$

と得られる．

この結果から，物体はばねの自然長から $x_0=mg/k$ だけ下がった位置を平衡点として振幅 x_0 の単振動をすることがわかる．この平衡点は $kx_0=mg$ を満たしているので，重力と復元力がちょうど打ち消しあう点になっている．

それでは，水平と角度 β をなす滑らかで平らな斜面の上で最大傾斜方向に沿って同様に振動を行わせたら，どのような違いがでてくるだろうか．

時間に比例する外力

次に，外力として時間に比例する力が働いた場合を考える．物体は初め座標原点に静止していたとする．物体の運動方向に沿って x 軸をとったとき，物体には復元力 $-kx\,\boldsymbol{i}$ と外力 $bt\,\boldsymbol{i}$（b は正の定数）が働くものとする．運動方程式

$$m\ddot{x}=-kx+bt \tag{3.15}$$

を変形して

$$\ddot{x}+\frac{k}{m}x=\frac{b}{m}t \tag{3.16}$$

となる．非同次方程式の特解として

$$x_2=c_1t+c_2 \qquad (c_1,\ c_2\text{は定数}) \tag{3.17}$$

の形のものを探してみる．元の微分方程式に代入すると

$$\frac{k}{m}(c_1t+c_2)=\frac{b}{m}t \tag{3.18}$$

となる．これがあらゆる時刻で成り立つのは，定数が $c_1=b/k,\ c_2=0$ のときである．従って，非同次方程式の一般解は

$$x=a\sin(\omega t+\phi)+\frac{b}{k}t \qquad \left(a,\ \phi\text{は任意定数},\ \omega\equiv\sqrt{\frac{k}{m}}\right) \tag{3.19}$$

と得られる．速度は，これを微分して

$$v = a\omega\cos(\omega t + \phi) + \frac{b}{k} \tag{3.20}$$

となる．初期条件「$t=0$ のとき $x=0,\ v=0$」を適用すると

$$a\sin\phi = 0\,, \qquad a\omega\cos\phi + \frac{b}{k} = 0 \tag{3.21}$$

でなければならない．これらを満たすように任意定数 $a,\ \phi$ を決定して，解は

$$x(t) = \frac{b}{k}\sqrt{\frac{m}{k}}\left(\sqrt{\frac{k}{m}}\,t - \sin\sqrt{\frac{k}{m}}\,t\right) \tag{3.22}$$

と求められる．速度および加速度の時間的変化は，上式を 1 回または 2 回時間微分することにより得られる．

これらより，物体が加速と減速を周期的に繰り返しながら次第に原点から離れていくことがわかる．振動子は外力がない場合の平衡点のまわりの固有の振動を離れて，外力によって一方向に引きずられていく．時刻とともに外力の大きさは増大していくが，復元力との差は一定の振幅で振動している．ばねが復元力を作っている場合には，いずれ限度を超え，この関係は破綻するであろう．

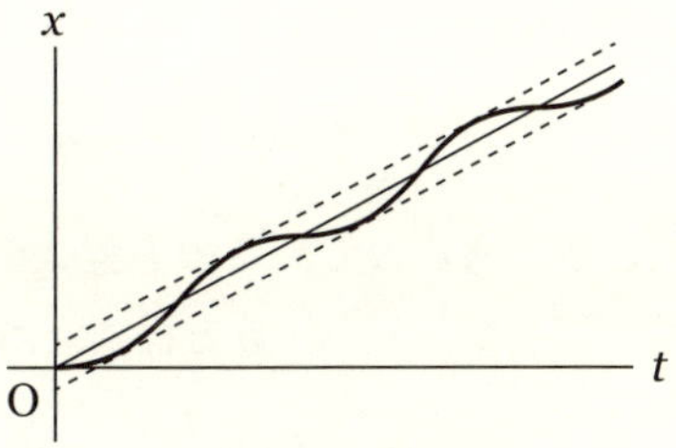

外力を受けた振動子

▶ **問題 3.2A** 時刻 $t=0$ に原点 O に静止していた質量 m の質点が，復元力 $-m\omega^2 x\,\boldsymbol{i}$ および外力 $mh\sin 2\omega t\,\boldsymbol{i}$ を受けて x 軸上を 1 次元運動する（$\omega,\ h$ は正の定数）．時刻 t における質点の位置 $x(t)$，原点から離れて初めに x が極大となる時刻およびそのときの x 座標を求めよ．

3.3　減衰振動

速度に比例する抵抗力

復元力 $-kx\,\boldsymbol{i}$ により固有角振動数 $\omega_0 \equiv \sqrt{k/m}$ で単振動する系に，速度に比例する抵抗力 $-2m\beta\dot{x}\,\boldsymbol{i}$ が働く場合の 1 次元運動を考えてみよう（β は 0 または

正の定数）．

物体（質量 m の質点）の初めの位置を座標原点とし，初速度を $v_0\,\boldsymbol{i}$ とする（v_0 は正の定数）．運動方程式は

$$m\ddot{x} = -kx - 2m\beta\dot{x} \tag{3.23}$$

と書ける．これを変形して

$$\ddot{x} + 2\beta\dot{x} + \omega_0^2 x = 0 \tag{3.24}$$

となる．この 2 階線形微分方程式の 2 つの独立な解を求めるため，$x = e^{\lambda t}$（λ は定数）の形の解を探してみよう．微分方程式に代入すると

$$(\lambda^2 + 2\beta\lambda + \omega_0^2)\, e^{\lambda t} = 0 \tag{3.25}$$

となる．$x = e^{\lambda t}$ が解であるためには，上式があらゆる時刻で成り立たなければならない．それを満たすのは

$$\lambda^2 + 2\beta\lambda + \omega_0^2 = 0 \tag{3.26}$$

のときであるので，この方程式の解 λ を求める．すなわち，x の微分方程式を解く問題が，λ の代数方程式を解く問題に帰着される．この代数方程式の解は

$$\lambda = -\beta \pm \sqrt{\beta^2 - \omega_0^2} \tag{3.27}$$

と得られる．復元力の大きさを決める定数 ω_0 と抵抗力の大きさを決める定数 β の大小関係により，次の 3 通りの運動様態に分けて考える．

(i) $0 \leq \beta < \omega_0$ のとき

この場合は，抵抗が比較的小さい．

$$\lambda = -\beta \pm i\sqrt{\omega_0^2 - \beta^2} \tag{3.28}$$

であるから，一般解は

$$\begin{aligned} x &= c_1\, e^{-\beta t + i\sqrt{\omega_0^2 - \beta^2}\, t} + c_2\, e^{-\beta t - i\sqrt{\omega_0^2 - \beta^2}\, t} \\ &= e^{-\beta t}\Big[\, a_1 \cos\sqrt{\omega_0^2 - \beta^2}\, t + a_2 \sin\sqrt{\omega_0^2 - \beta^2}\, t\,\Big] \\ &= A_0 e^{-\beta t} \cos\Big(\sqrt{\omega_0^2 - \beta^2}\, t + \phi_0\Big) \end{aligned} \tag{3.29}$$

と書ける（c_1, c_2, a_1, a_2, A_0, ϕ_0 は任意定数）．初期条件「$t=0$ のとき $x=0$, $v=v_0$」を適用すると，解は

$$x(t) = \frac{v_0}{\sqrt{\omega_0^2 - \beta^2}} e^{-\beta t} \sin \sqrt{\omega_0^2 - \beta^2}\, t \tag{3.30}$$

と得られる．

この運動では，sin 関数の振幅に相当する部分が，時刻とともに指数関数的に減衰する関数となっている．$x(t)$ は，この減衰因子の表すグラフに内接しながら振動するので，**減衰振動**といわれる．減衰振動では，抵抗が比較的小さいため，初めの立ち上がりは大きく，頂点から平衡点に戻る速さも大きい．そのため，平衡点をこえて反対側まで運動し，振動が起こる．もし，$\beta=0$ ならば

$$x(t) = \frac{v_0}{\omega_0} \sin \omega_0 t \tag{3.31}$$

となり，振動は減衰せず，固有角振動数による単振動となる．

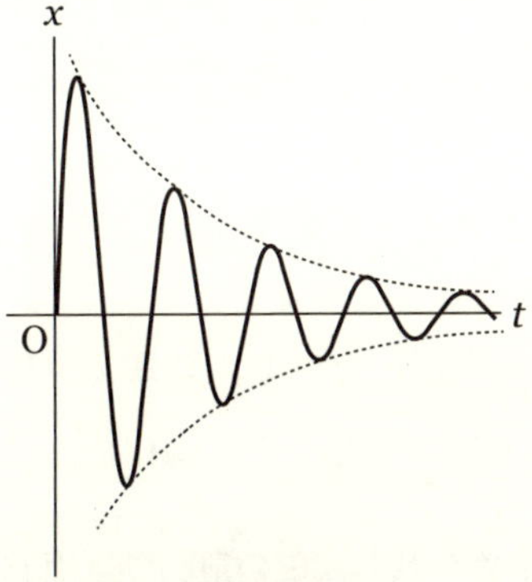

減衰振動

(ii) $\beta = \omega_0$ **のとき**

この場合には，代数方程式の解は $\lambda = -\beta\,(= -\omega_0)$ で重解であり，微分方程式の解が，c を任意定数として

$$x = c\, e^{-\beta t} \tag{3.32}$$

と求まる．定数 c の値をかえても $e^{-\beta t}$ と独立な解にはならない．**一般解を求めるためには，独立な解は 2 つ必要なので，c を定数でなく一般的に時間の関数としてみたときに，定数以外にも解となりうるものがあるかどうか調べてみる．**このように，定数とみなされるものを時間的に変化させて解を探す方法を**定数変化法**という．$x(t) = c(t)e^{-\beta t}$ を時間微分すると

$$\dot{x} = \dot{c}\, e^{-\beta t} - \beta c\, e^{-\beta t}, \tag{3.33}$$

$$\ddot{x} = \ddot{c}\, e^{-\beta t} - 2\beta \dot{c}\, e^{-\beta t} + \beta^2 c\, e^{-\beta t} \tag{3.34}$$

である．これらを微分方程式に代入して，c の満たすべき条件を求めると

$$\ddot{c} = 0 \tag{3.35}$$

が得られる．積分して

$$c = at + b \tag{3.36}$$

となる（a, b は任意定数）ので

$$x = (at + b)\, e^{-\beta t} \tag{3.37}$$

が一般解であることがわかる．$t\, e^{-\beta t}$ および $e^{-\beta t}$ を独立な 2 つの解として選んでいるとみることができる．

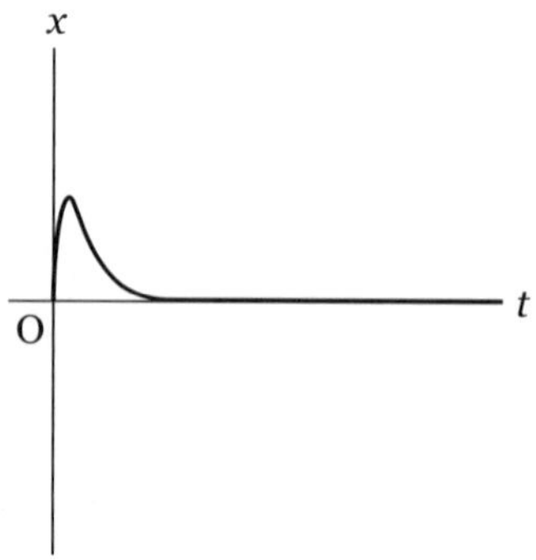

臨界制動

初期条件「$t = 0$ のとき $x = 0$, $v = v_0$」を適用して，解は

$$x = v_0 t\, e^{-\omega_0 t} \tag{3.38}$$

と求められる．この運動では固有振動の 1 周期程度の時間で平衡点近くまで戻ってきて，振動は起こらない．

この運動を**臨界制動**と呼ぶ．振動系の抵抗をちょうどこの条件に設定しておけば，短時間で運動を実質的に止めることができる．抵抗がこの臨界抵抗より小さいと振動は平衡点を超えて反対側まで運動してしまい，戻ってくるときもまた平衡点を通り過ぎて，なかなか平衡点付近に落ち着くことができない．また，抵抗が臨界抵抗より大きいと初めから運動が小さく起こるので，やはりなかなか平衡点付近に落ち着くことができない．この運動様式はすぐ後で述べる．

(iii) $\beta > \omega_0$ のとき

この場合は，抵抗が比較的大きい．一般解は，c_1, c_2 を任意定数として

$$x = e^{-\beta t} \left(c_1\, e^{\sqrt{\beta^2 - \omega_0^2}\, t} + c_2\, e^{-\sqrt{\beta^2 - \omega_0^2}\, t} \right) \tag{3.39}$$

と表される．初期条件「$t = 0$ のとき $x = 0$, $v = v_0$」を適用すると，解は

$$x = \frac{v_0}{\sqrt{\beta^2 - \omega_0^2}}\, e^{-\beta t} \sinh \sqrt{\beta^2 - \omega_0^2}\, t \tag{3.40}$$

と得られる．

抵抗により変化を抑える効果が大きいので，この運動では初めの立ち上がりも小さく，頂点に達した後は時間とともに緩やかに平衡点に向かって減衰し，振動は起こらない．

この運動を**過制動**と呼ぶ．

臨界制動の場合と比較して，運動が実質的に止まるまでにより長い時間を必要とする．

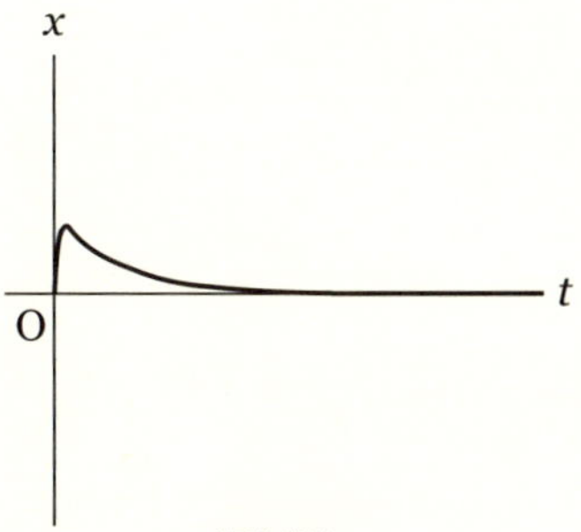

過制動

【減衰振動】 時刻 $t=0$ のとき $x=a(>0)$ に静止していた質量 m の質点が，復元力 $-m\omega_0^2 x\,\boldsymbol{i}$ および速度に比例した抵抗力 $-(6m\omega_0/5)\dot{x}\,\boldsymbol{i}$ を受けて x 軸上を1次元運動する（ω_0 は正の定数）．時刻 $t(\geq 0)$ における質点の位置 $x(t)$ を求めてみよう．

【解】運動方程式

$$m\ddot{x} = -m\omega_0^2 x - \frac{6}{5}m\omega_0\dot{x}$$

を変形して

$$5\ddot{x} + 6\omega_0\dot{x} + 5\omega_0^2 x = 0$$

と表せる．解として $x=e^{\lambda t}$ の形のものを探してみる（λ は定数）．方程式に代入すると

$$(5\lambda^2 + 6\omega_0\lambda + 5\omega_0^2)\,e^{\lambda t} = 0$$

があらゆる時刻で満たされなければならないことがわかる．これは

$$5\lambda^2 + 6\omega_0\lambda + 5\omega_0^2 = 0$$

であれば成り立つ．これより

$$\lambda = \frac{-3\pm 4i}{5}\omega_0$$

となるので，一般解を

$$x = c_1\, e^{\frac{-3+4i}{5}\omega_0 t} + c_2\, e^{\frac{-3-4i}{5}\omega_0 t}$$

とおく（c_1, c_2 は任意定数）．時間微分して

$$\dot{x} = \frac{-3+4i}{5}\omega_0 c_1\, e^{\frac{-3+4i}{5}\omega_0 t} + \frac{-3-4i}{5}\omega_0 c_2\, e^{\frac{-3-4i}{5}\omega_0 t}$$

となる．初期条件を適用して，解は

$$x = \frac{a}{4} e^{-\frac{3}{5}\omega_0 t}\left(4\cos\frac{4}{5}\omega_0 t + 3\sin\frac{4}{5}\omega_0 t\right)$$

と求まる．これは，振幅部分が減衰しつつ振動することを表している．【終】

3.4 強制振動

速度に比例した弱い抵抗力 $-2m\beta\dot{x}\ (\beta > 0)$ が働いている質量 m の振動子に対して，固有角振動数 ω_0 と異なる角振動数 ω で振動する外力

$$F(t) = mf_0 \cos\omega t \qquad (f_0\text{は正の定数}) \tag{3.41}$$

が加わった場合の運動を調べてみよう．物体の運動方程式は

$$m\ddot{x} = -m\omega_0^2 x - 2m\beta\dot{x} + mf_0\cos\omega t \tag{3.42}$$

である．変形すると，解くべき微分方程式は

$$\ddot{x} + 2\beta\dot{x} + \omega_0^2 x = f_0\cos\omega t \tag{3.43}$$

となる．この微分方程式に対する同次方程式の一般解 $x_1(t)$ として，減衰振動解

$$x_1(t) = A_0\, e^{-\beta t}\cos\left(\sqrt{\omega_0^2 - \beta^2}\, t + \phi_0\right) \tag{3.44}$$

を採用する（A_0, ϕ_0 は任意定数）．特解 $x_2(t)$ を求める計算を簡単に行なうため，複素数 $z(t)$ の微分方程式

$$\ddot{z} + 2\beta\dot{z} + \omega_0^2 z = f_0\, e^{i\omega t} \tag{3.45}$$

を解き，複素数の解 $z(t)$ の実数部をとって実数の解 $x_2(t)$ を求める．複素数の特解として

$$z(t) = A\,e^{i(\omega t+\phi)} \qquad (A,\ \phi\text{は定数}\,;\,A \geq 0) \tag{3.46}$$

の形のものを探してみると

$$A = \frac{f_0}{\sqrt{(\omega_0^2-\omega^2)^2+4\beta^2\omega^2}}\,, \tag{3.47}$$

$$\cos\phi = \frac{\omega_0^2-\omega^2}{\sqrt{(\omega_0^2-\omega^2)^2+4\beta^2\omega^2}}\,, \tag{3.48}$$

$$\sin\phi = -\frac{2\beta\omega}{\sqrt{(\omega_0^2-\omega^2)^2+4\beta^2\omega^2}} \tag{3.49}$$

のとき，方程式は満たされる．複素数の解 $z(t)$ の実数部をとって，実数の特解は

$$x_2(t) = A\cos(\omega t+\phi) \tag{3.50}$$

となる．以上より，運動方程式の一般解は

$$\begin{aligned} x(t) &= A_0\,e^{-\beta t}\cos\left(\sqrt{\omega_0^2-\beta^2}\,t+\phi_0\right) + A\cos(\omega t+\phi) \\ &= A_0\,e^{-\beta t}\cos\left(\sqrt{\omega_0^2-\beta^2}\,t+\phi_0\right) \\ &\quad + \frac{f_0}{(\omega_0^2-\omega^2)^2+4\beta^2\omega^2}\left[\,(\omega_0^2-\omega^2)\cos\omega t + 2\beta\omega\sin\omega t\,\right] \end{aligned} \tag{3.51}$$

と得られる．**右辺第 1 項は因子 $e^{-\beta t}$ のため時間がたつと減衰して消えていき，第 2 項 $A\cos(\omega t+\phi)$ だけが生き残る．このように物体の振動運動が，外力に強制されて外力の角振動数に合わせた運動に変わっていくような運動様式を，強制振動**という．

外力の角振動数 ω が振動系の固有角振動数 ω_0 に近い場合 $(\omega = 0.99\,\omega_0)$ の強制振動の様子が図に示されている．実線が $x(t)$ の変化を表し，点線が時刻とともに減衰していく項

$$A_0\,e^{-\beta t}\cos\left(\sqrt{\omega_0^2-\beta^2}\,t+\phi_0\right)$$

のみの途中までの変化を表している．

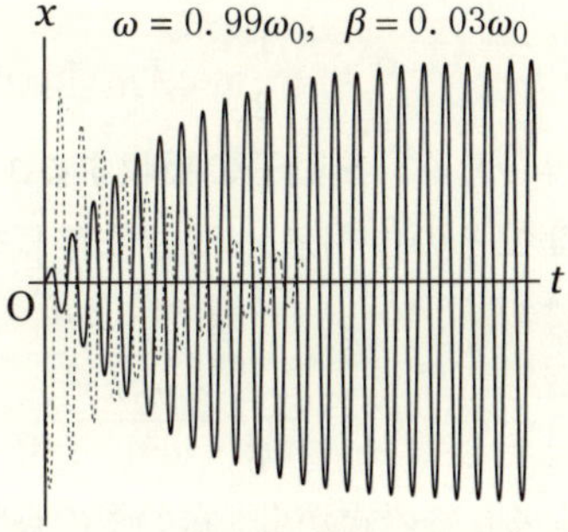

強制振動

振動系の固有角振動数 ω_0 と離れている場合 $(\omega = \omega_0/3)$ の強制振動の図では，時刻とともに外力の角振動数での定常的な振動に移り変わっていく様子がよくわかる．

$\omega = 0.99\,\omega_0$ の場合には定常状態になったときの振幅が大きい．このことを次に詳しく調べてみよう．

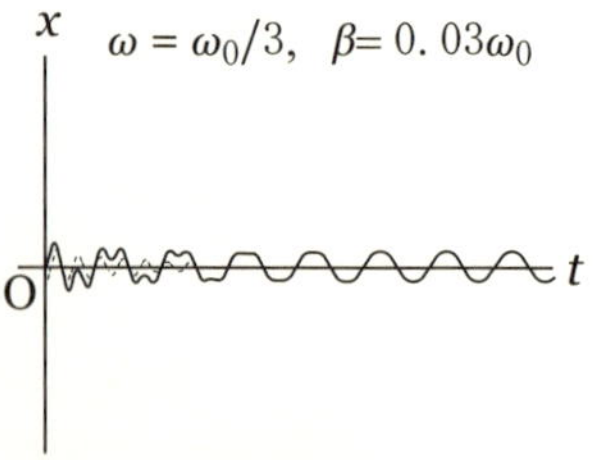

強制振動

共鳴

上で述べた強制振動において，A は ω の関数であり，抵抗が非常に弱い $\beta \ll \omega_0$ の場合には ω が ω_0 の付近のときに x の振れが最大となる．このような，外力の角振動数 ω が振動子の固有角振動数 ω_0 に近い場合に振動の振れが大きくなる現象を**共鳴** (resonance) または**共振**という．物体が定常的な強制振動の状態 $x(t) = A\cos(\omega t + \phi)$ におかれているとき，物体の dt 時間の変位を dx として，この間に外力が物体に対してする仕事は

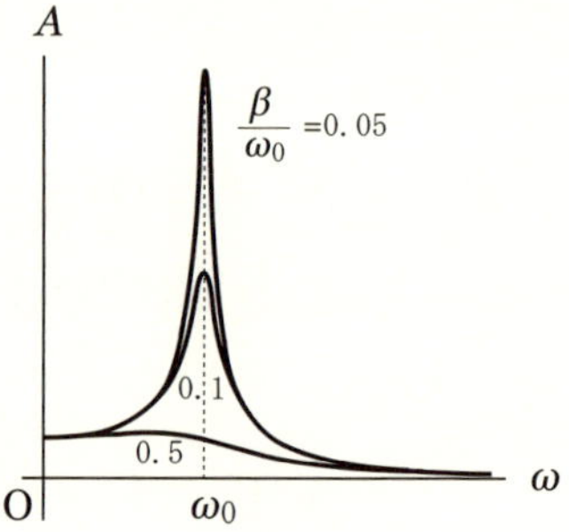

共鳴

$$F \cdot dx = -m\omega A f_0 \cos\omega t \sin(\omega t + \phi)\,dt \tag{3.52}$$

である（仕事とエネルギーについては第4章を参照）．これを1周期 $T(\equiv 2\pi/\omega)$ にわたり積分し，周期で割れば，外力が振動子に対してする仕事率（Power ; 振動子が1秒当たり得るエネルギー）が

$$P = -\frac{1}{2}m\omega A f_0 \sin\phi \tag{3.53}$$

と得られる．**振動子の吸収するエネルギーは，外力の強さ f_0 だけでなく，外力と変位との位相差 ϕ にも依存している．** $A\sin\phi$ に具体的表式を入れると仕事率は

$$P = \frac{m\beta\omega^2}{(\omega_0^2 - \omega^2)^2 + 4\beta^2\omega^2} \cdot f_0^2 \tag{3.54}$$

となる．この式から，**振動子の吸収するエネルギーが共鳴を起こすとき**（$\omega \simeq \omega_0$ のとき）**著しく大きくなることがわかる．** この様子が図に示されている．

共鳴点近傍での角振動数 ω の固有角振動数からのずれ $\Delta\omega \equiv \omega - \omega_0$ は，通常 $|\Delta\omega| \ll \omega_0$ となると考えられる．β も小さい量と考えているので，単位時間あたりに振動子が吸収するエネルギーは

$$P \simeq \frac{mf_0^2}{4} \cdot \frac{\beta}{(\Delta\omega)^2 + \beta^2} \tag{3.55}$$

と近似される．$\omega = \omega_0 \pm \beta$（すなわち $\Delta\omega = \pm\beta$）のときの P は，$\omega = \omega_0$ のとき得られる最大値の 1/2 になっている．

ここで

$$Q \equiv \frac{\omega_0}{2\beta} \tag{3.56}$$

を共鳴の **Q 値**と呼び，共鳴の鋭さの尺度として用いる．

共鳴を鋭くするためには，振動系の抵抗項を小さくする必要がある．しかし，共鳴が鋭くなると，共鳴が起こる角振動数の近くに外力項の角振動数を合わせることが難しくなる．

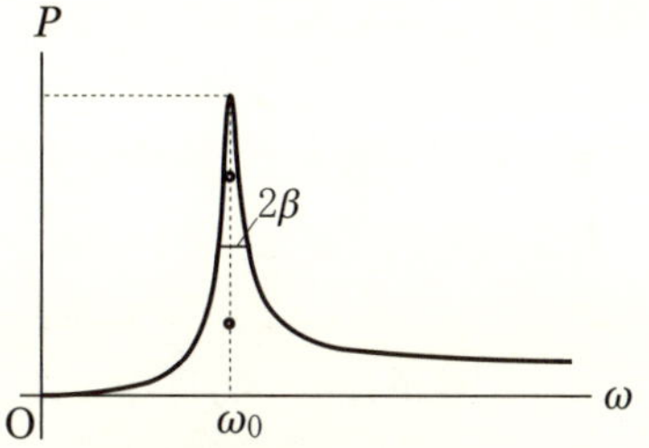

単位時間あたり
吸収するエネルギー

例えば，コンデンサ（静電容量 C）とコイル（自己インダクタンス L）を用いて電気的な共振回路をつくり，コンデンサの静電容量を変えて固有角振動数 $\omega_0 = 1/\sqrt{LC}$ を外部の電波の角振動数 ω に合わせる（同調させる）ときには，Q 値が大きい方が強い共振が得られるが，外乱などにより同調が外れやすくなる．また，機械部品や構造物などが外部からの振動の影響を受けにくくするためには，固有角振動数を外部振動の角振動数からわざと外すようにしておく工夫も考えられる．身の回りにどんな共振現象があるか探してみよう．

▶ **問題 3.4A** 水平で滑らかな台の上に置かれたばねの右端に，質量 m の物体がつながれている．ばね定数は $m\omega_0^2$ である（ω_0 は正の定数）．時刻 $t = 0$ のときに，ばねの長さは自然長で物体は静止していた．このときの物体の位置を座標原点 O とし，ばねの長さ方向に原点より右向きに x 軸正方向を選び，物体の位置を $x(t)$ で表す．ばねの左端を外力により時刻 $t(\geq 0)$ とともに $a \sin \omega t$ と変位させる（a, ω は正の定数）．質点の位置 $x(t)$ を求め，$\omega \to \omega_0$ のとき $x(t)$ が

どのような形に漸近するかを調べよ．

3.5　連成振動

水平で滑らかな床の上に，2 個の粒子が，3 本のばねにより左から右へ直線状につながれている．左から順に，粒子の質量を m_1，m_2，ばねのばね定数を k_1，k_2，k_3 とする．3 本のばねが自然長の状態でばね全体の左端と右端が固定されている．2 個の粒子が，ばねの長さ方向に沿って振動する場合を調べてみよう．多粒子系において粒子が互いに影響を及ぼしあいながら行う振動は**連成振動**と呼ばれる．また，このような 1 次元的な系で，その長さ方向に沿った振動を**縦振動**，長さと垂直な方向に粒子が振動する場合を**横振動**という．

粒子 1, 2 の位置は，それぞれ，はじめのつりあいの位置からの右へのずれ x_1 および x_2 で表す．粒子に働く力は次のように書ける．

$$F_1 = -k_1x_1 + k_2(x_2 - x_1)\,, \tag{3.57}$$

$$F_2 = -k_2(x_2 - x_1) - k_3x_2 \tag{3.58}$$

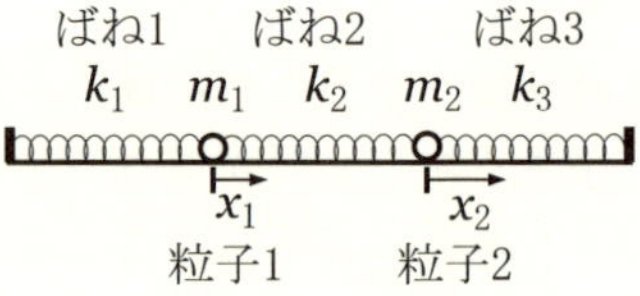

2 粒子系の連成振動

2 個の粒子の運動は 2 つの運動方程式

$$m_1\ddot{x_1} = -(k_1 + k_2)x_1 + k_2x_2\,, \tag{3.59}$$

$$m_2\ddot{x_2} = k_2x_1 - (k_2 + k_3)x_2 \tag{3.60}$$

を連立させて解くことより知ることができる．

ここでは，系が中心に関して対称な場合を調べてみる．2 個の粒子の質量および 3 本のばねのばね定数を

$$m_1 = m_2 \equiv m\,, \qquad k_1 = k_3 \neq k_2 \tag{3.61}$$

とする．

$$\omega \equiv \sqrt{\frac{k_1}{m}}\,, \qquad \omega' \equiv \sqrt{\frac{k_2}{m}} \tag{3.62}$$

とおくと，運動方程式は

$$\ddot{x}_1 = -(\omega^2 + \omega'^2)x_1 + \omega'^2 x_2\,, \tag{3.63}$$

$$\ddot{x}_2 = \omega'^2 x_1 - (\omega^2 + \omega'^2)x_2 \tag{3.64}$$

と表せる．上の 2 式の和および差をとると

$$\ddot{x}_1 + \ddot{x}_2 = -\omega^2(x_1 + x_2)\,, \tag{3.65}$$

$$\ddot{x}_1 - \ddot{x}_2 = -(\omega^2 + 2\omega'^2)(x_1 - x_2) \tag{3.66}$$

となるので，新しい座標（一般化座標）として

$$q_1 \equiv x_1 + x_2\,, \qquad q_2 \equiv x_1 - x_2 \tag{3.67}$$

を用いる．座標 q_1, q_2 に対する運動方程式は

$$\ddot{q}_1 = -\omega^2 q_1\,, \tag{3.68}$$

$$\ddot{q}_2 = -(\omega^2 + 2\omega'^2)q_2 \tag{3.69}$$

となって，q_1 **と** q_2 **はそれぞれ独立に単振動する**ことがわかる．このように，座標 q_1, q_2 が互いに独立な単振動を表すとき，その振動を**基準振動**という．一般解は

$$q_1(t) = A_1\cos(\omega_1 t + \phi_1) \qquad (\omega_1 \equiv \omega)\,, \tag{3.70}$$

$$q_2(t) = A_2\cos(\omega_2 t + \phi_2) \qquad (\omega_2 \equiv \sqrt{\omega^2 + 2\omega'^2}) \tag{3.71}$$

となる．ここで A_1, A_2, ϕ_1, ϕ_2 は任意定数である．もとの座標の振動は $q_1(t)$, $q_2(t)$ がわかれば

$$x_1(t) = \frac{1}{2}(q_1 + q_2)\,, \qquad x_2(t) = \frac{1}{2}(q_1 - q_2) \tag{3.72}$$

より計算できるが，これは一般に複雑な運動である．

2 粒子系の連成振動の特別な場合として，いずれかの基準振動だけが生じている次の運動がある．

(i) $q_1 \neq 0$, $q_2 = 0$ **の場合**

$q_2 = x_1 - x_2 = 0$ であるから

$$x_1(t) = x_2(t) = \frac{A_1}{2}\cos(\omega_1 t + \phi_1) \qquad (\omega_1 \equiv \omega) \tag{3.73}$$

となる．ばね 2 は伸縮せず，2 つの粒子はいつも同じ向きと速さで振動する．各粒子は中央のばねから力を受けず，両端にあるそれぞれ 1 個のばねによる復元力だけで運動している．従って，角振動数は単一のばねにつながれたときの固有角振動数と同じになっている．

(ii) $q_1 = 0$, $q_2 \neq 0$ の場合

$q_1 = x_1 + x_2 = 0$ であるから

$$x_1(t) = -x_2(t) = \frac{A_2}{2}\cos(\omega_2 t + \phi_2) \qquad (\omega_2 \equiv \sqrt{\omega^2 + 2\omega'^2}) \tag{3.74}$$

となる．2 つの粒子はいつも逆向きに同じ速さで振動する．両端のばねがある長さ伸びたとき，中央のばねはその 2 倍縮んでいる．そのため，この基準振動のほうが (i) の基準振動より速く変化することとなり，より大きな角振動数 $\sqrt{\omega^2 + 2\omega'^2}$ をもつ．

このように**基準振動では各粒子が同じ角振動数で振動している**．基準振動において各粒子の振幅比と位相差により決まる振動様式に注目するとき，粒子全体としてのそれらの振動様式を**基準モード**とよぶ．

上の 2 粒子系の連成振動において「$t = 0$ のとき $x_1 = a$, $x_2 = 0$（a は正の定数）」として静かに（初速度 0 で）はなした場合を考えてみる．q_1, q_2 に対する初期条件は「$t = 0$ のとき $q_1 = q_2 = a$, $\dot{q}_1 = \dot{q}_2 = 0$」である．これらより，定数は

$$A_1 = A_2 = a\,, \qquad \phi_1 = \phi_2 = 0$$

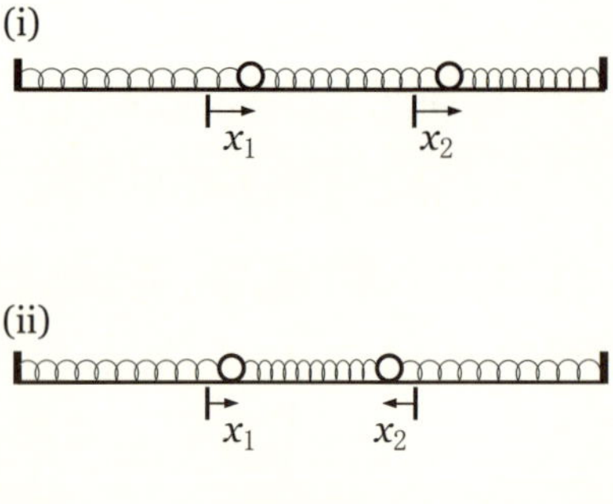

基準振動

と決まるので q_1, q_2 に対する解は

$$q_1 = a\cos\omega_1 t\,, \qquad q_2 = a\cos\omega_2 t \tag{3.75}$$

となる．従って，x_1, x_2 に対する解は

$$x_1 = \frac{a}{2}\left(\cos\omega t + \cos\sqrt{\omega^2 + 2\omega'^2}\,t\right), \tag{3.76}$$

$$x_2 = \frac{a}{2}\left(\cos\omega t - \cos\sqrt{\omega^2 + 2\omega'^2}\,t\right) \tag{3.77}$$

と得られる．このように，2 粒子系の連成振動での各粒子の振動は，一般に，**粒子系に固有な異なる角振動数の基準振動の重ね合わせ**として記述される．

運動の様子をみるために，次のように変形する．

$$x_1 = a\cos\frac{\omega_2-\omega_1}{2}t\cdot\cos\frac{\omega_2+\omega_1}{2}t\,, \tag{3.78}$$

$$x_2 = a\sin\frac{\omega_2-\omega_1}{2}t\cdot\sin\frac{\omega_2+\omega_1}{2}t \tag{3.79}$$

それぞれの右辺において，$\cos[(\omega_2+\omega_1)t/2]$ と $\sin[(\omega_2+\omega_1)t/2]$ の部分は速く振動する．他方，$a\cos[(\omega_2-\omega_1)t/2]$ と $a\sin[(\omega_2-\omega_1)t/2]$ の部分は，これらと比べてゆっくりと振動する．**ゆっくり変動する部分が速い振動の振幅となって全体の振動がおこっている**．このような，振幅部分がゆっくりと周期的に増減する振動をうなり (beat) という．**2 つの少しだけ異なる角振動数をもつ振動を重ね合わせたときうなりが生じる**ことがわかる．

ここで $x_1(t)$ と $x_2(t)$ のゆっくり振動する因子は，それぞれ cos 関数と sin 関数であるので，$\pi/2$ だけ位相がずれていることに注意する．初期条件により，初めは粒子 1 のみが大きく振動し，粒子 2 はほとんど振動していない．しかし時間とともに，粒子 1 の振動が小さくなっていき，それに伴なって粒子 2 の振動が大きくなってくる．やがて粒子 2 の振動が圧倒的となり，粒子 1 の振動が次第に小さく消えていく．

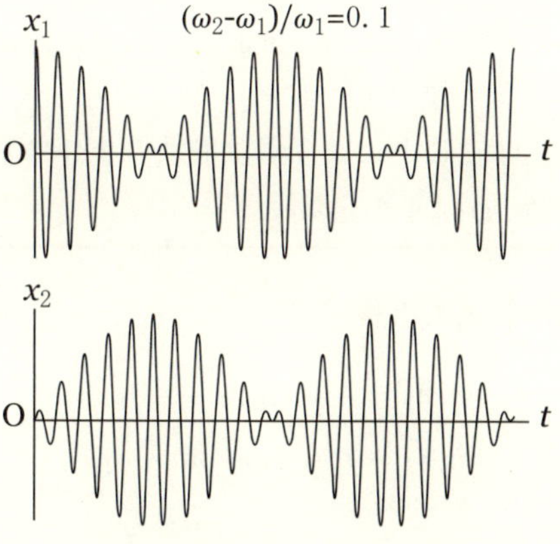

非対称な初期条件の連成振動

粒子 2 の振動が最大となったとき以降は先ほどと逆に，粒子 1 の振動が大きくなっていき粒子 2 の振動がその分小さくなる運動に変わる．**以後，2 つの粒子の振動の交互の消長が繰り返される．左右対称な系であっても，初期条件が非対称に与えられた場合にはこのような運動がおこる**ことがわかる．これらの結果は，**中央のばねを通して 2 つの粒子が相互作用（すなわち振動のエネルギーのやりとり）**をすることによっている．

ここでの連成振動と似た現象を簡単に観察するためには，次のような実験をしてみるのもよい．2本の同じ長さの糸1と糸2にそれぞれ同じ質量のおもりをつけた振り子をつくり，2本の糸1, 2の上部を水平な別の糸3でつないでおく．1つの振り子を縦振動（振り子どうしを結ぶ方向の振動）または横振動（振り子を結ぶ方向に垂直な振動）させてみると，2つの振り子の振動の消長がみられるはずである．さらに振り子の数を増やしてみるのもよい．どれかの糸の長さを変えてみたり，おもりの質量を変えてみて，どんな現象がみられるかを観察してみよう．

【連成振動の基準角振動数】 質量 m の2個の粒子1, 2が3本のばねで左右に直線状に連結されている．ばね定数は，左，中央，右の順に $2mK$, mK, $2mK$ である（K は正の定数）．2個の粒子が平衡点にあるとき3本のばねが自然長となるように，左のばねの左端と右のばねの右端が固定されている．この粒子系の縦振動を考える．粒子1, 2の平衡点から右方向への変位を，それぞれ x_1, x_2 とする．粒子1, 2に対する運動方程式に $x_1 = a_1 e^{i\omega t}$, $x_2 = a_2 e^{i\omega t}$ の形の解を代入することにより，粒子系の2つの基準角振動数を求めてみよう（a_1, a_2 は実数；ω は正の定数）．

【解】 運動方程式は

$$m\ddot{x}_1 = -3mKx_1 + mKx_2\,,$$
$$m\ddot{x}_2 = mKx_1 - 3mKx_2$$

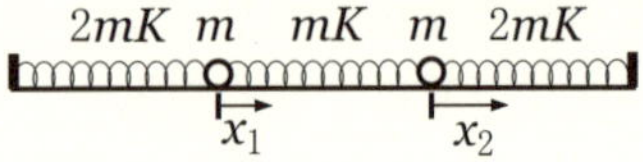

である．

基準振動の角振動数を求めるために，$x_1 = a_1 e^{i\omega t}$, $x_2 = a_2 e^{i\omega t}$ の形の解を代入すると

$$-\omega^2 a_1 e^{i\omega t} = (-3Ka_1 + Ka_2)e^{i\omega t}\,,$$
$$-\omega^2 a_2 e^{i\omega t} = (Ka_1 - 3Ka_2)e^{i\omega t}$$

となる．$x_1(t)$, $x_2(t)$ が解であるためには，あらゆる時刻でこれらの式が成り立たなければならない．これは

$$-\omega^2 a_1 = (-3Ka_1 + Ka_2)\,, \qquad -\omega^2 a_2 = (Ka_1 - 3Ka_2)$$

のとき満たされる．よって

$$\frac{a_2}{a_1} = \frac{3K - \omega^2}{K} = \frac{K}{3K - \omega^2}$$

を $\omega(> 0)$ について解いて，2 つの基準角振動数は

$$\omega = \sqrt{2K}, \quad 2\sqrt{K}$$

と求まる．このように，**基準振動では各粒子が同じ角振動数で運動することを**利用して，基準角振動数を得ることができる．【終】

▶ **問題 3.5A** 水平で滑らかな床の上にある質量 m の粒子 1 と質量 $m/3$ の粒子 2 が，ばね定数 $k(> 0)$ のばねの左端と右端にそれぞれつながれている．はじめばねは自然長になっていた．ばねの質量は無視する．はじめの位置からのばねに沿った粒子 1 の右向きの変位を x_1, 粒子 2 の右向きの変位を x_2 とする．時刻 $t = 0$ に $x_1 = 0$, $x_2 = 0$, $\dot{x}_1 = v_0$, $\dot{x}_2 = 0$ で粒子系を運動させた（v_0 は正の定数）．時刻 $t(\geq 0)$ における変位 $x_1(t)$, $x_2(t)$ を求めよ．

3.6　束縛運動

束縛条件のある運動

物体が運動できる 3 次元空間内の領域が特に限られておらず自由に運動できるとき，この運動を**自由運動**と言う．これに対し，斜面上を滑り落ちる物体の運動や支点から糸で吊るされた振り子の運動のように，運動領域がある曲面やある曲線上に限られているときの運動を**束縛運動**という．

物体を特定の曲面や曲線に束縛している条件を**束縛条件**という．例えば，長さ l の糸に吊るされた物体の運動では「$r = l$（一定）」が束縛条件である．これは支点を座標原点とする極座標において動径変数 r を一定にしたことに相当し，独立変数の数（運動の自由度）が減ったことになる．曲線に束縛された運動では，運動の自由度は 1 となる．曲面に束縛された運動では，曲面内の点を表す一般化座標は 2 個であるから運動の自由度は 2 となる．

このように，束縛運動においては運動の自由度が減るので，それに合わせて

適当な一般化座標をとって扱うと運動の記述が楽になる．

物体が束縛運動しているとき，束縛されている曲面（または曲線）と物体との接点が粗いと，物体に対して曲面（または曲線）から物体の運動を妨げるように接点において**摩擦力**が働く．

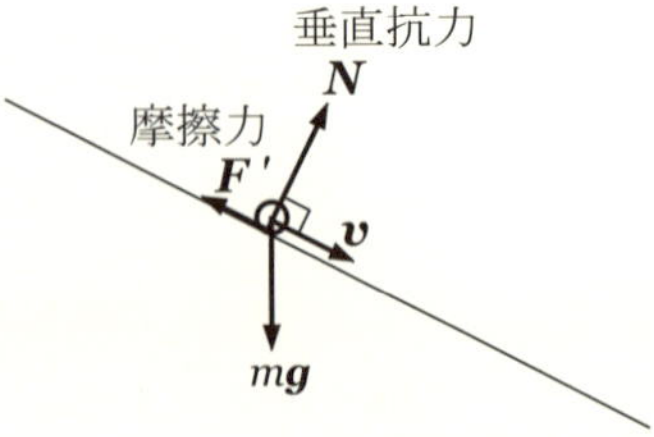

斜面上での運動

例えば，水平から傾いた斜面上を滑り落ちる物体では，斜面から物体に対して有限な (すなわち 0 でない) **動摩擦力** $\boldsymbol{F}'$ が働く．**この動摩擦力は斜面側の接点に対する物体側の接点がもつ相対速度と逆向きに働く．**

これに対して，接点が滑らかに接していて，物体に対して摩擦力が働かない場合には，その束縛は**滑らかな束縛**であるという．

支点に結ばれた糸の他端に取り付けられた物体が振り子となって空中を運動する場合には，摩擦力は働いていないが，運動を妨げる力として**空気抵抗力**が働く．抵抗力は速度によって大きさが違ってくる．床が球面の形に凹んでいてその面上を物体が運動するときは，束縛運動として振り子の運動と似ているが，この場合には床からの摩擦力が働くこともありうる．

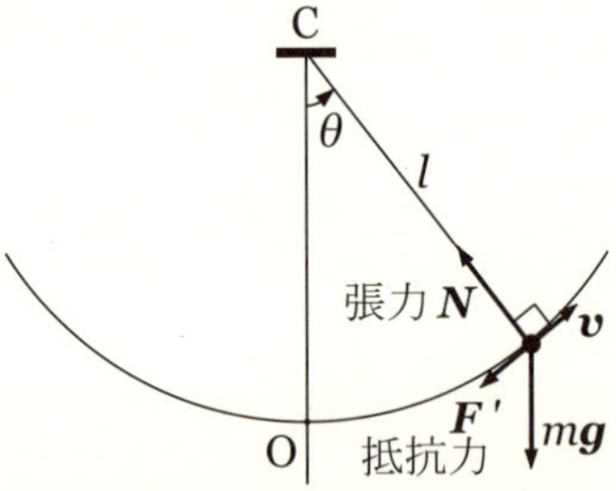

糸に吊るされた物体の運動

束縛運動においては，物体を束縛しておくための力が働いている．この力を**束縛力**と呼ぶ．**物体が滑らかな曲面（または曲線）上に束縛されているときは，法線方向に束縛力が働いている．**

物体が面や線からその法線方向に受ける**垂直抗力**は束縛力になっている．斜面からの抗力や振り子における糸の張力などが束縛力の例として挙げられる．

床からの動摩擦力を受ける物体では，床と物体の材質とそれらの表面状態等で決まる**動摩擦係数** μ' に，床から受ける垂直抗力 $\boldsymbol{N}$ の大きさを掛けた値を，近似的に動摩擦力の大きさとして用いる．このとき，接点間の相対速度によらないとして取り扱われることが多い．この点が，速度に大きく依存する抵抗力と対照的である．

▶ **問題 3.6A** 水平と角度 $\theta\,(>0)$ をなす斜面がある．質量 m の質点が，時刻 $t=0$ に初速度 $v_0\,(>0)$ で最大傾斜に沿って斜面下方にすべり落ちはじめ，次第に減速しながら斜面上を運動した後に静止した．重力加速度の大きさを g とし，質点と斜面との動摩擦係数を $\mu'\,(>0)$ とする．角度 θ と μ' の間にはどのような関係があるか．また，質点が静止した時刻はいつか．

接線・法線成分で表した運動方程式

物体に働く力を接線成分と法線成分に分けて書くと，質量 m の質点の運動方程式は

$$m\left(\dot{v}\boldsymbol{e}_v + \frac{v^2}{\rho}\boldsymbol{e}_n\right) = F_v\boldsymbol{e}_v + F_n\boldsymbol{e}_n \tag{3.80}$$

となる．成分で表すと

$$m\dot{v} = F_v\,, \tag{3.81}$$

$$m\frac{v^2}{\rho} = F_n \tag{3.82}$$

である．この形の運動方程式は，特に円運動を記述する場合に重要となってくる．

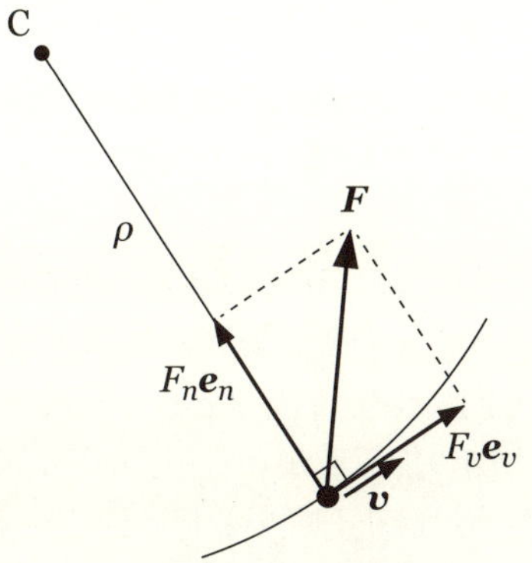

力の接線・法線成分

単振り子

束縛運動の例として，固定点 C から長さ l の糸で吊るされた質量 m の質点の運動を考えてみる．支点 C を通る鉛直線を含む平面内で質点を運動させた場合を**単振り子**という．振り子に与える初速度によっては，支点 C を中心とする半径 l の球面上を質点が運動する**球面振り子**となる．一口に振り子といっても，その運動は極めて多様である．ここでは最も単純な単振り子の運動を調べてみよう．

糸の長さを l とし，時刻 t において糸が鉛直下方となす角を θ とする．質点は C を中心とした半径 l の円周上を運動する．質点に働いている力は，重力 $m\boldsymbol{g}$ と，束縛力としての糸の張力 $\boldsymbol{N}$ だけである．運動方程式の接線・法線成分を書

くと

$$m\dot{v} = -mg\sin\theta\,, \tag{3.83}$$

$$m\frac{v^2}{l} = N - mg\cos\theta \tag{3.84}$$

となる．第2式（法線成分）において，左辺を右辺へ移項し

$$m\cdot 0 = N - mg\cos\theta - m\frac{v^2}{l}$$

のように書いて，右辺第3項を**遠心力**と呼び，あたかも力のようにみなすことがある．この式は変形すれば

$$N = mg\cos\theta + m\frac{v^2}{l}$$

となるので,（糸の張力）=（重力の法線成分）+（遠心力）のつりあいが法線方向について成り立っていて，法線方向の加速度が0（法線方向に関して質点は静止している）と見て，問題を解いていくわけである．この場合，質点が静止して見えるような，質点とともに回転している座標系にのって運動を観測していることになる．

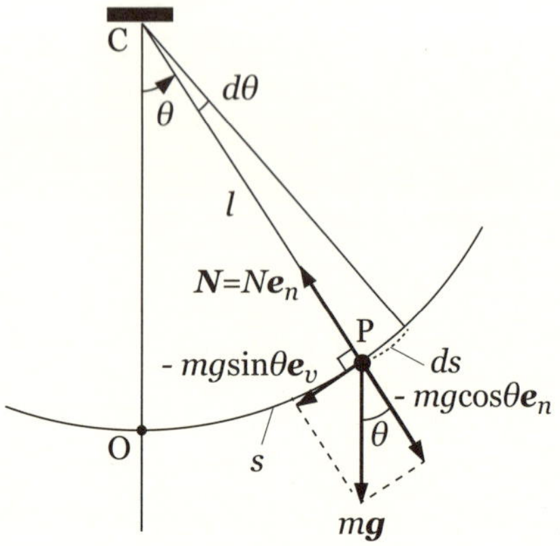

単振り子の運動

実験室に固定された慣性系に対して回転している座標系はもはや**慣性系ではない**．重力や糸の張力のような**真の力**はどのような座標系でも変わらずに現われるが，遠心力のような**見かけの力**は，**慣性系に対して加速度運動している座標系でのみ現われるという点で真の力と違っている**．遠心力は，ニュートンの運動方程式における（質量）×（加速度）の項が化けたものである．一般に（質量）×（加速度）の項を非慣性系に乗って力と見なすとき，これらは**慣性力**と呼ばれる．

上に述べたように，見かけの力である遠心力を使って円運動を考える方法もある．しかしながら，**慣性系に乗って観測すれば重力や糸の張力のような真の力だけを運動方程式の右辺の力として考えればよく**，**遠心力のような見かけの**

力を考える必要がない．この単純明快さはニュートン力学の優れた点である．

力学を学ぶ初期の段階から非慣性系に乗って問題を解いてしまうのではなく，まずは慣性系に乗って十分に力学を学び，その構造をよく理解した上で非慣性系での物体の運動について考えた方が混乱しない．従って，この本では，後の章で非慣性系での運動を扱うまでは慣性系に乗って運動を考えていき，見かけの力は考えないことにする．

上のことを頭において，再び単振り子の運動に戻ろう．C の下方の円周上の点（軌道の最下点 O）から円周に沿って測った座標 s をとると，時刻 t において，糸が鉛直下方となす角度 θ との間に $s = l\,\theta$ の関係が成り立つ．少し後の時刻 $t + dt$ においては，角度は $\theta + d\theta$，座標は $s + ds$ となっている．これより，微小量（無限小量）の間に $ds = l\,d\theta$ の関係が成り立つ．従って，質点の速度 v は

$$v = \frac{ds}{dt} = l\,\frac{d\theta}{dt} \tag{3.85}$$

と表される．これを時間微分すると $\dot{v} = l\,\ddot{\theta}$ なので，運動方程式の接線成分は

$$m\,l\,\ddot{\theta} = -mg\sin\theta \tag{3.86}$$

と書ける．両辺を $m\,l$ で割って最高階の係数を 1 にすれば

$$\ddot{\theta} = -\frac{g}{l}\sin\theta \tag{3.87}$$

となる．$\sin\theta$ をテイラー展開すると，θ の 1 次の項以外にも 3 次以上の奇数次の項が現れるので，この微分方程式は非線形である．しかし，$|\,\theta\,| \ll 1$ **rad のときには** $\sin\theta \simeq \theta$ **と近似できるので線形微分方程式**

$$\ddot{\theta} = -\frac{g}{l}\,\theta \tag{3.88}$$

として解ける．この形は θ が単振動することを表しているので，一般解は

$$\theta = a\sin(\omega t + \phi) \qquad \left(a,\,\phi \text{ は任意定数};\ \omega \equiv \sqrt{\frac{g}{l}}\right) \tag{3.89}$$

となる．このように**平衡点**（最下点）近傍の小さな角度の範囲で振動するとき，質点が平衡点のまわりに**微小振動**するという．微小振動の周期は

$$T = \frac{2\pi}{\omega} = 2\pi\sqrt{\frac{l}{g}} \tag{3.90}$$

と得られる．この結果から，**微小振動の近似の範囲では周期が振幅によって変わらない**ことがわかる．この性質を**振り子の等時性**という．例として $l = 1.00\,\mathrm{m}$ の振り子を考えると，$g = 9.8\,\mathrm{m/s^2}$ を用いて，周期 T は約 2.0 sec である．

【球面上を滑り落ちる質点】 水平な台の上に固定された半径 a の滑らかな球がある．この球の頂上から，質量 m の質点が初速度 0 で球の表面を滑り落ちた．質点は球面上のある位置から球面を離れて空中を運動し，やがて台に達した．質点が球面上にあるとき，球の中心から質点へ向く方向が鉛直上方となす角度を θ，重力加速度の大きさを g とする．空気抵抗は無視する．

質点が球面から離れる瞬間の角度 θ の値と質点の速さを求めてみよう．また，球の最下点から質点が台に達した位置までの水平距離はいくらだろうか．

【解】球面からの抗力を N，速度を v とすると，運動方程式の接線・法線成分は

$$m\dot{v} = mg\sin\theta\,,$$
$$m\frac{v^2}{a} = mg\cos\theta - N$$

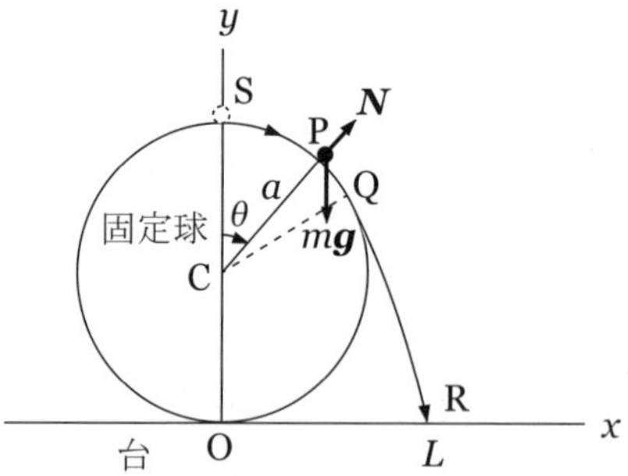

滑らかな固定球面を滑り落ちる質点の運動

である．$\dot{v} = a\ddot{\theta}$ であるから，接線成分は

$$\ddot{\theta} = \frac{g}{a}\sin\theta$$

と表せる．両辺に $\dot{\theta}$ をかけて変形すると

$$\frac{d}{dt}\left(\frac{1}{2}\dot{\theta}^2\right) = \frac{d}{dt}\left(-\frac{g}{a}\cos\theta\right)$$

となる．積分して

$$v = \sqrt{2ga(1-\cos\theta)}$$

が得られる．質点が球面から離れるとき $N = 0$ となるので，法線成分から

$$v = \sqrt{ga\cos\theta}$$

である．これらより，球面から離れるときの角度 θ_{c} と速さ v_{c} は

$$\theta_{\mathrm{c}} = \cos^{-1}\frac{2}{3} \fallingdotseq 48^\circ\,, \qquad v_{\mathrm{c}} = \sqrt{\frac{2ga}{3}}$$

と得られる．球面から離れる瞬間の位置と速度が上の結果からわかるので，それを初期条件として放物運動の方程式を解けば，水平距離 L は

$$L = \frac{5(\sqrt{5}+4\sqrt{2})}{27}a \fallingdotseq 1.46a$$

と得られる．【終】

▶ **問題 3.6B** 質量 m の質点が，長さ a の真っ直ぐな針金の一端に取り付けられている．針金の他端を支点としてこの物体を鉛直面内で円運動させる．針金の質量は無視する．重力加速度の大きさを g とする．時刻 $t=0$ に物体が最下点から円の接線方向の初速度 $v_0\ (\geq 2\sqrt{ga})$ で運動を始めたとする．針金と鉛直下方とのなす角度が θ であるときの速度を v とする（ただし $0 \leq \theta \leq \pi$）．

(1) 速度 v を θ の関数として求めよ．

(2) $v_0 = 2\sqrt{ga}$ の場合に，θ と t の間にはどのような関係が成り立つか．

4　運動とエネルギー

4.1　偏微分

偏導関数

2つの独立変数 $x,\ y$ の関数 $f(x,\ y)$ を考える．関数 f の値は，x が $x+\Delta x$ まで変化しても変わるし，y が $y+\Delta y$ まで変化しても変わる．一般的には $(x,\ y)$ が両方同時に $(x+\Delta x,\ y+\Delta y)$ まで変化したときの関数 f の変化を考えるわけだが，まずは1変数のみ変化させたときの関数の変化を調べてみよう．

変数 y を一定に保ったまま，変数 x を $x+\Delta x$ まで変化させたとき，関数値が $f(x,\ y)$ から $f(x+\Delta x,\ y)\equiv f(x,\ y)+(\Delta f)_x$ まで変化したとする．このとき平均変化率は $(\Delta f)_x/\Delta x$ で与えられる．変化量 Δx を無限小にした極限を考え，その極限値を次のように表す．

$$\frac{\partial f}{\partial x}\equiv\lim_{\Delta x\to 0}\frac{(\Delta f)_x}{\Delta x} \tag{4.1}$$

これを関数 $f(x,\ y)$ の **x に関する1階偏導関数**という．$\partial f/\partial x$ は**変数 x だけを変化させたときの関数の変化率**を表している．

次に，変数 x を一定に保ったまま変数 y を $y+\Delta y$ まで変化させたとき，関数値が $f(x,\ y)$ から $f(x,\ y+\Delta y)\equiv f(x,\ y)+(\Delta f)_y$ まで変化したとする．このとき平均変化率は $(\Delta f)_y/\Delta y$ で与えられるが，変化量 Δy を無限小にした極限を考え，その極限値を次のように表す．

$$\frac{\partial f}{\partial y}\equiv\lim_{\Delta y\to 0}\frac{(\Delta f)_y}{\Delta y} \tag{4.2}$$

これを関数 $f(x,\ y)$ の **y に関する1階偏導関数**という．$\partial f/\partial y$ は変数 y だけを変化させたときの変化率を表している．

ここで $\partial f/\partial x,\ \partial f/\partial y$ をさらにもう一度 x または y で偏微分した**2階偏導関数**を考える．記号は次のように表す．

$$\frac{\partial^2 f}{\partial x^2}\equiv\frac{\partial}{\partial x}\left(\frac{\partial f}{\partial x}\right),\qquad \frac{\partial^2 f}{\partial x\partial y}\equiv\frac{\partial}{\partial x}\left(\frac{\partial f}{\partial y}\right),$$
$$\frac{\partial^2 f}{\partial y\partial x}\equiv\frac{\partial}{\partial y}\left(\frac{\partial f}{\partial x}\right),\qquad \frac{\partial^2 f}{\partial y^2}\equiv\frac{\partial}{\partial y}\left(\frac{\partial f}{\partial y}\right)$$

$\partial f/\partial x,\ \partial f/\partial y$ がともに滑らかな連続関数なら

$$\frac{\partial^2 f}{\partial y \partial x} = \frac{\partial^2 f}{\partial x \partial y} \tag{4.3}$$

となる．

【偏導関数】 関数 $f(x,y) = x^3 y^7$ について偏導関数を計算してみよう．

【解】

$$\frac{\partial f}{\partial x} = 3x^2 y^7, \qquad \frac{\partial f}{\partial y} = 7x^3 y^6$$

となる．このように，偏導関数もまた x, y の関数になる．さらに偏微分を行うと

$$\frac{\partial^2 f}{\partial x^2} = 6xy^7, \qquad \frac{\partial^2 f}{\partial x \partial y} = 21x^2 y^6,$$
$$\frac{\partial^2 f}{\partial y \partial x} = 21x^2 y^6, \qquad \frac{\partial^2 f}{\partial y^2} = 42x^3 y^5$$

と計算される．【終】

全微分

独立変数 $x,\ y$ の関数 $f(x,\ y)$ について，変数の変化 $(x,\ y) \to (x+\Delta x,\ y+\Delta y)$ に対応する関数の変化 $f(x,\ y) \to f(x+\Delta x,\ y+\Delta y)$ を考えてみる．$\Delta x,\ \Delta y$ は微小量ではあるが無限小量であるとは限らない．

いま，変数の変化量 $\Delta x,\ \Delta y$ が小さいとして，まず $f(x+\Delta x,\ y+\Delta y)$ を y のまわりで Δy の巾にテイラー展開してみると

$$\begin{aligned} & f(x+\Delta x,\ y+\Delta y) \\ &= f(x+\Delta x,\ y) + \left[\frac{\partial f(x+\Delta x,\ y+\Delta y)}{\partial(\Delta y)}\right]_{\Delta y=0} \cdot \Delta y \\ &\qquad + (\Delta y \text{ の 2 次以上の項}) \\ &= f(x+\Delta x,\ y) + \frac{\partial f(x+\Delta x,\ y)}{\partial y} \cdot \Delta y \\ &\qquad + (\Delta y \text{ の 2 次以上の項}) \end{aligned} \tag{4.4}$$

となる．このとき，右辺第 2 項では次のように変形を行なっている．

$$\left[\frac{\partial f(x+\Delta x,\, y+\Delta y)}{\partial(\Delta y)}\right]_{\Delta y=0} = \left[\frac{\partial f(x+\Delta x,\, y+\Delta y)}{\partial(y+\Delta y)}\cdot\frac{\partial(y+\Delta y)}{\partial(\Delta y)}\right]_{\Delta y=0}$$
$$= \left[\frac{\partial f(x+\Delta x,\, y+\Delta y)}{\partial(y+\Delta y)}\right]_{\Delta y=0}$$
$$= \frac{\partial f(x+\Delta x,\, y)}{\partial y}$$

さらに，x のまわりで Δx の巾にテイラー展開してみると

$$f(x+\Delta x,\, y+\Delta y) = f(x,\, y) + \frac{\partial f(x,\, y)}{\partial x}\cdot\Delta x + \frac{\partial f(x,\, y)}{\partial y}\cdot\Delta y$$
$$+(\Delta x,\, \Delta y \text{ の 2 次以上の項})$$

となる．**この展開の 1 次の項**を $f(x,\, y)$ の**全微分**と呼び，記号 df で表す．すなわち

$$df \equiv \frac{\partial f(x,\, y)}{\partial x}\cdot\Delta x + \frac{\partial f(x,\, y)}{\partial y}\cdot\Delta y \tag{4.5}$$

である．全微分 df は微小量ではあるが無限小量であるとは限らない．関数 f の変化量 Δf は

$$\Delta f \equiv f(x+\Delta x,\, y+\Delta y) - f(x,\, y)$$
$$= df + (\Delta x,\, \Delta y \text{ の 2 次以上の項}) \tag{4.6}$$

と書ける．

上の関係式は，関数 f がどのような形の場合にも成り立つべきであるから，

$$f(x,\, y) = x \text{ の場合} \qquad dx = \frac{\partial x}{\partial x}\cdot\Delta x + \frac{\partial x}{\partial y}\cdot\Delta y = \Delta x\,, \tag{4.7}$$

$$f(x,\, y) = y \text{ の場合} \qquad dy = \frac{\partial y}{\partial x}\cdot\Delta x + \frac{\partial y}{\partial y}\cdot\Delta y = \Delta y \tag{4.8}$$

が得られる．ここで

$$(x)_{x+\Delta x} - x = (x+\Delta x) - x = \Delta x\,,$$
$$(y)_{y+\Delta y} - y = (y+\Delta y) - y = \Delta y$$

であり，$\varDelta x, \varDelta y$ の 2 次以上の項はでてこない．このことから，関数 x の変化分 $\varDelta x$ は変数 x の変化分 $\varDelta x$ に全く等しく，その変化分 $\varDelta x$ が全微分 dx に等しいことがわかる（y についても同様）．つまり

$$\varDelta x = dx\,, \qquad \varDelta y = dy \tag{4.9}$$

の関係が成り立っている．これにより

$$df = \frac{\partial f(x,\, y)}{\partial x} \cdot dx + \frac{\partial f(x,\, y)}{\partial y} \cdot dy \tag{4.10}$$

と表せる．もし $\varDelta x,\, \varDelta y$ が無限小であれば，展開の高次の項を無視できて

$$\lim_{\varDelta x,\, \varDelta y \to 0} \varDelta f = df = \frac{\partial f(x,\, y)}{\partial x} \cdot dx + \frac{\partial f(x,\, y)}{\partial y} \cdot dy \tag{4.11}$$

が成り立つ．上式では $dx,\, dy$ は無限小量であり，従って df もまた無限小量であって，同時に関数の全変化分を表している．通常，物理学で現れる全微分量は無限小量と考えている場合が多い．

この関係は図で考えるとわかりやすい．2 変数 $(x,\, y)$ で張られる変数平面に対し垂直方向に関数値 $f(x,\, y)$ を描くとする．変数 $(x,\, y)$ の位置では関数値は $f(x,\, y)$ である．もし，変数 y は一定のまま x がわずかに dx だけ増加したとすると，この微小区間における関数の変化を表す曲線 AB は，区間内で直線的変化をすると見なせるので，線分 AB で近似することができる．このとき，関数の変化量は $\partial f/\partial x{\cdot}dx$ となる．これは図に黒丸で示されている．

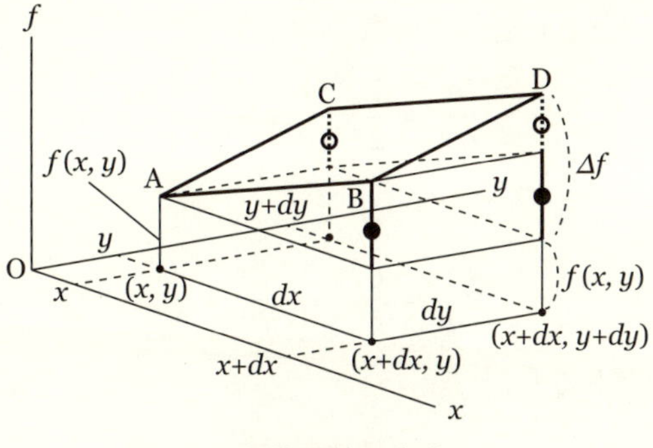

2変数関数の変化

同様に，変数 x が一定のまま y が dy だけ増加したとすると，この微小区間における関数の変化を表す曲線 AC は，線分 AC で近似することができ，関数の変化量は $\partial f/\partial y \cdot dy$ となる．これは図に白丸で示されている．これより，変

数 x および y が同時にわずかに dx および dy だけ増加したとすると，関数の変化 Δf は平行四辺形 ABDC を作図して黒丸と白丸のついた線分の長さを足したもので近似できる．これは，式の上では

$$\Delta f \simeq \frac{\partial f(x,\,y)}{\partial x}\cdot dx + \frac{\partial f(x,\,y)}{\partial y}\cdot dy = df \tag{4.12}$$

となることを表している．

この結果が得られたのは，考えている変数空間の領域が微小なため，一般的には曲線により作られるはずの図形 ABDC を平行四辺形で近似できるためである．このように，**2 変数の変化による関数値の微小な変化量は，それぞれの変数の単独の変化に対する関数の変化量を足し合わせることにより近似できる．** この近似において，変数の変化量が無限小となるとき，df は限りなく関数値の変化量に近づく．従って，**無限小変化の極限では全微分 df を関数の正しい変化量と考えてよい．**

【全微分】 位置座標 $x,\,y,\,z$ の関数である $r=\sqrt{x^2+y^2+z^2}$ の全微分を計算してみよう（ただし $r>0$）．

【解】r を x で偏微分すると

$$\frac{\partial r}{\partial x} = \frac{1}{2}\cdot\frac{2x}{\sqrt{x^2+y^2+z^2}} = \frac{x}{r}$$

となる．同様に

$$\frac{\partial r}{\partial y} = \frac{y}{r}, \qquad \frac{\partial r}{\partial z} = \frac{z}{r}$$

であるから

$$dr = \frac{\partial r}{\partial x}dx + \frac{\partial r}{\partial y}dy + \frac{\partial r}{\partial z}dz = \frac{1}{r}(xdx+ydy+zdz)$$

と得られる．これは $r^2=x^2+y^2+z^2$ の両辺の全微分をとって

$$2rdr = 2xdx + 2ydy + 2zdz$$

とした式を変形したと考えることもできる．【終】

▶ **問題 4.1A** 関数 $f(x,\ y) = x^2 + 5xy + 6y^2$ の偏導関数

$$\frac{\partial f}{\partial x},\quad \frac{\partial f}{\partial y},\quad \frac{\partial^2 f}{\partial y \partial x},\quad \frac{\partial^2 f}{\partial x \partial y}$$

を求めよ．さらに，全微分 df を $dx,\ dy$ を用いて表せ．

微分演算子

ある関数に何らかの操作を加えて別の関数をつくるものを**演算子** (Operator) という．またその操作を**演算**と言う．

空間の関数 $f(x,\ y,\ z)$ に対して微分演算する次のような演算子を考える．

$$\nabla \equiv \boldsymbol{i}\,\frac{\partial}{\partial x} + \boldsymbol{j}\,\frac{\partial}{\partial y} + \boldsymbol{k}\,\frac{\partial}{\partial z} \tag{4.13}$$

この**微分演算子**は**ナブラ** (nabla) と呼ばれる．

ナブラをスカラー関数 $f(x,\ y,\ z)$ に演算したものはベクトル量となり，f の**グラディエント** (gradient ; **勾配**) と呼ばれる．記号では次のように書かれる．

$$\mathrm{grad}\, f \equiv \nabla f \equiv \frac{\partial f}{\partial x}\,\boldsymbol{i} + \frac{\partial f}{\partial y}\,\boldsymbol{j} + \frac{\partial f}{\partial z}\,\boldsymbol{k} \tag{4.14}$$

右辺において各偏導関数は位置 $(x,\ y,\ z)$ の関数であり，ベクトル ∇f のそれぞれの成分になっている．

ナブラをベクトル関数 $\boldsymbol{A}(x,\ y,\ z)$ に次のように演算したものもベクトル量となり，$\boldsymbol{A}$ の**ローテーション** (rotation ; **回転**) と呼ばれる．

$$\begin{aligned}\mathrm{rot}\,\boldsymbol{A} &\equiv \nabla \times \boldsymbol{A} \\ &\equiv \left(\frac{\partial A_z}{\partial y} - \frac{\partial A_y}{\partial z}\right)\boldsymbol{i} + \left(\frac{\partial A_x}{\partial z} - \frac{\partial A_z}{\partial x}\right)\boldsymbol{j} + \left(\frac{\partial A_y}{\partial x} - \frac{\partial A_x}{\partial y}\right)\boldsymbol{k}\end{aligned} \tag{4.15}$$

ナブラをベクトル関数 $\boldsymbol{A}(x,\ y,\ z)$ に次のように演算したものはスカラー量となり，$\boldsymbol{A}$ の**ダイバージェンス** (divergence ; **発散**) と呼ばれる．

$$\mathrm{div}\,\boldsymbol{A} \equiv \nabla \cdot \boldsymbol{A} \equiv \frac{\partial A_x}{\partial x} + \frac{\partial A_y}{\partial y} + \frac{\partial A_z}{\partial z} \tag{4.16}$$

これらはスカラー場やベクトル場の基本的演算であり，物理学や工学の全般にわたってしばしば現れてくるので，自由に使いこなせるようにしておく必要がある．

【発散と回転】 原点からの距離 r の関数 $f(r)$ と単位ベクトル $\boldsymbol{e}_r$ の積 $f(r)\,\boldsymbol{e}_r$ の発散と回転を求めてみよう．

【解】

$$f(r)\,\boldsymbol{e}_r = \frac{f}{r}\,\boldsymbol{r} = \frac{fx}{r}\,\boldsymbol{i} + \frac{fy}{r}\,\boldsymbol{j} + \frac{fz}{r}\,\boldsymbol{k}$$

であるから，発散は

$$\nabla\cdot(f\,\boldsymbol{e}_r) = \frac{\partial}{\partial x}\left(\frac{fx}{r}\right) + \frac{\partial}{\partial y}\left(\frac{fy}{r}\right) + \frac{\partial}{\partial z}\left(\frac{fz}{r}\right)$$

を計算すればよい．右辺第 1 項は

$$\begin{aligned}\frac{\partial}{\partial x}\left(\frac{fx}{r}\right) &= \frac{d}{dr}\left(\frac{f}{r}\right)\cdot\frac{\partial r}{\partial x}\cdot x + \frac{f}{r} = \left(\frac{df}{dr}\cdot\frac{1}{r} - \frac{f}{r^2}\right)\frac{x}{r}\cdot x + \frac{f}{r}\\ &= \frac{df}{dr}\cdot\frac{x^2}{r^2} - \frac{fx^2}{r^3} + \frac{f}{r}\end{aligned}$$

となるので

$$\nabla\cdot(f\,\boldsymbol{e}_r) = \frac{df}{dr}\cdot\frac{x^2+y^2+z^2}{r^2} - \frac{f(x^2+y^2+z^2)}{r^3} + \frac{3f}{r} = \frac{df}{dr} + \frac{2f}{r}$$

と得られる．回転の x 成分の計算をすると

$$\begin{aligned}\left[\nabla\times\left(\frac{f}{r}\,\boldsymbol{r}\right)\right]_x &= \frac{\partial}{\partial y}\left(\frac{f}{r}\cdot z\right) - \frac{\partial}{\partial z}\left(\frac{f}{r}\cdot y\right)\\ &= z\cdot\frac{d}{dr}\left(\frac{f}{r}\right)\cdot\frac{\partial r}{\partial y} - y\cdot\frac{d}{dr}\left(\frac{f}{r}\right)\cdot\frac{\partial r}{\partial z}\\ &= \frac{d}{dr}\left(\frac{f}{r}\right)\cdot\left[z\cdot\frac{y}{r} - y\cdot\frac{z}{r}\right] = 0\end{aligned}$$

と得られる．同様な計算により y, z 成分も 0 と計算されるので，求める回転は

$$\nabla\times(f\,\boldsymbol{e}_r) = \boldsymbol{0}$$

である．**【終】**

▶ **問題 4.1B** 空間のスカラー関数 $\phi(\boldsymbol{r})$ およびベクトル関数 $\boldsymbol{E}(\boldsymbol{r})$, $\boldsymbol{H}(\boldsymbol{r})$ に対して次の量を計算せよ．

(1) $\nabla\cdot(\phi\boldsymbol{E})$　(2) $\nabla\cdot(\boldsymbol{E}\times\boldsymbol{H})$

▶ **問題 4.1C** デカルト座標 x, y, z について，次の量を計算せよ．

(1) ∇z　(2) $\nabla(y+z)$　(3) $\nabla[\,(x^2+y^2+z^2)^{3/2}\,]$　$(r\neq 0)$

▶ **問題 4.1D** 位置ベクトル $\boldsymbol{r}=r\,\boldsymbol{e}_r$ について，次の量を計算せよ．

(1) ∇r　$(r\neq 0)$　(2) $\nabla\cdot\boldsymbol{r}$　(3) $\nabla\times\boldsymbol{r}$

▶ **問題 4.1E** $\boldsymbol{r}$ は位置ベクトル，$\boldsymbol{A}$ は空間内の位置によらない定ベクトルである．次の量を計算せよ．

(1) $\nabla(\boldsymbol{A}\cdot\boldsymbol{r})$　(2) $\nabla\times(\boldsymbol{A}\times\boldsymbol{r})$　(3) $\nabla\cdot(\boldsymbol{A}\times\boldsymbol{r})$　(4) $\nabla\left(\dfrac{\boldsymbol{A}\cdot\boldsymbol{r}}{r^3}\right)$　$(r\neq 0)$

4.2 保存力とポテンシャル・エネルギー

4.2.1 仕事と運動エネルギー

質量 m の質点が空間内を力 $\boldsymbol{F}(\boldsymbol{r})$ を受けながら点 A から点 B まで運動する場合を考える．

まず，次のように，**質点の運動方程式 $m\dot{\boldsymbol{v}}=\boldsymbol{F}$ の両辺で速度 $\boldsymbol{v}$ との内積をとる．**

$$m\boldsymbol{v}\cdot\dot{\boldsymbol{v}}=\boldsymbol{F}\cdot\boldsymbol{v} \tag{4.17}$$

この等式の両辺を変形すると

$$\frac{d}{dt}\left(\frac{m}{2}v^2\right)=\boldsymbol{F}\cdot\frac{d\boldsymbol{r}}{dt} \tag{4.18}$$

となる．

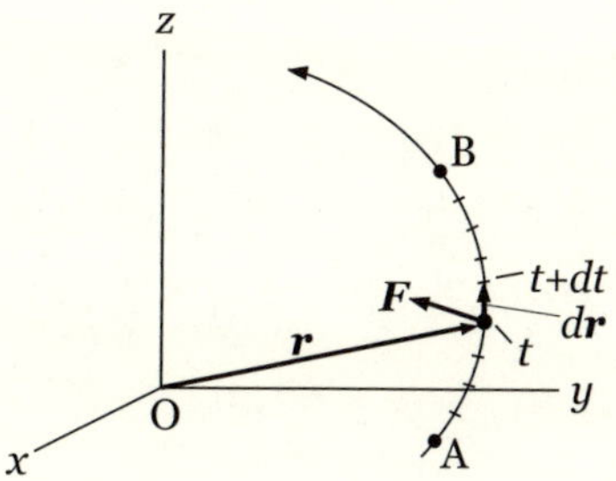

物体に働く力と物体の変位

これより，時刻 t から $t+dt$ の間の変化について，次の式が成り立つ．

$$d\left(\frac{m}{2}v^2\right) = \boldsymbol{F}\cdot d\boldsymbol{r} \tag{4.19}$$

これは点 A から点 B に至る経路を線素片に分けたとき，時刻 t から $t+dt$ の間の変位ベクトル $d\boldsymbol{r}$ の線素片に対して成り立っている関係である．右辺の質点の受ける力 $\boldsymbol{F}$ と変位ベクトル $d\boldsymbol{r}$ との内積は，2 つのベクトルのなす角を θ とするとき，次のように変形できる．

$$\boldsymbol{F}\cdot d\boldsymbol{r} = F\cdot dr\cdot\cos\theta = F_v\,dr$$

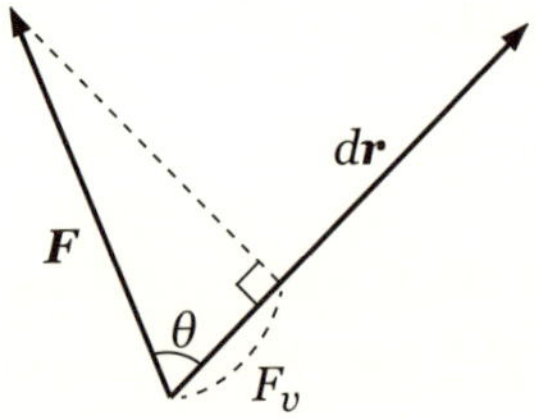

物体に働く力と変位の内積

変位方向にかかる力の成分 $F_v(=F\cos\theta)$ で質点を dr だけ移動させたときの積で表されるので，このスカラー積を，力のした**仕事**と呼ぶ．

点 A から点 B に至る全ての線素片についてそれぞれ上の関係が成り立つので，それらを足し合わせると

$$\int_{\mathrm{A}}^{\mathrm{B}} d\left(\frac{m}{2}v^2\right) = \int_{\mathrm{A}}^{\mathrm{B}} \boldsymbol{F}\cdot d\boldsymbol{r} \tag{4.20}$$

と書ける．左辺を計算すると

$$\frac{m}{2}\,v_{\mathrm{B}}^2 - \frac{m}{2}\,v_{\mathrm{A}}^2 = \int_{\mathrm{A}}^{\mathrm{B}} \boldsymbol{F}\cdot d\boldsymbol{r} \tag{4.21}$$

である．

力学的状態は $\boldsymbol{r}$, $\boldsymbol{v}$ の成分である 6 個のスカラー変数 $(x,\ y,\ z,\ v_x,\ v_y,\ v_z)$ で**決まる**．ここで $mv^2/2$ は**各状態において一義的にきまる量**（**状態量**）である．質点の速さで決まる状態量なので

$$K \equiv \frac{m}{2}v^2 \tag{4.22}$$

を質点の**運動エネルギー** (Kinetic energy) と呼ぶ．従って $mv_{\mathrm{B}}^2/2 - mv_{\mathrm{A}}^2/2$ は，点 A から点 B への状態変化における質点の運動エネルギーの増加量を表してい

る．他方，右辺の積分量

$$W \equiv \int_{\mathrm{A}}^{\mathrm{B}} \boldsymbol{F} \cdot d\boldsymbol{r} \tag{4.23}$$

は，点 A から点 B へ至る間に力が質点にした仕事を表している．**仕事 W は，一般に点 A から点 B へ至る経路に依存する**．上の結果は，**力が質点になした仕事分だけ質点の運動エネルギーが増加する**ということを表している．

力 $\boldsymbol{F}$ と変位 $d\boldsymbol{r}$ のなす角 θ が $\pi/2$ より小さいときは，力のなす仕事 $\boldsymbol{F}\cdot d\boldsymbol{r}$ は正の寄与となり，質点の運動エネルギーを増加させる．逆に，力 $\boldsymbol{F}$ と変位 $d\boldsymbol{r}$ のなす角が $\pi/2$ より大きいときは，力のなす仕事 $\boldsymbol{F}\cdot d\boldsymbol{r}$ は負の寄与となり，質点の運動エネルギーを減少させる．

空気抵抗力や摩擦力などは質点の変位と逆向きに働くので，力は質点に負の仕事を行ない，質点の運動エネルギーを減少させることがわかる．例えば，点 A から点 B へ至る間に重力以外に抵抗力や摩擦力が働く経路と，重力のみしか働かない経路では，質点が受け取る仕事量が異なる．

また，**垂直抗力のように変位と直交する力の場合には，各線素片において $\boldsymbol{F}\cdot d\boldsymbol{r} = 0$ であり，力は質点に対して仕事をしない**．運動する点電荷が磁場から受ける**ローレンツ力**も変位方向（速度方向）と直交するので点電荷に仕事をしない．そのためローレンツ力により点電荷の速度方向は変わるが速さは変化しない（図は $\boldsymbol{v} \perp \boldsymbol{B}$ の場合）．すなわち，点電荷の運動エネルギーは変化しないことになる．

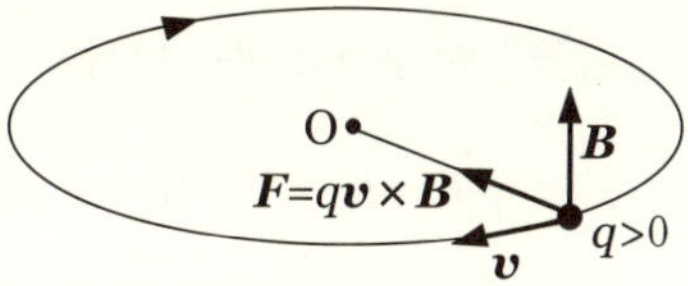

ローレンツ力

▶ **問題 4.2A** 水平面上の点 O から水平方向に x 軸，鉛直上方に y 軸をとる．重力加速度の大きさを g とする．質量 m の質点が，点 A$(0,\, a)$ から，点 B$(\sqrt{2}a,\, 0)$ まで次の二通りの xy 面内の経路 I (=C_1+C_2), II (=C_3+C_4) を通って移動するとき，重力が質点に対してする仕事を定義に従って計算せよ（a は正の定数）．

(1) 経路 I : 点 A から線分 AO に沿って移動し（経路 C_1），続いて線分 OB に沿って移動する（経路 C_2）．

(2) 経路 II : 点 A から原点 O を中心とする半径 a の円弧に沿って移動し点 $C(a/\sqrt{2}, a/\sqrt{2})$ に到る（経路 C_3）．続いて線分 CB に沿って移動する（経路 C_4）．

4.2.2 ポテンシャル・エネルギー

質点に働く力が，位置によって決まるある一価関数 $U(x, y, z)$ から

$$\boldsymbol{F} = -\nabla U \tag{4.24}$$

のように導かれる場合を考えてみる．ここで「一価関数」とは，それぞれの変数の組 (x, y, z) に対して関数値が 1 つの値に定まっている関数のことであり，物理学で現れる場は空間の一価関数となる．上の等式を成分で表せば

$$F_x\,\boldsymbol{i} + F_y\,\boldsymbol{j} + F_z\,\boldsymbol{k} = -\left(\frac{\partial U}{\partial x}\,\boldsymbol{i} + \frac{\partial U}{\partial y}\,\boldsymbol{j} + \frac{\partial U}{\partial z}\,\boldsymbol{k}\right) \tag{4.25}$$

すなわち

$$F_x = -\frac{\partial U}{\partial x}\,, \qquad F_y = -\frac{\partial U}{\partial y}\,, \qquad F_z = -\frac{\partial U}{\partial z} \tag{4.26}$$

となる．このような場合には

$$\begin{aligned}\boldsymbol{F}\cdot d\boldsymbol{r} &= F_x dx + F_y dy + F_z dz \\ &= -\left(\frac{\partial U}{\partial x}dx + \frac{\partial U}{\partial y}dy + \frac{\partial U}{\partial z}dz\right) = -dU\end{aligned} \tag{4.27}$$

となるので，力が質点になす仕事は

$$W = \int_{\mathrm{A}}^{\mathrm{B}} \boldsymbol{F}\cdot d\boldsymbol{r} = -\int_{\mathrm{A}}^{\mathrm{B}} dU = -(U_{\mathrm{B}} - U_{\mathrm{A}}) \tag{4.28}$$

と書ける．U_{A} と U_{B} は位置で決まる量なので，**この場合の力が質点になす仕事は始めの位置と終わりの位置だけで決まり経路によらない．**また

$$\frac{m}{2}v_{\mathrm{B}}^2 - \frac{m}{2}v_{\mathrm{A}}^2 = -(U_{\mathrm{B}} - U_{\mathrm{A}}) \tag{4.29}$$

の関係が成り立つ．これより

$$\frac{m}{2}v_{\mathrm{B}}^2 + U_{\mathrm{B}} = \frac{m}{2}v_{\mathrm{A}}^2 + U_{\mathrm{A}} \tag{4.30}$$

と書ける．A 点や B 点は軌道上の任意に選んだ点であるから

$$\frac{m}{2}v^2 + U = E \tag{4.31}$$

が運動中一定に保たれる量であることがわかる．このように，運動中一定に保たれて時間変化しない量を**保存量**という．

位置によって決まる関数 $U(x, y, z)$ を**ポテンシャル・エネルギー**（または**位置エネルギー**）と呼ぶ（簡単にポテンシャルと呼ばれることもある）．また，運動エネルギー $K \equiv mv^2/2$ とポテンシャル・エネルギー U を合わせた量 E を**力学的エネルギー**と呼ぶ．このように力がポテンシャル・エネルギーから導かれる場合，質点の力学的エネルギーは保存される．これを**力学的エネルギー保存の法則**と言う．

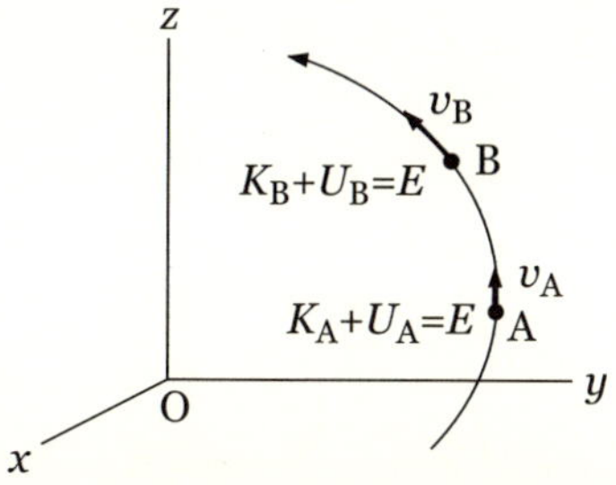

力学的エネルギーの保存

また，力学的エネルギー保存の法則が成り立つような力を**保存力**と呼ぶ．**質点に働く力 $\boldsymbol{F}$ が保存力であるための必要十分条件は $\nabla \times \boldsymbol{F} = \boldsymbol{0}$ である**（問題参照）．

【一様な重力場】一様な重力加速度 $\boldsymbol{g}$ の場の中を運動する質点（質量 m）に働く力は保存力であるか．

【解】鉛直上方に z 軸を選んだとき，質点に働く重力は $\boldsymbol{F} = -mg\,\boldsymbol{k}$ である．$U = mgz$ とおけば，

$$\frac{\partial U}{\partial x} = 0, \quad \frac{\partial U}{\partial y} = 0, \quad \frac{\partial U}{\partial z} = mg$$

となる．

$$-\nabla U = -\left(\frac{\partial U}{\partial x}\,\boldsymbol{i} + \frac{\partial U}{\partial y}\,\boldsymbol{j} + \frac{\partial U}{\partial z}\,\boldsymbol{k}\right) = -mg\,\boldsymbol{k} = \boldsymbol{F}$$

であるから，U は $\boldsymbol{F}$ のポテンシャル・エネルギーとなっている．従って，一様な重力は保存力であることがわかる．

実際に，F_x, F_y, F_z は定数であるから

$$\nabla \times \boldsymbol{F} = \left(\frac{\partial F_z}{\partial y} - \frac{\partial F_y}{\partial z}\right)\boldsymbol{i} + \left(\frac{\partial F_x}{\partial z} - \frac{\partial F_z}{\partial x}\right)\boldsymbol{j} + \left(\frac{\partial F_y}{\partial x} - \frac{\partial F_x}{\partial y}\right)\boldsymbol{k} = \boldsymbol{0}$$

となっている．

また，ここで $U = mgz + C$（C は任意定数）としても $\boldsymbol{F} = -\nabla U$ を満たすから，ポテンシャル・エネルギー U は任意定数だけ不定になる．

これは，どの高さをポテンシャル・エネルギーの基準点（$U = 0$ の点）として選んでもよいことを表している．$C = 0$ と選んだ場合は $z = 0$ の平面上で $U = 0$ となるように基準点を選んでいることになる．【終】

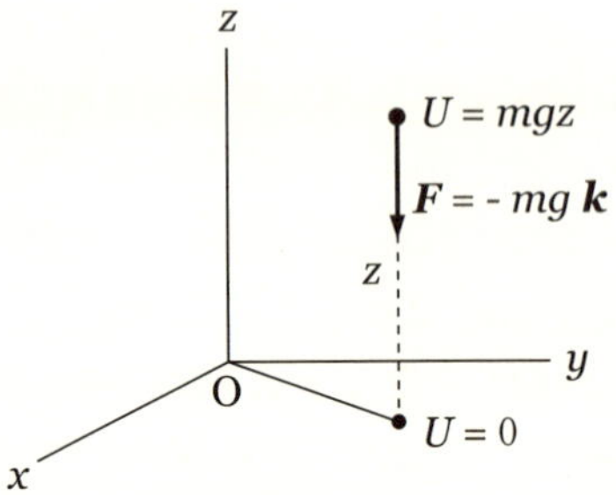

▶ **問題 4.2B** 質点に働く力 $\boldsymbol{F}$ が保存力であるための必要十分条件は $\nabla \times \boldsymbol{F} = \boldsymbol{0}$ であることを導くために

(1) 力 $\boldsymbol{F}$ が保存力ならば，$\nabla \times \boldsymbol{F} = \boldsymbol{0}$ であることを示せ．

(2) $\nabla \times \boldsymbol{F} = \boldsymbol{0}$ ならば，力 $\boldsymbol{F}$ が保存力であることを示せ．

▶ **問題 4.2C** 次の力

$$\boldsymbol{F} = 6axz\,\boldsymbol{i} + 6ayz\,\boldsymbol{j} + 3a(x^2 + y^2 - 2z^2)\,\boldsymbol{k} \qquad (a \text{ は正の定数})$$

が保存力であるか否かを判定し，保存力である場合には原点を基準とするポテンシャル・エネルギー $U(x, y, z)$ を求めよ．

運動可能領域

力学的エネルギー保存の法則を変形すると，速度 v が実数であるためには

$$\frac{m}{2}v^2 = E - U \geq 0 \tag{4.32}$$

となることが必要であることが導かれる．従って，質点の力学的エネルギー E が与えられた場合，運動が可能な領域においては

$$E \geq U \tag{4.33}$$

が満たされていなければならない．

例えば，x 軸上を運動する質量 m の質点の場合を考えてみよう．

1 次元運動のポテンシャル・エネルギーが放物線型 $U = kx^2/2$ (k は正の定数) であるとする．力学的エネルギーが $E = ka^2/2$ ($a \geq 0$) と与えられると質点は $-a \leq x \leq a$ の範囲で運動できる．質点が区間の端に達すると $E = U$ が成り立つので，速度は 0 となり，すぐに反対向きの運動にうつる．

また，$x = 0$ では力学的エネルギーはすべて運動エネルギーとなるので，速さは最大値をとる．このようにして，質点は両端の間の区間を往復する振動運動を行うことになる．

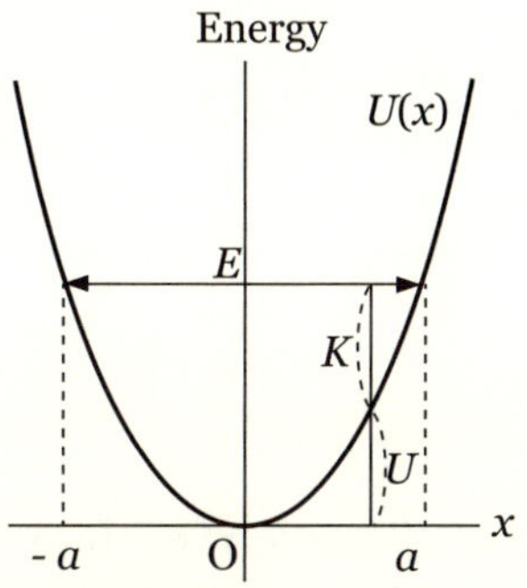

放物線型ポテンシャル
・エネルギー

▶ **問題 4.2D** ポテンシャル・エネルギー $U(x) = ax^4 - bx^2$ (a, b は正の定数) をもって x 軸上を 1 次元運動する質点がある．

(1) 質点のもちうる最低の力学的エネルギーとこの状態での質点の原点からの距離を求めよ．

(2) 質点の力学的エネルギーが $-3b^2/16a$ で与えられているときの質点の原点からの距離の最小値と最大値を求めよ．

非調和振動周期の厳密解

一般のポテンシャル中での振動が平衡点のまわりの小さな振幅の運動であるときには，ほとんどの場合に，ポテンシャルを放物線で近似して単振動として扱える．しかし，単振り子の例でも見たように，振幅の大きな振動については，

この調和振動近似で扱うのは適当でない．ここでは，**非調和振動 (anharmonic oscillation)** の周期の厳密解を求める方法を調べてみよう．

質点のポテンシャル・エネルギーを $U(x)$，全エネルギーを E としたとき，質点の力学的エネルギー保存の法則は

$$\frac{1}{2}mv^2 + U = E \tag{4.34}$$

と書ける．これを v について解くと

$$\frac{dx}{dt} = v = \pm\sqrt{\frac{2}{m}(E-U)} \tag{4.35}$$

と書ける．座標が増加する向き $(v>0)$ を選んで，dt について解くと

$$dt = \sqrt{\frac{m}{2}} \cdot \frac{dx}{\sqrt{E-U}} \tag{4.36}$$

となる．

いまは，ポテンシャルの極小点を含む有限区間での非微小振動を考えているので，$U(x)=E$ が 2 点 $x=\alpha$ および $x=\beta\,(\alpha<\beta)$ でのみ成り立つものとする．質点はこの区間内で往復運動する．このとき，$x=\alpha$ から $x=\beta$ まで行くのに要する時間と，$x=\beta$ から $x=\alpha$ まで戻るのに要する時間は等しく，振動の周期 T の半分になる．従って

$$\frac{T}{2} = \int_0^{T/2} dt = \sqrt{\frac{m}{2}}\int_\alpha^\beta \frac{dx}{\sqrt{E-U(x)}} \tag{4.37}$$

の右辺の積分計算ができれば，振動の周期の厳密解が求まることになる．

【非調和振動の周期】 1 次元ポテンシャル

$$U(x) = -\frac{a}{x} + \frac{b}{x^2} \qquad (\text{ただし } x>0\,;\text{定数 } a,\, b>0)$$

の極小点の x のまわりで非調和振動するときの周期を求めてみよう．

【解】図のように，ポテンシャル $U(x)$ は負となる領域に極小をひとつもっていて，$x\to\infty$ のとき 0 に漸近していく．したがって，振動が起こるのは，全エ

ネルギーが $-\dfrac{a^2}{4b} < E < 0$ の範囲の値をとる場合である．$x = \alpha$ および $x = \beta$ で $E = U$ が成り立つとき（$\alpha < \beta$），周期 T の半分は

$$\frac{T}{2} = \sqrt{\frac{m}{-2E}} \int_{\alpha}^{\beta} \frac{xdx}{\sqrt{-x^2 - \dfrac{ax}{E} + \dfrac{b}{E}}}$$

を計算すればよい．ここで

$$\frac{d}{dx}\sqrt{-x^2 - \frac{ax}{E} + \frac{b}{E}} = -\frac{x}{\sqrt{-x^2 - \dfrac{ax}{E} + \dfrac{b}{E}}} - \frac{a}{2E}\frac{1}{\sqrt{-x^2 - \dfrac{ax}{E} + \dfrac{b}{E}}}$$

である．根号の中は

$$\sqrt{-x^2 - \frac{ax}{E} + \frac{b}{E}} = \sqrt{(x-\alpha)(\beta - x)}$$

と因数分解できる．積分を行うと

$$\int_{\alpha}^{\beta} \frac{d}{dx}\sqrt{(x-\alpha)(\beta-x)}dx$$
$$= -\int_{\alpha}^{\beta} \frac{xdx}{\sqrt{(x-\alpha)(\beta-x)}}$$
$$-\frac{a}{2E}\int_{\alpha}^{\beta} \frac{dx}{\sqrt{(x-\alpha)(\beta-x)}}$$

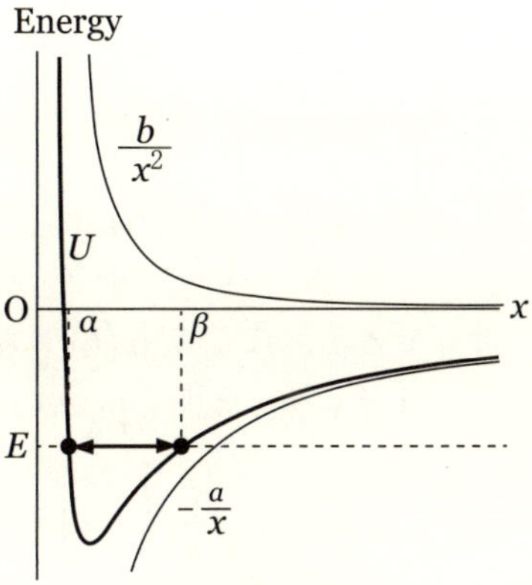

非調和振動

となる．左辺の積分値は 0 である．

右辺の第 2 項に現れる積分は $x = (1/2)\left[(\beta+\alpha) - (\beta-\alpha)\cos\theta\right]$ と変数変換して計算できる．これより

$$\int_{\alpha}^{\beta} \frac{xdx}{\sqrt{(x-\alpha)(\beta-x)}} = \frac{\pi a}{-2E}$$

となるので，振動の周期は

$$T = \frac{\pi a}{-E}\sqrt{\frac{m}{-2E}}$$

と得られる.【終】

前に単振り子について述べたときには，微小振動の近似の成り立つ場合だけ周期を求めた．ここでは振動の振幅がやや大きい場合についてその周期の計算法を調べてみる．おもりが糸ではなく質量の無視できる棒につながれているものとし，その最大の振れ角を Θ とする．振り子の平衡点をポテンシャル・エネルギー U の基準にとると，振れ角が θ のとき $U = 2mgl\sin^2(\theta/2)$ である．振動の周期 T は

$$T = 2\sqrt{\frac{l}{g}}\int_0^{\Theta}\frac{d\theta}{\sqrt{k^2 - \sin^2\frac{\theta}{2}}} \qquad \left(\text{ただし } k = \sin\frac{\Theta}{2}\right) \tag{4.38}$$

によって計算される（$0 \leq k \leq 1$ の場合を考える）．ここで

$$\sin\frac{\theta}{2} = \sin\frac{\Theta}{2}\sin\varphi \tag{4.39}$$

と変数変換すると，周期は

$$T = 4\sqrt{\frac{l}{g}}\,K(k) \qquad \left(\text{ただし } K(k) = \int_0^{\pi/2}\frac{d\varphi}{\sqrt{1 - k^2\sin^2\varphi}}\right) \tag{4.40}$$

で計算できる．ここで $K(k)$ は**第一種の完全楕円積分**と呼ばれる．k が小さいときにはテイラー展開を用いて

$$\begin{aligned} T &= 4\sqrt{\frac{l}{g}}\int_0^{\pi/2}\left[1 + \frac{1}{2}(k\sin\varphi)^2 + \cdots\right]d\varphi \\ &= 2\pi\sqrt{\frac{l}{g}}\left(1 + \frac{\Theta^2}{16} + \cdots\right) \end{aligned} \tag{4.41}$$

のように計算できる．かっこ内の第 1 項だけ残す近似を行うと，以前に求めた微小振動の周期の式になることがわかる．

▶ **問題 4.2E** 質量 m の質点が，1 次元ポテンシャル $U(x) = -a/x + b/x^2$ ($x > 0$; a, b は正の定数) のもとで平衡点近傍での微小振動をおこなうときの周期を，次の 2 通りの方法で求めよ．

(1) U を平衡点近傍でテイラー展開し，U の近似式を用いて周期を求める．

(2) 厳密計算により得られた式に微小振動の条件を適用して周期を求める．

仕事とエネルギーの単位

仕事は $\boldsymbol{F} \cdot d\boldsymbol{r}$ からわかるように，(力) × (長さ) の次元をもつ量である．**運動エネルギーやポテンシャル・エネルギーも仕事を通して相互に変換されるので，仕事と同じ次元をもつ．**これらの量の単位は下表のように定められている．

単位系	力	変位	エネルギー
MKS 単位系	N	m	J = N m
CGS 単位系	dyn	cm	erg = dyn cm

J を「ジュール」，erg を「エルグ」と読む．この 2 つの単位の間には

$$1\,\mathrm{J} = 1\,\mathrm{N} \cdot 1\,\mathrm{m} = 10^5\,\mathrm{dyn} \cdot 10^2\,\mathrm{cm} = 10^7\,\mathrm{erg} \tag{4.42}$$

の関係がある．

力が単位時間 (1 sec) 当たりにする仕事（単位は J）を仕事率 (Power) という．仕事率の単位は SI（MKS 単位系）では 1 W = 1 J/s で表される．記号 W を「ワット」と読む．**電磁気学においてもエネルギーの単位は，力学の単位と矛盾しないように，電気的または磁気的な力のなす仕事を用いて定義される．**工学分野では，力学単位である MKS 単位に，電気の単位として A（アンペア）を加えて，**MKSA 単位系**を用いるのが普通である．従って，電気的な力のなす仕事率（**電力**）を表す単位として W（ワット）が用いられる．このとき 1 W = 1 V × 1 A = 1 V A の関係がある．ここで，V（ボルト）は電圧を表す単位である．

保存力の重ね合わせ

ある質点に働く 2 つの保存力 $\boldsymbol{F}_1, \boldsymbol{F}_2$ が，それぞれポテンシャル・エネルギー U_1, U_2 から次のように導かれるとする．

$$\boldsymbol{F}_1 = -\nabla U_1\,, \qquad \boldsymbol{F}_2 = -\nabla U_2 \tag{4.43}$$

質点に作用する全体の力は，力に対するベクトルの和の規則により

$$\boldsymbol{F} = \boldsymbol{F}_1 + \boldsymbol{F}_2 = -\nabla U_1 - \nabla U_2 = -\nabla(U_1 + U_2) \tag{4.44}$$

と書ける．いま，質点の全ポテンシャル・エネルギーを

$$U \equiv U_1 + U_2 \tag{4.45}$$

により定義すれば，質点に作用する全体の力は

$$\boldsymbol{F} = -\nabla U \tag{4.46}$$

と表せる．このことから，**質点に作用する全体の力は，個々の力のベクトル的な和を計算しなくても，全ポテンシャル・エネルギー U を計算してから勾配をとって逆向きベクトルを計算すれば求めることができる**，ということがわかる．$\boldsymbol{F}$ や U に対して成り立つこのような性質，すなわち**個々の寄与をベクトル的もしくはスカラー的に足し合わせることにより全体量を計算できる性質**があるとき，この物理量は**重ね合わせ**ができるという．力については，ベクトル的重ね合わせが成り立ち，ポテンシャル・エネルギーについてはスカラー的重ね合わせが成り立つ．

保存力のもつこの性質は極めて重要である．**重ね合わせの性質があるため，質点と質点の間の力学法則を有限な大きさをもった物体に拡張して適用できることになる．**この事柄に関しては，後に詳しく述べることになる．

微分形で表した力学的エネルギー保存の法則

質点に働く力がポテンシャル・エネルギー U から導かれる保存力 $\boldsymbol{F} = -\nabla U$ である場合を考える．質点の運動方程式 $m\dot{\boldsymbol{v}} = \boldsymbol{F}$ の両辺で $\boldsymbol{v}$ との内積をとると $m\boldsymbol{v}\cdot\dot{\boldsymbol{v}} = \boldsymbol{F}\cdot\boldsymbol{v}$ である．ここで

$$\frac{d}{dt}\boldsymbol{v}^2 = 2(\boldsymbol{v}\cdot\dot{\boldsymbol{v}}) \tag{4.47}$$

であるので，左辺は

$$m\boldsymbol{v}\cdot\dot{\boldsymbol{v}} = \frac{d}{dt}\left(\frac{m}{2}v^2\right) = \frac{dK}{dt} \tag{4.48}$$

右辺は

$$\boldsymbol{F}\cdot\boldsymbol{v} = -\nabla U\cdot\boldsymbol{v} = -\left(\frac{\partial U}{\partial x}\frac{dx}{dt} + \frac{\partial U}{\partial y}\frac{dy}{dt} + \frac{\partial U}{\partial z}\frac{dz}{dt}\right) = -\frac{dU}{dt} \tag{4.49}$$

と変形できる．従って

$$\frac{dK}{dt} = -\frac{dU}{dt} \tag{4.50}$$

が成り立つ．これより，質点の力学的エネルギー $E(=K+U)$ について

$$\frac{dE}{dt}=0 \tag{4.51}$$

となる．この式は E が運動中一定であることを表している．上式は**微分形で表された力学的エネルギー保存の法則**である．これに対し，前にのべた力学的エネルギー保存の法則は，保存力に対して運動方程式を一般的に積分した結果得られた関係式なので，**積分形で表された力学的エネルギー保存の法則**といえる．

質点が，ポテンシャル・エネルギー U から導かれる保存力 $\boldsymbol{F}=-\nabla U$ を受けつつ，ある曲面もしくは曲線上に束縛されて運動している場合を考えてみる．

このとき，束縛している曲面や曲線の形が時間的に変化せず，かつ，面が十分滑らかであるとする．そのような場合には，質点に働く束縛力としては垂直抗力 $\boldsymbol{N}$ のみで，摩擦力は質点に働かない．質点の運動方程式は $m\dot{\boldsymbol{v}}=\boldsymbol{F}+\boldsymbol{N}$ である．速度 $\boldsymbol{v}$ との内積をとると $\boldsymbol{N}\cdot\boldsymbol{v}=0$ であるから前と同様に $dE/dt=0$ が成り立つ．すなわち，**時間に依存しない滑らかな束縛のある運動の場合も質点の力学的エネルギーは保存される．**

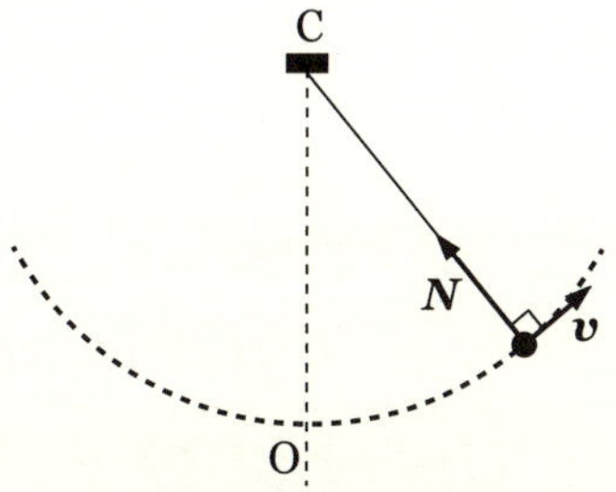

垂直抗力(または糸の張力)と変位方向

質点が，ポテンシャル・エネルギー U から導かれる保存力 $\boldsymbol{F}=-\nabla U$ を受けつつ，抵抗力（または摩擦力）$\boldsymbol{F}'$ も受けて運動している場合の運動方程式は $m\dot{\boldsymbol{v}}=\boldsymbol{F}+\boldsymbol{F}'$ である．速度との内積をとり，変形すると

$$\frac{dE}{dt}=\boldsymbol{F}'\cdot\frac{d\boldsymbol{r}}{dt} \tag{4.52}$$

が得られる．ここで，抵抗力や摩擦力に対しては $\boldsymbol{F}'\cdot d\boldsymbol{r}<0$ であるから，$dt>0$ のとき $dE/dt<0$ である．従って，**抵抗力や摩擦力のある運動においては質点の力学的エネルギーは散逸し，時刻とともに減少していく．**例えば，単振り子の運動において，速度と逆向きに抵抗力が働く場合には，振り子の力学的エネルギーがまわりへ**散逸**していく．抵抗力の大きさによりエネルギーの散逸の程度も変わり，振れ角の運動は減衰振動または過制動（場合により臨界制動）となることが期待される．

5　中心力

5.1　中心力場

惑星の運動

ケプラーは，17 世紀初めに，太陽の周りを運動する惑星 (Planet) の観測データから，経験法則として，**ケプラーの三法則**と言われる惑星の運動法則を発見した．その内容は次のようなものである．

(I) 第一法則

惑星は太陽を 1 つの焦点とした楕円軌道を描いて運動する．

(II) 第二法則（面積の定理）

惑星と太陽を結ぶ線分が単位時間当たり掃く面積は一定である．

(III) 第三法則

惑星の公転周期は楕円軌道の長半径の 3/2 乗に比例する．

ニュートンは，これらの惑星の運動に関する経験法則とガリレイによる地上の物体の運動において見出された経験法則を，自らの発見した**運動の法則**と**万有引力の法則**とにより説明できることを明らかにした．

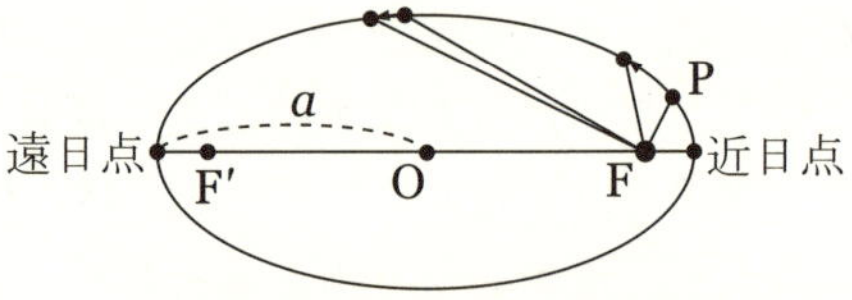

面積速度一定の楕円運動

この章では，ニュートンの力学からケプラーの三法則を導くことができることを示す．その過程において，万有引力を含みつつさらに一般的な中心力の作用する物体の運動を調べ，惑星の運動以外のより広範な中心力場における物体の運動へと議論を展開していく．

万有引力の法則

ニュートンは次の内容の**万有引力の法則**を見出した．

質量 M の質点 O と質量 m の質点 P が距離 r をへだてて存在するとき，2 つの質点に働く力は質点を結ぶ直線に沿って引力として働き，その大きさは GMm/r^2 で与えられ距離の 2 乗に反比例する（逆自乗則）．

ここで $G = 6.673 \times 10^{-11}\,\mathrm{N\cdot m^2/kg^2}$ は**万有引力定数**と呼ばれる．

質点 O から見た質点 P の位置ベクトルを $\boldsymbol{r}$ とし，その方向の単位ベクトルを $\boldsymbol{e}_r$ とすれば，質点 O から質点 P に及ぼされる万有引力は

$$\boldsymbol{F} = -G\,\frac{Mm}{r^2}\,\boldsymbol{e}_r \tag{5.1}$$

と表される．質点 P から質点 O に及ぼされる万有引力は，作用・反作用の法則により $-\boldsymbol{F}$ である．

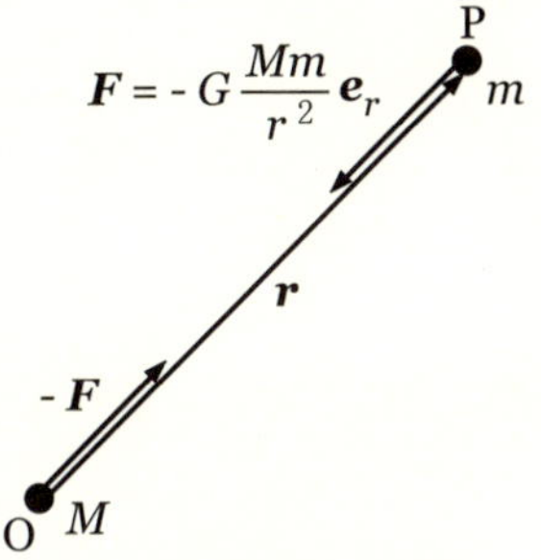

万有引力の法則

中心力

物体に働く力が，常に**空間内の固定された一点（力の中心）と物体を結ぶ直線方向**にあり，その**大きさが力の中心からの距離だけの関数**であるとき，このような力を一般に**中心力**という．

上にあげた惑星の運動では，**太陽の質量が惑星の質量と比べてはるかに大きく惑星の運動中に太陽が動かないと考えれば，惑星に働く万有引力は近似的に中心力とみなせる．**

いま，力の中心に座標原点 O を選び，その点からの物体の位置ベクトルを $\boldsymbol{r}$, 位置ベクトル方向の単位ベクトルを $\boldsymbol{e}_r \equiv \boldsymbol{r}/r$ とすると，物体に働く中心力は

$$\boldsymbol{F} = f(r)\,\boldsymbol{e}_r \tag{5.2}$$

と表される．ここで $f(r)$ は物体の中心からの距離 r だけの関数である．

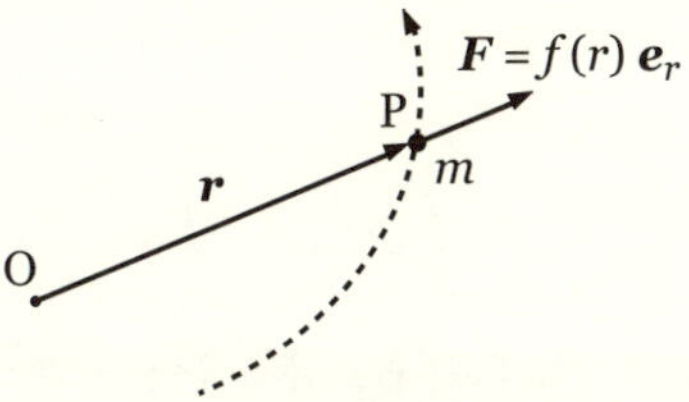

中心力

物体が中心力を受けて運動するとき，力の中心を含む 1 つの平面内で運動する．これは，次のようにして理解できる．運動方程式 $m\dot{\boldsymbol{v}} = f\boldsymbol{e}_r$ の両辺に左から $\boldsymbol{r}$ をかけて外積をとると，$\boldsymbol{r} \times m\dot{\boldsymbol{v}} = \boldsymbol{0}$ となる．この式は

$$\frac{d}{dt}\,(\boldsymbol{r} \times m\boldsymbol{v}) = \boldsymbol{0} \tag{5.3}$$

と変形できる．従って $\boldsymbol{r} \times \boldsymbol{v} =$ 一定 となる．ベクトル $\boldsymbol{r} \times \boldsymbol{v}$ は，$\boldsymbol{r}$ と $\boldsymbol{v}$ とを含

む平面に垂直な方向を向いている．ある時刻に質点が $\boldsymbol{r}$ と $\boldsymbol{v}$ とを含む平面内で運動を始めると，後の時刻でも $\boldsymbol{r}\times\boldsymbol{v}=$ 一定 を成り立たせるために，$\boldsymbol{r}$ も $\boldsymbol{v}$ も同じ平面内なければばならない．つまり，質点は1つの平面内を運動し続けることになる．このことは，後に，中心力場における角運動量保存則として再び取り上げられるであろう．

中心力場におけるポテンシャル・エネルギー

中心力 $\boldsymbol{F}=f(r)\,\boldsymbol{e}_r$ に対して $\nabla\times\boldsymbol{F}=\boldsymbol{0}$ であるから，**中心力は保存力となっている**．従って，中心力はポテンシャル・エネルギー U から $\boldsymbol{F}=-\nabla U$ により導かれる．このとき，**ポテンシャル・エネルギー U は，力の中心からの距離 r だけの関数 $U(r)$ である**．U について次の変形を行う．

$$\begin{aligned}\nabla U &= \frac{\partial U}{\partial x}\,\boldsymbol{i}+\frac{\partial U}{\partial y}\,\boldsymbol{j}+\frac{\partial U}{\partial z}\,\boldsymbol{k}\\ &= \frac{dU}{dr}\,\frac{\partial r}{\partial x}\,\boldsymbol{i}+\frac{dU}{dr}\,\frac{\partial r}{\partial y}\,\boldsymbol{j}+\frac{dU}{dr}\,\frac{\partial r}{\partial z}\,\boldsymbol{k}\\ &= \frac{dU}{dr}\cdot\frac{x\,\boldsymbol{i}+y\,\boldsymbol{j}+z\,\boldsymbol{k}}{r}=\frac{dU}{dr}\,\boldsymbol{e}_r\end{aligned} \tag{5.4}$$

これより

$$f(r)=-\frac{dU}{dr} \tag{5.5}$$

が成り立つことがわかる．中心力のポテンシャル・エネルギーは，積分

$$\int dU=-\int f(r)dr \tag{5.6}$$

により得られる．ポテンシャル・エネルギーの基準点（$U=0$ の点）の選び方に任意性がある．以上より，中心力はポテンシャル・エネルギー $U(r)$ から

$$\boldsymbol{F}=-\frac{dU}{dr}\,\boldsymbol{e}_r \tag{5.7}$$

により導かれることがわかった．

太陽のまわりをまわる惑星の運動においては，太陽の質量 M が惑星の質量 m より非常に大きい（$M\gg m$）．そのため，太陽は空間中にほとんど静止していて，そのまわりを惑星が運動する，と考えることができる．この章では，惑

星は太陽のつくる中心力の場の中を運動するとして取り扱うことにする．このとき，惑星のもつポテンシャル・エネルギーは

$$f(r) = -\frac{dU}{dr} = -\frac{GMm}{r^2} \tag{5.8}$$

より

$$U(r) = -\frac{GMm}{r} \tag{5.9}$$

で与えられる．ここでは，惑星が太陽から無限遠に離れている場合を $U = 0$ と選んでいる．

【円運動の接線・法線成分表示】 質量 m の質点が，座標原点 O からの中心力を受けながら xy 面内を運動する．時刻 t における質点の位置ベクトルは，デカルト座標系の基本ベクトル $\boldsymbol{i}$, $\boldsymbol{j}$, $\boldsymbol{k}$ を用いて $\boldsymbol{r}(t) = a\sin\omega t\,\boldsymbol{i} - 3a\cos\omega t\boldsymbol{j}$ （a, ω は正の定数）で与えられる．原点をポテンシャル・エネルギーの基準点とする．質点のポテンシャル・エネルギー $U(r)$ および力学的エネルギー E を求めてみよう．

【解】 質点の軌道は $\left(\dfrac{x}{a}\right)^2 + \left(\dfrac{y}{3a}\right)^2 = 1$ と表される楕円軌道である．$\boldsymbol{r}(t)$ を微分して，速度ベクトルおよび加速度ベクトルが

$$\boldsymbol{v} = a\omega\cos\omega t\,\boldsymbol{i} + 3a\omega\sin\omega t\,\boldsymbol{j}\,,$$

$$\boldsymbol{\alpha} = -a\omega^2\sin\omega t\,\boldsymbol{i} + 3a\omega^2\cos\omega t\,\boldsymbol{j} = -\omega^2\,\boldsymbol{r}$$

と得られる．従って，中心力は $\boldsymbol{F} = -m\omega^2\,\boldsymbol{r}$ と表される．これより

$$-\frac{dU}{dr} = -m\omega^2 r$$

となるので，積分して

$$U(r) = \frac{1}{2}m\omega^2 r^2$$

と得られる．運動エネルギー K とポテンシャル・エネルギー U を時刻 t の関数

として表すと

$$K = \frac{1}{2}ma^2\omega^2(\cos^2\omega t + 9\sin^2\omega t)\,,$$
$$U = \frac{1}{2}m\omega^2 a^2(\sin^2\omega t + 9\cos^2\omega t)$$

となる．これらより，力学的エネルギーは

$$E = K + U = 5ma^2\omega^2$$

と得られ，運動中に保存されていることがわかる．【終】

▶ **問題 5.1A**　質量 m の質点が，座標原点 O からの中心力 $\boldsymbol{F} = m\omega^2\boldsymbol{r}$ を受けながら xy 面内を運動する．ここで $\boldsymbol{r}$ は位置ベクトル，ω は正の定数である．原点をポテンシャル・エネルギーの基準点とする．デカルト座標系の基本ベクトル $\boldsymbol{i}, \boldsymbol{j}, \boldsymbol{k}$ を用いると，時刻 $t = 0$ における位置ベクトルは $a\,\boldsymbol{i}$，速度ベクトルは $v_0\boldsymbol{j}$ と表せる（a, v_0 は正の定数）．ポテンシャル・エネルギー $U(r)$，時刻 t における位置ベクトル $\boldsymbol{r}(t)$，デカルト座標を用いた軌道の式を求めよ．

▶ **問題 5.1B**　質点に働く力が，デカルト座標系の基本ベクトル $\boldsymbol{i}, \boldsymbol{j}, \boldsymbol{k}$ を用いて $\boldsymbol{F} = -a(x\,\boldsymbol{i} + y\,\boldsymbol{j} + z\,\boldsymbol{k})/(x^2 + y^2 + z^2)^{3/2}$（$a$ は正の定数）で与えられるとき，無限遠を基準としたポテンシャル・エネルギーをデカルト座標を用いて表せ．

中心力を受けた物体の運動方程式

質量 m の質点 P が原点 O からの中心力 $\boldsymbol{F} = f(r)\,\boldsymbol{e}_r$ を受けて平面運動している．運動している平面内に平面極座標をとると，質点の運動方程式は

$$m\left[\,(\,\ddot{r} - r\dot{\varphi}^2\,)\,\boldsymbol{e}_r + (\,2\dot{r}\dot{\varphi} + r\ddot{\varphi}\,)\,\boldsymbol{e}_\varphi\,\right] = f(r)\,\boldsymbol{e}_r \tag{5.10}$$

である．これを r 方向成分，φ 方向成分に分けて書くと次のようになる．

$$m\,(\,\ddot{r} - r\dot{\varphi}^2\,) = f(r)\,, \tag{5.11}$$
$$m(\,2\dot{r}\dot{\varphi} + r\ddot{\varphi}\,) = 0 \tag{5.12}$$

中心力に対する運動方程式の φ 方向成分に r/m を掛けると

$$2r\dot{r}\dot{\varphi} + r^2\ddot{\varphi} = 0 \tag{5.13}$$

となる．これを変形して

$$\frac{d}{dt}(r^2\dot{\varphi}) = 0 \qquad (5.14)$$

と書けるので，積分して

$$r^2\dot{\varphi} = h \qquad (h \text{ は定数}) \qquad (5.15)$$

が得られる．

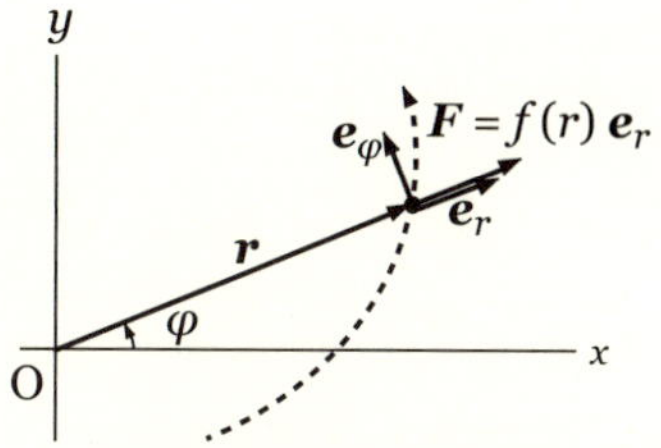

平面極座標による記述

上の結果は**ケプラーの第二法則**と同等の内容を表している．時刻 t における質点の位置を $\mathrm{P}(r, \varphi)$ とし，少し後の時刻 $t+dt$ における位置を $\mathrm{Q}(r+dr, \varphi+d\varphi)$ とする．この間に動径 OP の掃く面積は，三角形 OPQ の面積と考えてよいから，dt が無限小の極限において

$$dS = \frac{1}{2}(r+dr)\cdot r d\varphi = \frac{1}{2}r^2 d\varphi \qquad (5.16)$$

で与えられる．これより，動径が単位時間当りに掃く面積（**面積速度**）は

$$\frac{dS}{dt} = \frac{1}{2}r^2\frac{d\varphi}{dt} = \frac{h}{2} \qquad (5.17)$$

となる．すなわち，**中心力を受けた運動では面積速度が一定となる．**

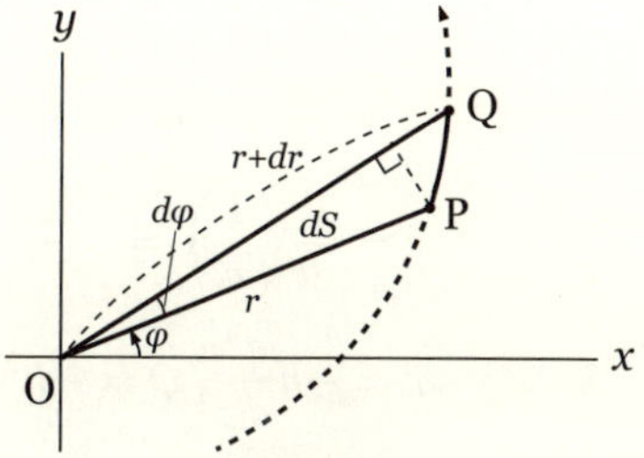

面積速度

▶ **問題 5.1C** 質量 m の質点が，座標原点 O からの中心力 $f(r)\,\boldsymbol{e}_r$ を受けながら xy 面内を運動する（$\boldsymbol{e}_r$ は動径方向の単位ベクトル）．質点の軌道は，x 軸を極軸とする平面極座標（r, φ）を用いて $r = a\sin\varphi$ と表される（$\dot{\varphi} > 0$）．面積速度の大きさを $h/2$ とするとき，$f(r)$ を m, a, h, r を用いた式で表せ（a, h は正の定数）．

5.2　万有引力を受ける天体の軌道

太陽からの万有引力を受けて運動する天体の運動方程式の r 方向成分

$$m\left(\ddot{r}-r\dot{\varphi}^2\right)=-G\frac{Mm}{r^2} \tag{5.18}$$

の両辺を m で割り，運動方程式の φ 方向成分の積分より求めた関係式 $r^2\dot{\varphi}\equiv h$ を用いて $\dot{\varphi}$ を消去すると

$$\ddot{r}-\frac{h^2}{r^3}=-\frac{GM}{r^2} \tag{5.19}$$

が得られる．これは r に関する 2 階の非線形微分方程式である．

天体の軌道 $r=r(\varphi)$ を求めるために，まず変数変換 $u\equiv 1/r$ を行い，$u=u(\varphi)$ を求めることを考える．ここで

$$\dot{\varphi}=\frac{h}{r^2}=hu^2\,, \tag{5.20}$$

$$\dot{r}=\frac{d}{dt}\left(\frac{1}{u}\right)=-\frac{1}{u^2}\,\dot{u}=-\frac{1}{u^2}\frac{du}{d\varphi}\,\dot{\varphi}=-h\frac{du}{d\varphi}\,, \tag{5.21}$$

$$\ddot{r}=-h\frac{d^2u}{d\varphi^2}\,\dot{\varphi}=-h^2u^2\frac{d^2u}{d\varphi^2} \tag{5.22}$$

と書けるので，r についての微分方程式に代入して整理すると，u の φ に関する微分方程式が次のように得られる．

$$\frac{d^2u}{d\varphi^2}+u=\frac{GM}{h^2} \tag{5.23}$$

これは線形非同次微分方程式であるから，その一般解は，同次微分方程式の一般解 $u_1=A\cos\left(\varphi-\varphi_0\right)$ と非同次微分方程式の特解 $u_2=GM/h^2$ より

$$u=A\cos\left(\varphi-\varphi_0\right)+\frac{GM}{h^2} \tag{5.24}$$

と表せる（$A,\,\varphi_0$は任意定数）．ここで，$\varphi=0$ で r が最小（u が最大）になるように，すなわち，$\varphi=0$ のとき天体が**近日点**（太陽に最も近くなる点）を通過するように解を求める．$\varphi=0$ において

$$\frac{du}{d\varphi}=-A\sin\left(\varphi-\varphi_0\right)=0\,,\qquad \frac{d^2u}{d\varphi^2}=-A\cos\left(\varphi-\varphi_0\right)\leq 0 \tag{5.25}$$

となるように $\varphi_0 = 0$, $A \geq 0$ と決定する．従って，解は次のように書ける．

$$u = \frac{GM}{h^2}\left(1 + \frac{h^2 A}{GM}\cos\varphi\right) \tag{5.26}$$

変数を u から r に戻すと**円錐曲線**の式

$$r = \frac{l}{1 + \varepsilon\cos\varphi} \qquad \left(\text{ただし } l \equiv \frac{h^2}{GM},\ \varepsilon \equiv \frac{h^2 A}{GM} \geq 0\right) \tag{5.27}$$

が，天体の軌道の式として得られる．ここで，l は半直弦，ε（イプシロン）は離心率と呼ばれる．

円錐曲線は，定点 F と定直線 L が与えられたとき，動点 P から定直線に下ろした垂線の足を Q として，距離 PF と距離 PQ の比 PF/PQ が一定値 ε になる動点の軌跡である．これは次のように作図すれば理解できる．定点 F から定直線に下ろした垂線の足を R とする．また，動点 P から FR に下ろした垂線の足を S とする．F を原点とし，FR を極軸とする平面極座標を軌道面内にとると，PF=r, ∠PFR=φ であるから

$$\mathrm{SR} = \mathrm{PQ} = \frac{r}{\varepsilon}, \quad \mathrm{FS} = r\cos\varphi \tag{5.28}$$

となる．

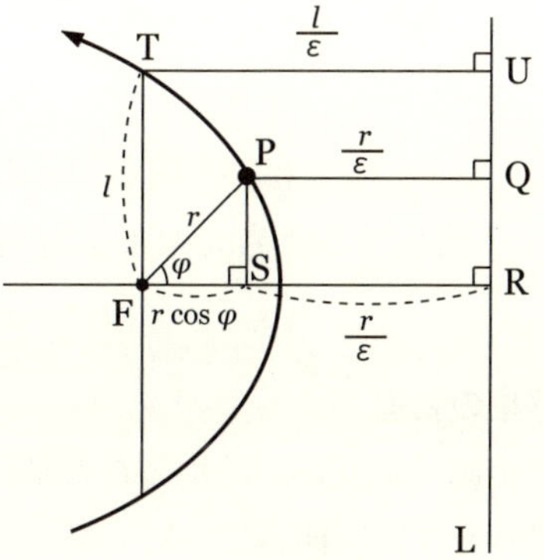

円錐曲線

他方，F から FR に立てた垂線が軌道と交わる点を T とし，T から定直線に下ろした垂線の足を U とする．このとき，TF/TU = ε である．

以上より FR=FS+SR=TU すなわち

$$r\cos\varphi + \frac{r}{\varepsilon} = \frac{l}{\epsilon} \tag{5.29}$$

の関係が成り立つ．これを変形すれば，上にあげた円錐曲線の形の式が得られる．円錐曲線は直円錐を頂点を通らない平面で切断したときに現れる切り口の曲線になっている．

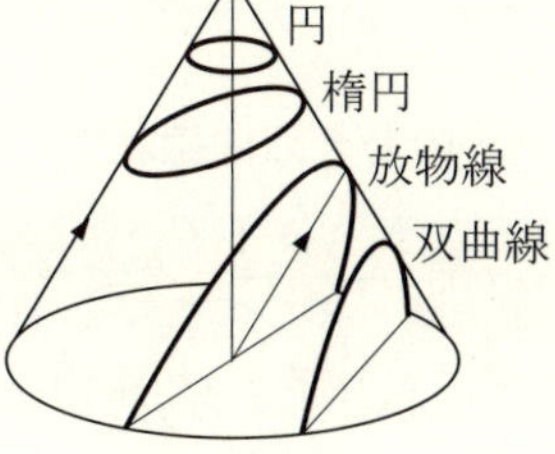

円錐の切り口

ちょうど平面が円錐の**母線**（底面の円周上の一点と頂点を結んだ線分）と平行になったとき切り口は**放物線**になる．傾きがこれより小さければ切り口は**楕円**になり，大きければ切り口は**双曲線**になる．円錐の軸に垂直な平面で切断すると切り口は**円**になる．

▶ **問題 5.2A** 質量 m の天体が，座標原点 O に静止した質量 M の太陽からの万有引力を受けて xy 面内を放物線運動している．万有引力定数を G とする．デカルト座標系の基本ベクトル $\boldsymbol{i}$, $\boldsymbol{j}$, $\boldsymbol{k}$ を用いて表すと，天体が太陽に最も近づく時刻の位置ベクトルが $r_0\,\boldsymbol{i}$，速度ベクトルが $v_0\,\boldsymbol{j}$ であった（r_0, v_0 は正の定数）．

(1) v_0 を r_0, G, M を用いた式で表せ．

(2) 天体が太陽に最も近づく点の近傍での軌道を内接円で近似するとき，その半径 R はいくらか．また，最近接点の近傍では内接円の周上を天体が運動すると考えたとき v_0 は (1) で得られた値と同じになることを示せ．

惑星の軌道

上記のように，静止した太陽からの万有引力を受けながら運動する天体の軌道を表す円錐曲線は，離心率 ε の大きさにより，次の 3 種類に分類される．

(a) $0 \leq \varepsilon < 1$ のとき**楕円軌道** (特に $\varepsilon = 0$ のとき**円軌道**)

$$\varphi = 0 \text{ のとき近日点}, \qquad \varphi = \pi \text{ のとき遠日点}$$

(b) $\varepsilon = 1$ のとき**放物線軌道**

$$\varphi \to \pi \quad \text{のとき} \quad r \to \infty$$

(c) $1 < \varepsilon$ のとき**双曲線軌道**

$$\cos\varphi \to -\frac{1}{\varepsilon} \quad \text{のとき} \quad r \to \infty$$

太陽を力の中心とする万有引力により運動する惑星の場合には，太陽のまわりを周期運動するので太陽を 1 つの焦点とする楕円軌道となる．これにより，**ケプラーの第一法則**が示されたことになる．

太陽を焦点とする放物線軌道や双曲線軌道を描いて運動する天体の場合は，遠方の地点から太陽に接近し，近日点において最近接し，その後は太陽から離れていって，二度と太陽と遭遇することがない．

楕円の性質

楕円において，$\varphi = 0$ と $\varphi = \pi$ のときの動径を加えると長半径 a の 2 倍になるから $2a = 2l/(1-\varepsilon^2)$ である．楕円上の点 P と焦点 F, F′ を線分で結ぶ．焦点 F を原点としたときの点 P の極座標を (r_1, φ_1)，焦点 F′ を原点として逆向きに極軸をとったときの点 P の極座標を (r_2, φ_2) とする．このとき，次の関係式が成り立つ．

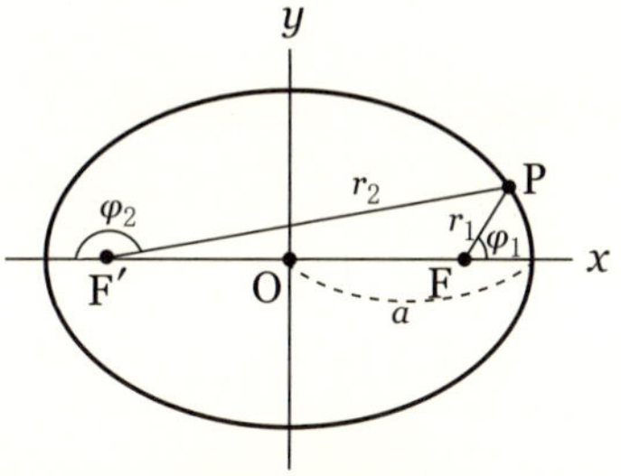

楕円と極座標

$$r_1 \sin\varphi_1 = r_2 \sin\varphi_2\,, \quad r_1 = \frac{l}{1+\varepsilon\cos\varphi_1}\,, \quad r_2 = \frac{l}{1+\varepsilon\cos\varphi_2}$$

これらの式から φ_1, φ_2 を消去して因数分解すると

$$(r_1 - r_2)\left[r_1 + r_2 + \frac{2l - r_1 - r_2}{\varepsilon^2}\right] = 0 \tag{5.30}$$

となるので

$$r_1 = r_2 \tag{5.31}$$

または

$$r_1 + r_2 = \frac{2l}{1-\varepsilon^2} \tag{5.32}$$

が成り立たなければならない．従って，点 P が楕円上のどこにあっても

$$r_1 + r_2 = 2a \tag{5.33}$$

である．

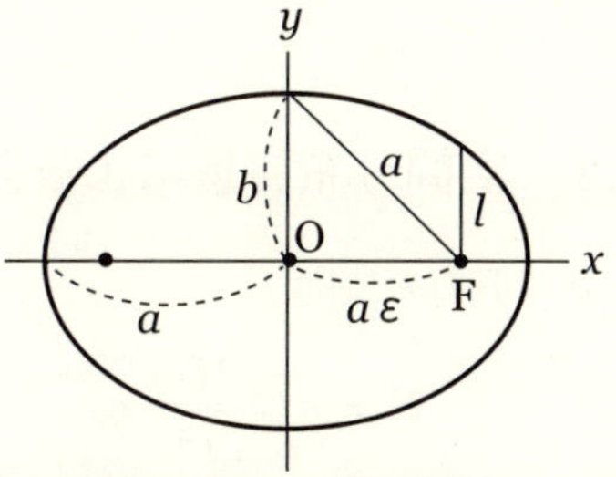

長半径・短半径と離心率

紙の上の 2 つの点（焦点になる）に糸の両端を固定して，鉛筆の先を糸に掛けてピンと張った状態で鉛筆を動かしていけば楕円が描ける．

また，楕円の中心と焦点との距離は $a\varepsilon$，短半径は $b=\sqrt{la}$ で与えられる．長半径 a，短半径 b の楕円の面積 S は

$$S = 4\int_0^a b\sqrt{1-\left(\frac{x}{a}\right)^2}dx = \pi ab \tag{5.34}$$

である．

楕円軌道における公転周期

中心力場における物体の運動の面積速度は一定 $(h/2)$ であるから，楕円運動の周期を T とすると

$$\frac{h}{2}\cdot T = \pi ab \tag{5.35}$$

の関係が成り立つ．これより，楕円運動の周期は

$$T = \frac{2\pi ab}{h} = \frac{2\pi}{h}a\sqrt{la} = \frac{2\pi\sqrt{l}}{h}\,a^{\frac{3}{2}} \tag{5.36}$$

である．ここで $l = h^2/GM$ を用いると

$$T = \frac{2\pi}{\sqrt{GM}}\,a^{\frac{3}{2}} \tag{5.37}$$

となる．これは，**ケプラーの第三法則**で述べられている内容となっている．

以上から，**ニュートンの運動の法則と万有引力の法則を用いて，ケプラーの三法則が導かれる**ことがわかった．

5.3　空間分布質量による万有引力

万有引力の法則

$$\boldsymbol{F} = -G\,\frac{Mm}{r^2}\,\boldsymbol{e}_r\,, \qquad U = -G\,\frac{Mm}{r} \tag{5.38}$$

は**2つの質点の間に働く力について述べた法則**である．それでは，大きさをもつ物体の間に働く力については，この法則は役に立たないのであろうか．実は，そのような場合にも，万有引力の法則は使えるのである．そして，そのことが，**物理学の法則自体は単純でありながら，物理学の解析手段が極めて広**

範な対象に有効であることの根拠を与えている．以下，このことに関して述べる．

空間質量分布

質量 M が半径 a の球Sの内部に一様な密度で分布しているとき，球の中心から $r\,(>a)$ だけ離れた点にある質量 m の質点Pが球Sから受ける引力を考えてみよう．球Sの中心Oと質点Pを結ぶ方向に極軸を選んだ3次元極座標を用いる．球の内部には一様な密度

$$\rho = \frac{M}{\dfrac{4\pi a^3}{3}} = \frac{3M}{4\pi a^3} \tag{5.39}$$

で質量が分布している．球の内部の点Qの極座標を $(R,\,\theta,\,\varphi)$ とする．点Q近傍の体積素片の体積は

$$dV = R^2 \sin\theta\, dR\, d\theta\, d\varphi \tag{5.40}$$

で与えられるから，この微小体積中にある質量は

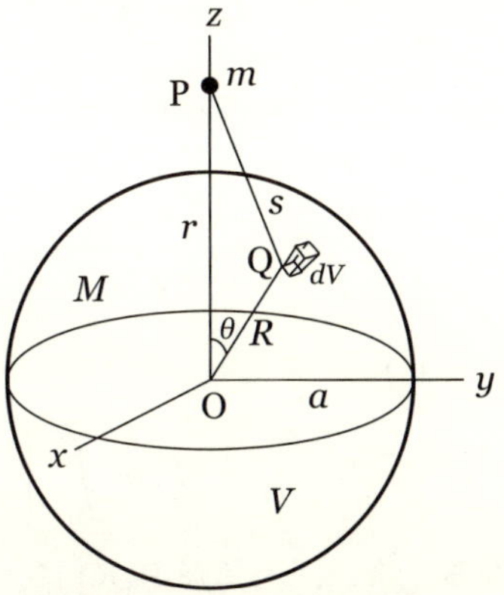

質量が一様分布している球

$$\rho\, dV = \rho R^2 \sin\theta\, dR\, d\theta\, d\varphi \tag{5.41}$$

となる．

このように，球全体を3次元極座標の微小体積に分割する．**この分割を限りなく細かく行う極限において質量 $\rho\, dV$ をもった体積素片 dV を質点と見なしうると考える．**つまり，連続的な質量分布をもつ物体を無数の質点の集まりと見なすわけである．これにより，任意の微小体積 dV と質点Pの間に働く力に対して，質点間に働く万有引力の法則が適用できるようになる．

点Qの位置の体積素片 dV による質点Pの微小なポテンシャル・エネルギー dU は，体積素片 dV と質点Pとの距離を s とすると

$$dU = -G\,\frac{\rho\, dV \cdot m}{s} \tag{5.42}$$

と表せる．球全体による質点 P のポテンシャル・エネルギーは，dU を球全体について足し合わせて

$$U = \int_V dU = -\int_V G\,\frac{\rho\,dV \cdot m}{s} = -G\rho\,m\int_V \frac{dV}{s} \tag{5.43}$$

と書ける．ここで，記号 $\int_V [\quad]dV$ は球の体積 V にわたる和をとる，という意味である．体積 dV に具体的表式を代入すると

$$U = -G\rho\,m\int_0^a \left[\int_0^\pi \left(\int_0^{2\pi} \frac{\sin\theta}{s}d\varphi\right)d\theta\right]R^2 dR \tag{5.44}$$

となる．右辺の**三重積分**において R と θ を固定したとき，s は φ によって変わらないから

$$\int_0^{2\pi} \frac{\sin\theta}{s}d\varphi = \frac{2\pi\sin\theta}{s} \tag{5.45}$$

と計算され

$$U = -2\pi G\rho\,m\int_0^a \left[\int_0^\pi \frac{\sin\theta}{s}d\theta\right]R^2 dR \tag{5.46}$$

となる．次に，三角形 POQ に，第二余弦定理を適用して

$$s^2 = r^2 + R^2 - 2rR\cos\theta \tag{5.47}$$

の関係が得られる．これを θ で微分して

$$2s\,\frac{ds}{d\theta} = 2rR\sin\theta \tag{5.48}$$

となるから

$$\frac{\sin\theta\,d\theta}{s} = \frac{1}{rR}\cdot ds \tag{5.49}$$

である．θ から s への変数変換の区間両端において

$$\theta = 0 \text{ のとき } s = r - R, \qquad \theta = \pi \text{ のとき } s = r + R$$

であり，この間では単調に変化する．また，θ から s へ変数変換した積分において R は固定されているから

$$\int_0^\pi \frac{\sin\theta}{s}d\theta = \int_{r-R}^{r+R} \frac{1}{rR}ds = \frac{1}{rR}\int_{r-R}^{r+R} ds = \frac{2}{r} \tag{5.50}$$

となり

$$U = -2\pi G\rho\, m \int_0^a \frac{2}{r} R^2 dR = -\frac{4\pi G\rho\, m}{r} \int_0^a R^2 dR \tag{5.51}$$

と計算できる．最後に，R の積分を実行し，ρ に具体的表式を代入すると

$$U = -\frac{GMm}{r} \qquad (r > a) \tag{5.52}$$

と得られる．この結果は，球の外側にある質点 P のポテンシャル・エネルギーは，球の中心 O に球の全質量 M が集まって一個の質点になったと仮想的に考えたときの質点 P のポテンシャル・エネルギーに等しい，ということを表している．これより，質点 P が球 S から受ける万有引力は

$$\begin{aligned} \boldsymbol{F} &= -\nabla U = -\frac{dU}{dr}\boldsymbol{e}_r \\ &= -\frac{GMm}{r^2}\boldsymbol{e}_r \end{aligned} \tag{5.53}$$

と計算される．

上で扱った例のように，有限な体積（あるいは面積，もしくは線の長さ）にわたって連続的に質量が分布している場合に，それが他の質点 P と及ぼしあう万有引力を計算するには，その物体を素片に分割し，個々の素片に乗っている質量を質点と見なして他の質点 P との万有引力を計算し，それらの微小な力（もしくはポテンシャル・エネルギー）を，元の体積にわたって積分計算により足し合わせてやればよい．

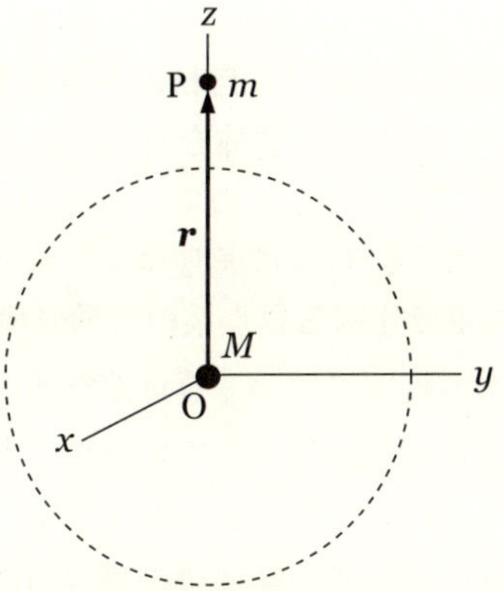

球の外部領域における中心力場

▶ **問題 5.3A** Oxy 平面内において，点 A(a, 0) と B(a, $a\tan\beta$) を両端とする棒 AB に質量 M が一様に分布している（a, β は正の定数）．原点 O には質量 m の質点がある．棒が質点におよぼす万有引力の大きさ F と，万有引力が x 軸正方向となす角度 θ を求めよ．

5.4 角運動量

角運動量と中心力

物体の運動は，一般に，並進運動と回転運動が組み合わさった形でおこる．**並進運動**は，ある瞬間の物体の直線的運動であり，**運動量** $\boldsymbol{p} \equiv m\boldsymbol{v}$ で特徴づけられる．

他方，**回転運動**は 2 種類に分けられる．ひとつは，ある瞬間において空間内のある点の周りにどれ位の回転運動をしているかというもので，**角運動量** $\boldsymbol{L}$ により特徴づけられる．もうひとつの回転運動は，物体が自分自身の内部の点（第 6 章で定義される重心）のまわりにどれくらい回転運動しているかという量で，**自転の角運動量**により特徴づけられる．物体を質点とみなす場合は，大きさをもたないので，自転の角運動量は考えない．自転の角運動量については，第 6, 7 章で述べる質点系の力学で検討する．

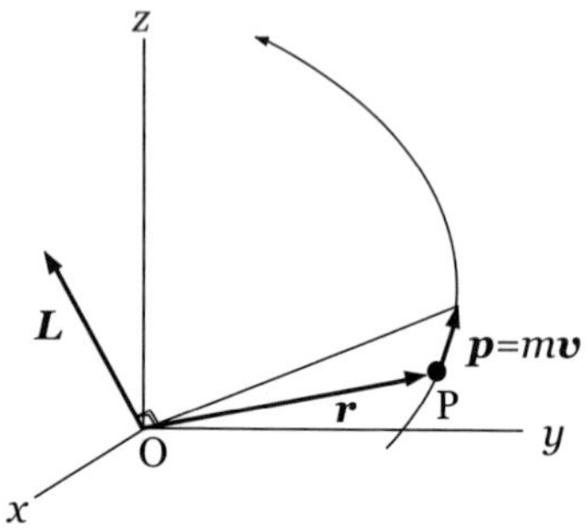

点Oの周りの回転運動

ある瞬間において質点が空間内のある点（**回転の中心**と呼ぶ）のまわりにどれ位の回転運動をしているか，ということを調べてみよう．このとき，回転の中心は任意に選べる． 同じ運動であっても，**どの点のまわりの回転運動を考えるかによって回転運動の量（角運動量）は異なってくる**ので，回転の中心の位置を明確にして議論する必要がある．ここでは，原点 O のまわりの回転運動を調べることにする．時刻 t において質点の位置ベクトルが $\boldsymbol{r}$，運動量ベクトルが $\boldsymbol{p}\,(= m\boldsymbol{v})$ と表されている．このとき，**原点 O のまわりの回転運動を特徴づける量**として，角運動量ベクトルを次のように定義する．

$$\boldsymbol{L} \equiv \boldsymbol{r} \times \boldsymbol{p} \tag{5.54}$$

このベクトルは，$\boldsymbol{r}$ の向きから $\boldsymbol{p}$ の向きへ（π を超えないほうの角度で）右ねじを回したときにねじの進む方向を向いていて，その大きさ L は 2 つのベクトルのなす角を $\theta\ (0 \leq \theta \leq \pi)$ とすると $L = r\,p\sin\theta$ である．

角運動量の大きさは次のような量として理解できる．運動量 $\boldsymbol{p}$ の方向を向いた直線に回転の中心 O から垂線を下ろし，その足を点 H とする．$\mathrm{OH} = r\sin\theta$ であるから，これと運動量の大きさ p を掛け合わせたものが，角運動量の大きさ L である．

これより，**回転の中心からより遠い直線上をより大きな運動量で運動するほど回転運動が大きい**といえる．角運動量ベクトルは次のようにも書ける．

$$\boldsymbol{L} = m\boldsymbol{r} \times \boldsymbol{v} \tag{5.55}$$

成分で表せば

$$L_x = m(yv_z - zv_y)\,, \tag{5.56}$$

$$L_y = m(zv_x - xv_z)\,, \tag{5.57}$$

$$L_z = m(xv_y - yv_x) \tag{5.58}$$

である．

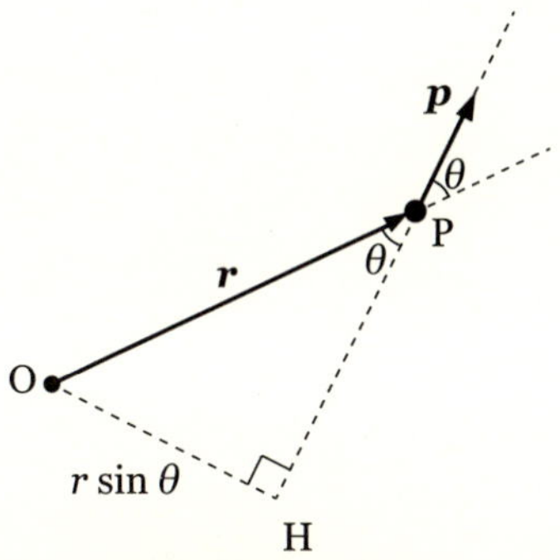

角運動量の大きさ

角運動量の時間的変化

ある時刻での質点の並進運動の時間的変化を記述する方程式は，ニュートンの運動方程式で与えられる．

$$\frac{d\boldsymbol{p}}{dt} = \boldsymbol{F} \tag{5.59}$$

これに対応すべき質点の回転運動の時間的変化を記述する方程式は，どのようなものであろうか．点 O のまわりの角運動量ベクトルの時間的変化率を計算してみると

$$\frac{d\boldsymbol{L}}{dt} = \frac{d}{dt}(\boldsymbol{r} \times \boldsymbol{p}) = \boldsymbol{v} \times \boldsymbol{p} + \boldsymbol{r} \times \boldsymbol{F} = \boldsymbol{r} \times \boldsymbol{F} \tag{5.60}$$

が得られる．ここで，右辺の量を

$$\boldsymbol{N} \equiv \boldsymbol{r} \times \boldsymbol{F} \tag{5.61}$$

とおいて，**点 O のまわりの力のモーメント・ベクトル**と呼ぶ．このとき得られた方程式

$$\frac{d\boldsymbol{L}}{dt} = \boldsymbol{N} \tag{5.62}$$

は，**回転運動の時間的変化を記述する微分方程式**であり，並進運動を記述するニュートンの運動方程式に対応するものである．直線運動の状態を変える原因が質点に及ぼされる力 $\boldsymbol{F}$ であったのに対し，回転運動の状態を変える原因となるのが質点に及ぼされる力のモーメント・ベクトル $\boldsymbol{N}$ である．

点Oのまわりの力のモーメント・ベクトルは，$\boldsymbol{r}$ の向きから $\boldsymbol{F}$ の向きへ右ねじを（π を超えないほうの角度で）回したときねじの進む方向を向いていて，その大きさ N は2つのベクトルのなす角を θ' $(0 \leq \theta' \leq \pi)$ とすると

$$N = rF\sin\theta' \tag{5.63}$$

と書ける．

力のモーメント・ベクトルの大きさは，次のような量として理解できる．力 $\boldsymbol{F}$ の方向を向いた直線に，回転の中心Oから垂線を下ろし，その足を点Gとする．垂線の長さは $\mathrm{OG} = r\sin\theta'$ であるから，これと質点に及ぼされる力の大きさ F を掛け合わせたものが，力のモーメントの大きさ N である．これより，**回転の中心からより遠い直線上をより大きな力で作用を受けているほど，回転運動を変える働きが大きい**といえる．

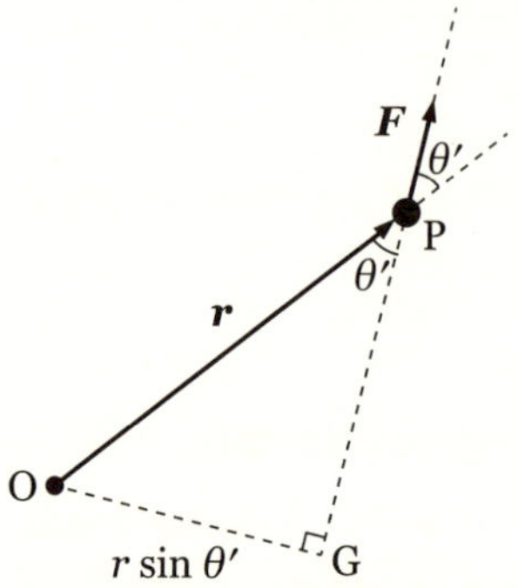

力のモーメントの大きさ

質点の回転運動の状態の変化率は，質点に及ぼされる力のモーメント・ベクトルで決定される．もし，質点に及ぼされる力のモーメント・ベクトルが $\mathbf{0}$ となれば

$$\frac{d\boldsymbol{L}}{dt} = \boldsymbol{N} = \mathbf{0} \qquad \text{より} \qquad \boldsymbol{L} = \text{一定} \tag{5.64}$$

である．このように，

> **質点に及ぼされる力のモーメント・ベクトルが $\mathbf{0}$ であれば，運動中に質点の角運動量が一定に保たれる．**

これを，**角運動量保存の法則**という．

中心力場における角運動量

中心力を受けて運動する質点の回転運動を考える．原点のまわりの力のモーメント・ベクトルは

$$\boldsymbol{N} = \boldsymbol{r} \times \boldsymbol{F} = (r\,\boldsymbol{e}_r) \times (f\,\boldsymbol{e}_r) = rf\,(\boldsymbol{e}_r \times \boldsymbol{e}_r) = \boldsymbol{0} \tag{5.65}$$

となって消える．**中心力を受けて運動する質点の，力の中心のまわりの角運動量 $\boldsymbol{L}$ は保存する．**

$\boldsymbol{L} = \boldsymbol{r} \times \boldsymbol{p}$ だから，位置ベクトル $\boldsymbol{r}$ は時間的に一定なベクトル $\boldsymbol{L}$ に垂直な平面内のベクトルである．すなわち，**中心力を受けて運動する質点は平面運動をする．**特に，$\boldsymbol{L} = \boldsymbol{0}$ のときは，$\boldsymbol{r} \times \boldsymbol{v} = \boldsymbol{0}$ だから，$\boldsymbol{r}$ と $\boldsymbol{v}$ は平行になる．これは，**質点が力の中心を通る直線上を運動する**ことを意味している．

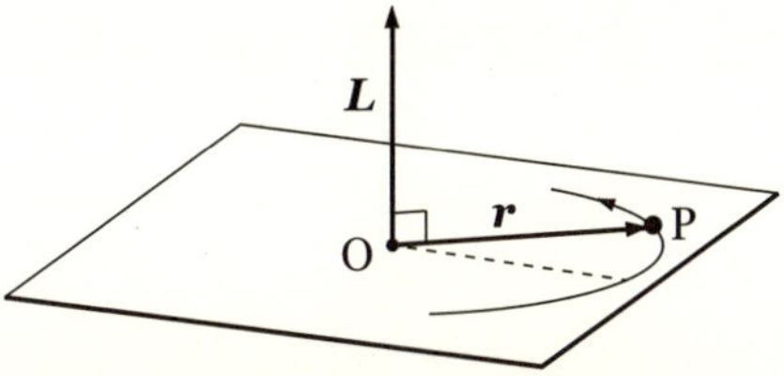

中心力を受けた平面運動

平面運動における角運動量

質点が平面運動している場合の角運動量の表式を，平面極座標を用いて表すことを考えてみる．

いま，質点の運動平面内に xy 座標軸を，平面に垂直方向に z 座標軸を選び，x 軸を極軸とする平面極座標 (r, φ) を xy 平面内にとる．原点 O のまわりの回転運動について調べてみる．

平面極座標を用いて

$$\boldsymbol{r} = r\,\boldsymbol{e}_r\,, \tag{5.66}$$

$$\boldsymbol{v} = \dot{r}\,\boldsymbol{e}_r + r\dot{\varphi}\,\boldsymbol{e}_\varphi\,, \tag{5.67}$$

$$\boldsymbol{p} = m(\,\dot{r}\,\boldsymbol{e}_r + r\dot{\varphi}\,\boldsymbol{e}_\varphi) \tag{5.68}$$

と書けるので，原点 O のまわりの角運動量は

$$\boldsymbol{L} = r\boldsymbol{e}_r \times m(\,\dot{r}\,\boldsymbol{e}_r + r\dot{\varphi}\,\boldsymbol{e}_\varphi) = mr^2\dot{\varphi}\,\boldsymbol{k} \tag{5.69}$$

と計算される．ここで $\boldsymbol{k}$ は z 軸正方向の単位ベクトルである．

角運動量ベクトル $\boldsymbol{L} \equiv L\boldsymbol{k}$ は，xy 面内を反時計まわりに運動するとき ($\dot{\varphi} > 0$) は z 軸正方向を向いたベクトルとなり，時計まわりに運動するとき ($\dot{\varphi} < 0$) は z 軸負方向を向いたベクトルとなる．いずれの場合も，大きさは $|L| = |mr^2\dot{\varphi}|$ で与えられる．

例として，xy 面内にある半径 a の円周（原点 O を中心）上を反時計まわりに角速度の大きさ ω で等速円運動する質点を考えると，原点 O のまわりの角運動量ベクトルは z 軸正方向を向き，大きさは $r = a$, $\dot{\varphi} = \omega\,(> 0)$ より $L = ma^2\omega$ となる．

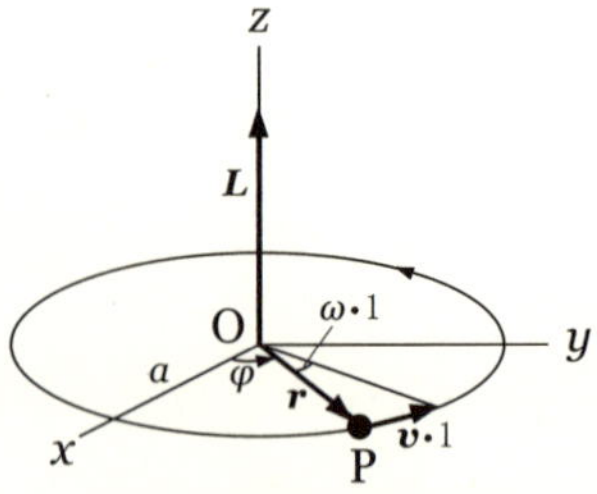

等速円運動する質点の角運動量

xy 平面内での反時計まわり ($\dot{\varphi} > 0$) の運動を考える．動径の掃く面積速度は

$$\frac{dS}{dt} = \frac{r^2\dot{\varphi}}{2} = \frac{h}{2} \tag{5.70}$$

であるから，角運動量 L と次の関係にある．

$$L = mr^2\dot{\varphi} = 2m\frac{dS}{dt} = mh \tag{5.71}$$

中心力を受けて運動する質点において，**面積速度が一定となるということと，力の中心のまわりの角運動量が保存されるということは，同じ内容（$L = mh =$ 一定）を表していることがわかる．**

原点 O からの中心力 $\boldsymbol{F} = f(r)\,\boldsymbol{e}_r$ を受けて運動する質点の運動方程式は，運動平面内にとった平面極座標を用いて

$$m(\ddot{r} - r\dot{\varphi}^2) = f(r)\,, \tag{5.72}$$

$$m(2\dot{r}\dot{\varphi} + r\ddot{\varphi}) = 0 \tag{5.73}$$

と表せることはすでに述べた．運動方程式の φ 成分に r を掛けて変形すると

$$\frac{d}{dt}(mr^2\dot{\varphi}) = \frac{dL}{dt} = 0 \tag{5.74}$$

となり，積分すると L=一定 である．すなわち，**中心力を受けて運動する質点の運動方程式の φ 成分を 1 回積分すると，角運動量保存の法則を表す式になる．**

次に，$\dot{\varphi} = L/mr^2$ を運動方程式の r 成分に代入すると

$$m\ddot{r} - \frac{L^2}{mr^3} = f(r) \tag{5.75}$$

となる．L は定数であるから，この式は r に関する微分方程式となっている．これを 1 回積分するとエネルギー保存の法則が得られる．

このことを確かめるために，逆に，**エネルギー保存の法則を時間で 1 回微分すると上の運動方程式が得られる**ことを，示してみる．エネルギー保存の法則

$$\frac{m}{2}v^2 + U = E \tag{5.76}$$

は次のように変形できる．

$$\begin{aligned}
&\frac{m}{2}(\dot{r}^2 + r^2\dot{\varphi}^2) + U = E \\
&\to \quad \frac{m}{2}\dot{r}^2 + \frac{mr^2}{2}\left(\frac{L}{mr^2}\right)^2 + U = E \\
&\to \quad \frac{m}{2}\dot{r}^2 + \frac{L^2}{2mr^2} + U(r) = E
\end{aligned} \tag{5.77}$$

この最後の式を時間で微分して，$\dot{r}$ で割れば，上の運動方程式が得られることがわかる．すなわち，**角運動量保存の法則を利用しつつ，中心力を受けて運動する質点の運動方程式の r 成分を 1 回積分すると，エネルギー保存の法則を表す式になる．**

エネルギー保存の法則から

$$\frac{m}{2}v^2 = E - U(r) \geq 0 \quad \to \quad E \geq U(r) \tag{5.78}$$

が運動可能な r の領域に対する必要条件となっているが，今の場合さらに厳しい条件が r に対して必要となることを以下に示す．

エネルギー保存の法則

$$\frac{m}{2}\dot{r}^2 + \frac{L^2}{2mr^2} + U(r) = E \tag{5.79}$$

において，

$$U_{\mathrm{e}}(r) \equiv \frac{L^2}{2mr^2} + U(r) \tag{5.80}$$

とおく．$U_{\mathrm{e}}(r)$ は**有効ポテンシャル (Effective potential)** と呼ばれる．このとき，エネルギー保存の法則は

$$\frac{m}{2}\dot{r}^2 + U_{\mathrm{e}}(r) = E \tag{5.81}$$

と書ける．この式は，座標 $r(t)$ の運動が，$U_{\mathrm{e}}(r)$ をポテンシャルとする 1 次元運動であるように考えて解析できることを示している．上式より

$$\frac{m}{2}\dot{r}^2 = E - U_{\mathrm{e}}(r) \geq 0$$
$$\to \ E \geq U_{\mathrm{e}} \tag{5.82}$$

となるので，運動可能な r の領域においては，この条件と条件 $E \geq U$ の両方を満たす必要がある．実際には，条件 $E \geq U_{\mathrm{e}}$ の方がより狭い範囲に r を限定することになる．

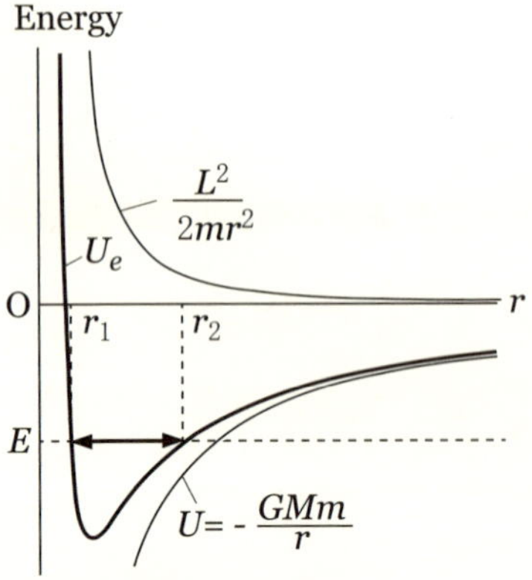

万有引力に対する有効ポテンシャル

例として，万有引力ポテンシャルの場合を調べてみる．

$$U_{\mathrm{e}}(r) = \frac{L^2}{2mr^2} - \frac{GMm}{r} \tag{5.83}$$

であるから，r が小さい領域では $L^2/2mr^2$ の項（**遠心力項**と呼ばれる）が支配的であり，r が大きい領域では $-GMm/r$ の項（万有引力項）が支配的である．横軸に r，縦軸にエネルギーをとって，$U_{\mathrm{e}}(r)$ のグラフを描いてみると，r が小さくなると $L^2/2mr^2$ に漸近し，r が大きくなると $-GMm/r$ に漸近しつつ 0 に近づいていく．2 つの項の大きさが近い中間の r の領域では，$U_{\mathrm{e}}(r)$ は負の側で極小値をもつ．

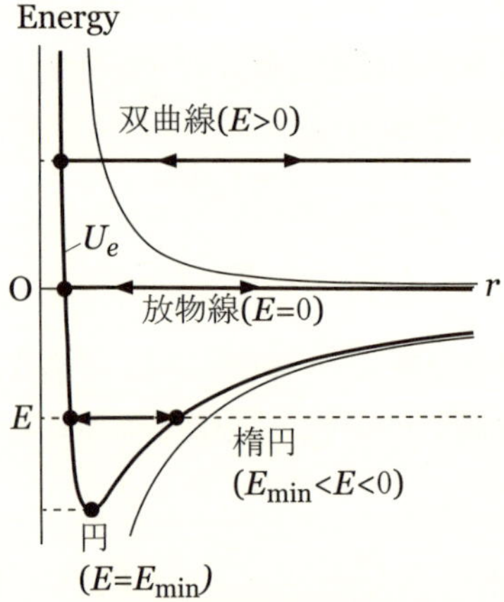

天体のエネルギーによる運動の違い

質点のエネルギー値 E を与えると，その値に応じて $E = U_\mathrm{e}$ となる点が決まる．エネルギー E が U_e の極小値より大きいが負である値をもつときには，$E = U_\mathrm{e}$ となる点は 2 つ現れる．そのときの r の値を r_1 と r_2 $(r_1 < r_2)$ とすれば，r に関して運動可能な領域は $r_1 \leq r \leq r_2$ となる．質点は，r 座標をこの範囲で変えつつ角度的にも変化していく．従って，運動平面内にある原点 O を中心とする半径 r_1 と半径 r_2 の 2 つの円で挟まれた領域を運動することになる．この運動は，すでに述べたように**楕円運動**になる．$r = r_1$ のときが**近日点**，$r = r_2$ のときが**遠日点**になっている．

エネルギー E が取り得る最小値のとき（E が U_e の極小値に等しいとき），$r_1 = r_2$ となって 2 つの交点は重なり，常に $r = r_1$ である**円運動**になる．

エネルギー $E = 0$ のときは，$E = U_e$ となる点は r_1 だけとなり，r_2 は無限大になってしまう．このとき軌道は**放物線**になる．運動可能な領域は $r_1 \leq r$ である．質点は無限遠方から放物線軌道上を運動して太陽に近づき，近日点 $r = r_1$ で太陽に最も接近して，その後は無限遠方まで去っていく．

エネルギー $E > 0$ のときも，$E = U_e$ となる点は r_1 の 1 つしか現れない．このとき軌道は**双曲線**になる．運動可能な領域は $r_1 \leq r$ である．この場合にも，質点は近日点 $r = r_1$ で太陽に最も接近し，その後は無限遠方まで去っていく．

このように，質点に与えるエネルギー E によって，その軌道が変わることがわかる．負のエネルギーでは，太陽に捕らえられて，そのまわりを周期運動する．0 以上のエネルギーをもっていれば，太陽からの引力に打ち勝って無限遠方に向かって飛び去っていくことができる．

また，質点のもつ角運動量 L が大きくなると $L^2/2mr^2$ の項が大きくなるために，有効ポテンシャルはエネルギーの正の側へ向かってずれていき，$E = U_e$ となる点もずれることになる．そのため，近日点は太陽から遠ざかる方向に移動し，遠日点は太陽に近づく方向に移動する．楕円軌道の場合に，角運動量の大きさが変わってもその長半径 a は角運動量の大きさ L によらずエネルギー E だけで決まる．

【中心力と力学的エネルギー】 質量 m の質点が座標原点 O からの中心力 $f(r)\,\boldsymbol{e}_r$ を受けて xy 平面内を運動している．ここで $\boldsymbol{e}_r$ は x 軸正方向を極軸としてこの

平面内にとった極座標 (r, φ) の動径方向の基本ベクトルである．質点の軌道は $r = a/\sqrt{1 + \cos^2\varphi}$ で与えられる（ a は正の定数；$\dot{\varphi} > 0$ ）．時刻 $t = 0$ のとき，質点は x 軸上の $x > 0$ の点にあり，速さが $v_0(> 0)$ であった．原点をポテンシャル · エネルギーの基準点とする．$f(r)$ および質点の力学的エネルギー E を求めてみよう．

【解】質点の軌道をデカルト座標で表すと

$$\left(\frac{x}{\frac{a}{\sqrt{2}}}\right)^2 + \left(\frac{y}{a}\right)^2 = 1$$

となり，楕円軌道であることがわかる．x 軸上 $(x > 0)$ にあるとき速度は y 軸正方向を向いているので，原点のまわりの角運動量の大きさは

$$L = mr^2\dot{\varphi} = \frac{mav_0}{\sqrt{2}}$$

である．従って，軌道上で

$$\dot{\varphi} = \frac{av_0}{\sqrt{2}r^2}$$

となる．

この関係を利用して $\dot{r}, \ddot{r}$ を計算すると $f(r)$ は

$$f(r) = m\ddot{r} - \frac{L^2}{mr^3} = -\frac{mv_0^2}{a^2}r$$

と得られる．ポテンシャル · エネルギーは

$$U = \frac{mv_0^2}{2a^2}r^2$$

となる．中心力のため力学的エネルギーは保存するので，$\varphi = 0$ の点で計算すると

$$E = \frac{mv_0^2}{2} + \frac{mv_0^2}{2a^2}\left(\frac{a}{\sqrt{2}}\right)^2 = \frac{3}{4}mv_0^2$$

と求まる．【終】

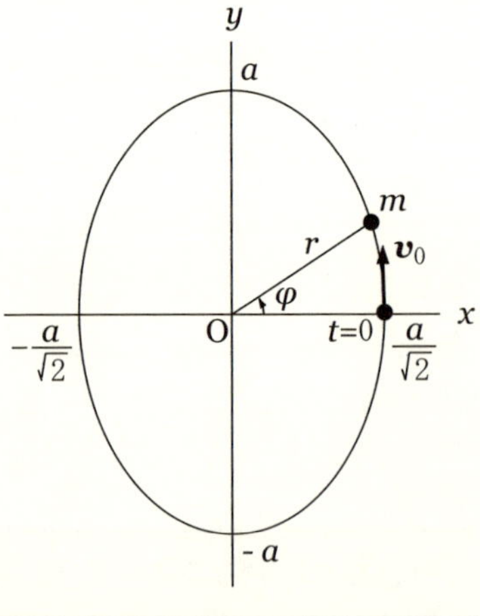

▶ **問題 5.4A** 質量 m の質点が，座標原点からの中心力を受けて平面運動している．質点のポテンシャル・エネルギーは，原点からの距離を r として $U=-k/r$ で与えられる（k は正の定数）．質点の力学的エネルギー E が負であるとき描く楕円軌道の長半径を求めよ．

▶ **問題 5.4B** 質量 m の質点が，座標原点からの中心力を受けて円運動している．質点のポテンシャル・エネルギーは，原点からの距離を r として $U=k\sqrt{r}$ で与えられる（k は正の定数）．原点のまわりの角運動量の大きさを L とする．円軌道の半径を求めよ．

距離の 2 乗に反比例した斥力を受ける質点の運動

質量 m の質点が斥力ポテンシャル

$$U(r)=\frac{k}{r} \qquad (k\text{ は正の定数}) \tag{5.84}$$

による中心力を受けて平面運動している場合を考えてみる．この運動において $\dot{\varphi}>0$ とすると $r^2\dot{\varphi}=h$ より $h>0$ である．万有引力を受けた運動と同様な計算により，運動方程式の一般解は

$$u=\frac{1}{r}=A\cos(\varphi-\varphi_0)-\frac{k}{mh^2} \qquad (\,A(>0),\,\varphi_0\text{は定数}\,) \tag{5.85}$$

と表せる．$\varphi=0$ のとき r が最小となるとすると $\varphi_0=0$ となるので

$$r=-\frac{l}{1-\varepsilon\cos\varphi} \qquad \left(\text{ただし } l\equiv\frac{mh^2}{k},\ \varepsilon\equiv lA\right) \tag{5.86}$$

と書ける．

質点の力学的エネルギーは

$$E=\frac{k^2}{2mh^2}(\varepsilon^2-1) \tag{5.87}$$

と表されるが，$E>0$ となるので $\varepsilon>1$ である．軌道の式は双曲線を表しているが，万有引力の場合と異なり，質点は双曲線の漸近線どうしの交点に関して力の中心と反対側にある曲線上を運動する．力の中心から無限遠方にあるとき質点が速さ v_0 であったとする．このとき，力の中心のまわりの角運動量の大きき

さは $L = bmv_0$，力学的エネルギーは $mv_0^2/2$ である．漸近線と極軸とのなす角を $\Phi/2$ とおくと

$$\cos\frac{\Phi}{2} = \frac{1}{\varepsilon} \tag{5.88}$$

である．

質点は無限遠方から力の中心に近づいて，距離 $l/(\varepsilon - 1)$ のとき最接近し，その後は双曲線軌道上を遠方に向かって運動していく．このとき，無限遠方から近づく方向から無限遠方に離れていく方向へ，進行方向が角度 $\Theta(=\pi - \Phi)$ だけ曲げられることになる．この角度は**散乱角**と呼ばれる．

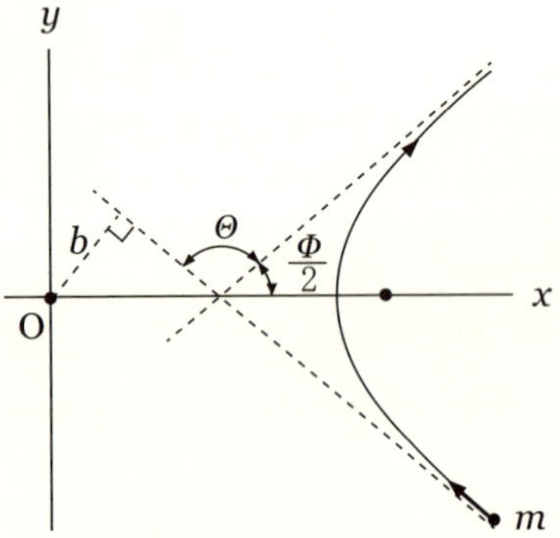

中心力による散乱

この運動は，例えば，原点に質量の大きな正電荷が置かれていて遠方から質量の小さな正電荷が近づいてくるようなときに電荷間のクーロン斥力で散乱される場合に相当している．金属内の原子核による α 線（ヘリウム原子核）の散乱は**ラザフォード散乱**と呼ばれる．

6　質点系の運動

前章まで，1 個の物体が力を受けて運動する場合について，物体を大きさをもたない質点とみなし，その運動法則を調べてきた．この章では，質点が 2 個以上集まってできた系（**質点系**と呼ぶ）の運動法則がどのようなものであるかを調べていく．これまで明らかにされた 1 個の質点の運動に対する法則を，複数の質点の 1 個 1 個に適用することにより，質点系全体を特徴づける物理量の時間的変化についての法則（**質点系の力学**）を導くことができる．

6.1　質点系の運動を特徴づける物理量

系全体を特徴づける物理量

N 個の質点からなる集団の運動を考える．質点を区別するため，各質点に番号を 1 番から N 番まで付けて取り扱うことにする．

i 番目の質点の質量を m_i，位置ベクトルを $\boldsymbol{r}_i$，運動量を $\boldsymbol{p}_i$，原点のまわりの角運動量を $\boldsymbol{L}_i$ とする．質点系の外部から i 番目の質点に及ぼされる力（**外力**と呼ぶ）を $\boldsymbol{F}_i$ とする．また，質点系の内部の k 番目の質点が i 番目の質点に及ぼす力（**内力**と呼ぶ）を $\boldsymbol{F}_{ki}$ とする．質点系の i 番目の質点には，外力および自分自身を除いた他の全ての質点からの内力が働くから，i 番目の質点に働く合力は

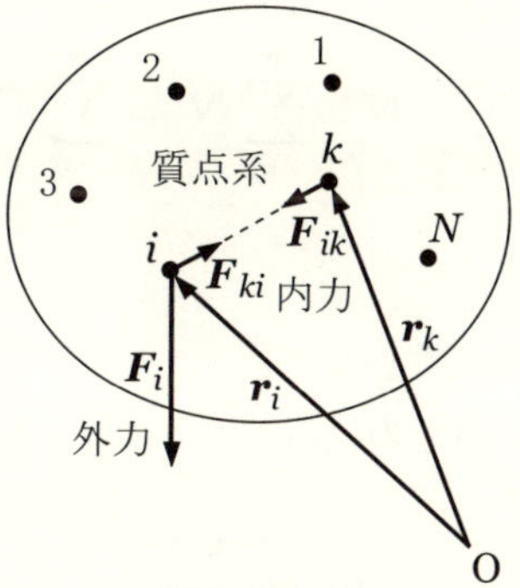

外力と内力

$$\boldsymbol{F}_i + \sum_{k=1(k\neq i)}^{N} \boldsymbol{F}_{ki} \tag{6.1}$$

と書ける．ここで Σ 記号は $k=i$ の項を除いて和をとっている．

内力については，次の性質が成り立つ $(i,\, k = 1,\, 2, \ldots,\, N)$．

(i) 作用・反作用の法則より $\boldsymbol{F}_{ki} = -\boldsymbol{F}_{ik}$

(ii) 質点は自分自身に作用しないので $\boldsymbol{F}_{ii} = \boldsymbol{0}$

(iii) 内力は作用・反作用の対で打ち消し合うから $\displaystyle\sum_{k=1}^{N}\sum_{i=1}^{N}\boldsymbol{F}_{ki}=\boldsymbol{0}$

(iv) $(\boldsymbol{r}_k-\boldsymbol{r}_i)$ と $\boldsymbol{F}_{ki}$ は平行なので $(\boldsymbol{r}_k-\boldsymbol{r}_i)\times\boldsymbol{F}_{ki}=\boldsymbol{0}$

(v) (iv) より $\boldsymbol{r}_k\times\boldsymbol{F}_{ki}=\boldsymbol{r}_i\times\boldsymbol{F}_{ki}$

(ii) より，i 番目の質点に働く合力は，$\boldsymbol{0}$ となる $\boldsymbol{F}_{ii}$ も含めて $\boldsymbol{F}_i+\displaystyle\sum_{k=1}^{N}\boldsymbol{F}_{ki}$ と書いてもよい．

質点系全体を特徴づける量として，**全運動量ベクトル** $\boldsymbol{P}$，**原点のまわりの全角運動量ベクトル** $\boldsymbol{L}$，**原点のまわりの全外力のモーメント・ベクトル** $\boldsymbol{N}$ を，個々の粒子に関する量を重ね合わせて次のように定義する．

$$\boldsymbol{P}\equiv\sum_{i=1}^{N}\boldsymbol{p}_i\,, \tag{6.2}$$

$$\boldsymbol{L}\equiv\sum_{i=1}^{N}\boldsymbol{L}_i=\sum_{i=1}^{N}\boldsymbol{r}_i\times\boldsymbol{p}_i\,, \tag{6.3}$$

$$\boldsymbol{N}\equiv\sum_{i=1}^{N}\boldsymbol{N}_i=\sum_{i=1}^{N}\boldsymbol{r}_i\times\boldsymbol{F}_i \tag{6.4}$$

質点系の重心

系の**重心**の位置ベクトル $\boldsymbol{r}_{\mathrm{G}}$ を次のように定義する．

$$\boldsymbol{r}_{\mathrm{G}}\equiv\frac{1}{M}\sum_{i=1}^{N}m_i\boldsymbol{r}_i\qquad\left(\text{ただし}\ M\equiv\sum_{i=1}^{N}m_i\right) \tag{6.5}$$

M は系の**全質量**である．これをデカルト座標成分で表せば

$$x_{\mathrm{G}}=\frac{1}{M}\sum_{i=1}^{N}m_ix_i\,, \tag{6.6}$$

$$y_{\mathrm{G}}=\frac{1}{M}\sum_{i=1}^{N}m_iy_i\,, \tag{6.7}$$

$$z_{\mathrm{G}}=\frac{1}{M}\sum_{i=1}^{N}m_iz_i \tag{6.8}$$

となる．**重心は，大きさをもつ物体の質量分布の中心である．**

例えば，質量 m_1 の質点 Q の位置ベクトルが $\boldsymbol{r}_1$，質量 m_2 の質点 P の位置ベクトルが $\boldsymbol{r}_2$ である 2 粒子系を考えてみる．このとき，2 つの質点からなる質点系の重心 G の位置ベクトルは

$$\boldsymbol{r}_{\mathrm{G}} = \frac{m_1\boldsymbol{r}_1 + m_2\boldsymbol{r}_2}{m_1 + m_2} \tag{6.9}$$

である．　これより

$$\frac{|\boldsymbol{r}_{\mathrm{G}} - \boldsymbol{r}_1|}{|\boldsymbol{r}_{\mathrm{G}} - \boldsymbol{r}_2|} = \frac{m_2}{m_1} \tag{6.10}$$

となる．

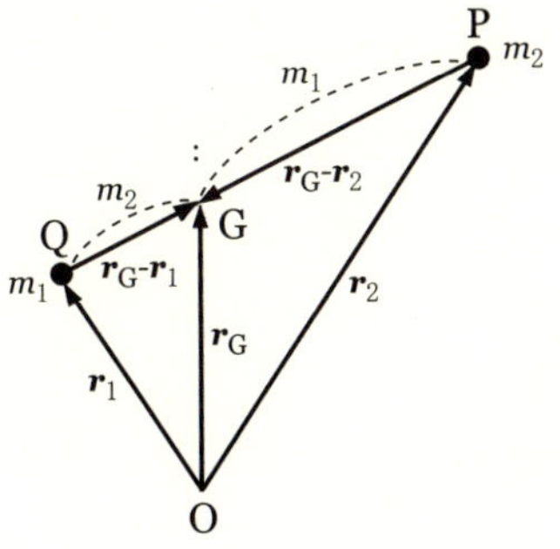

2個の質点からなる系の重心

重心は Q と P を結ぶ線分上にあり，QP を $m_2 : m_1$ に内分する点となっている．もし 2 つの質点の質量が等しければ，重心は線分 PQ の中点にある．また，2 つの質点の質量が異なれば，重心は中点から質量の大きい側にずれている．

【一様な棒の重心】 質量 M で長さ l の一様な棒の重心を計算してみよう．

【解】 棒の質量線密度は $\lambda \equiv M/l$ である．棒の一端を座標原点 O として，棒に沿って x 軸をとって考える．棒を無限小の長さ dx の線素片に分割すれば，各線素片を質量 λdx の質点と見なすことができる．このとき，重心の x 座標は，定義式

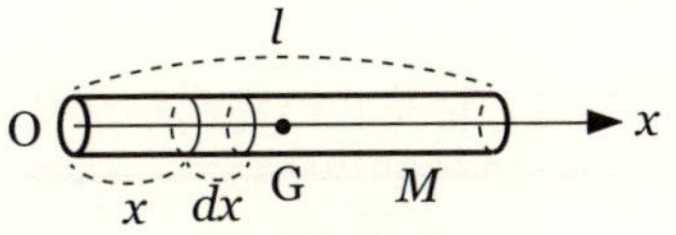

一様な棒の重心

$$x_{\mathrm{G}} = \frac{\displaystyle\sum_{i=1}^{N} m_i x_i}{\displaystyle\sum_{i=1}^{N} m_i}$$

において

$$\sum_{i=1}^{N} \to \int_0^l \quad , \quad m_i \to \lambda dx \quad , \quad x_i \to x$$

と置き換えて計算できる．すなわち

$$x_{\mathrm{G}} = \frac{\displaystyle\int_0^l \lambda dx \cdot x}{\displaystyle\int_0^l \lambda dx} = \frac{\lambda}{M}\int_0^l x dx = \frac{l}{2}$$

となる．これより，重心は棒の中点にあることがわかる．

次に，この棒の一端（原点 O の側）に質量 M の質点が付着したとする．棒と付着した質点とを質点系と見なして，その重心を求めてみる．質点系の全質量は $2M$ となるので，重心の x 座標は

$$x_{\mathrm{G}} = \frac{1}{2M}\left(M \cdot 0 + \int_0^l \lambda dx \cdot x\right) = \frac{l}{4}$$

と得られる．重心は質点の付着している側から測って棒の長さの 1/4 の点にある．この重心の位置は

$$x_{\mathrm{G}} = \frac{1}{2M}\left(M \cdot 0 + M \cdot \frac{l}{2}\right)$$

からもわかるように，棒の重心に棒の質量が集まって質点となったと考えて，その質点と付着した質点との重心を計算しても得られる．【終】

2 次元的に質量分布している質点系の例として，質量 M で半径 a の一様な面密度をもつ半円の薄板の重心を考えてみよう．質量面密度を $\sigma \equiv 2M/\pi a^2$ とおく．円の中心を原点 O とし，半円の直径方向に x 軸，面内で x 軸に垂直に y 軸をとる．対称性から明らかに $x_{\mathrm{G}} = 0$ である．

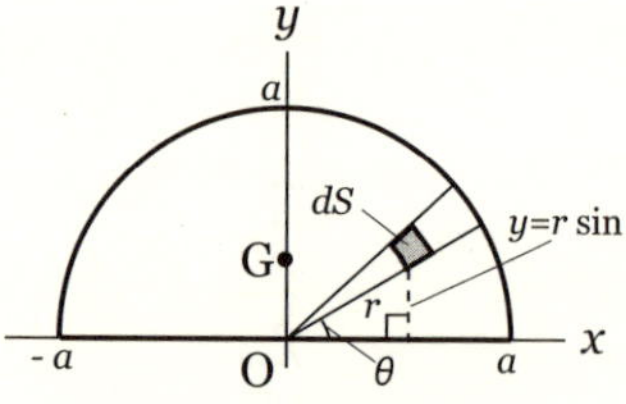

一様な半円薄板の重心

面積素片の面積を dS と書くと，重心の y 座標は

$$y_{\mathrm{G}} = \frac{\displaystyle\iint \sigma dS \cdot y}{\displaystyle\iint \sigma dS} \tag{6.11}$$

により計算できる．平面極座標を用いて積分計算を実行する．

$$dS = r\,dr\,d\theta\,, \qquad y = r\sin\theta \tag{6.12}$$

であるから

$$y_{\mathrm{G}} = \frac{\displaystyle\int_0^{\pi}\left[\int_0^{a} \sigma \cdot r\sin\theta \cdot rdr\right]d\theta}{\displaystyle\int_0^{\pi}\left[\int_0^{a} \sigma \cdot rdr\right]d\theta} = \frac{4a}{3\pi} \tag{6.13}$$

と得られる．

【一様な直円錐の重心】 質量 M で底面の半径 a，高さ h の一様な体積密度をもつ直円錐の重心を求めてみよう．

【解】円錐の体積密度を $\rho \equiv 3M/\pi a^2 h$ とおく．対称性より，頂点から底面に下ろした垂線上に重心があることは明らかである．

円錐の頂点を座標原点 O とし，底面に下ろした垂線方向に z 軸をとる．座標 z の点を通る底面と平行な面と，座標 $z + dz$ の点を通る底面と平行な面で，円錐を切り取ったときの体積素片は，半径が $a \cdot (z/h)$ で厚さが dz の円板とみなせるので，その体積は $dV = \pi(az/h)^2 dz$ で与えられる．重心の z 座標は

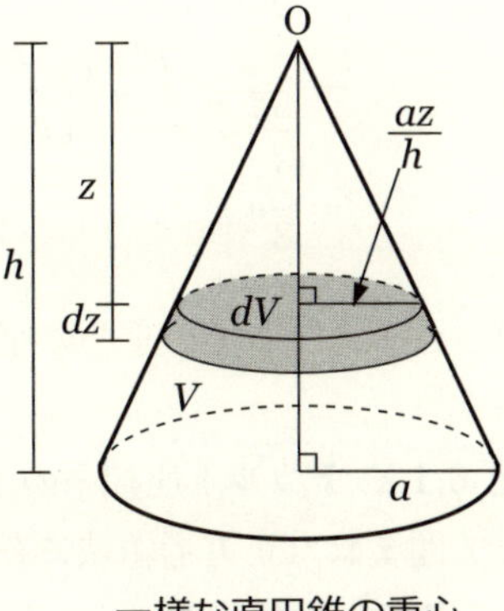

一様な直円錐の重心

$$z_{\mathrm{G}} = \frac{1}{M}\int_{\mathrm{V}} z \cdot \rho dV$$

により計算される．円板内の点は同じ z 座標をもつので z_{G} への寄与はまとめて計算してよい．計算を実行すると次のように得られる．

$$z_{\mathrm{G}} = \frac{1}{M}\int_0^h z\cdot\rho\cdot\pi\left(\frac{az}{h}\right)^2 dz = \frac{3h}{4}$$

【終】

座標原点 O を中心とする半径 a の球内部のうち $z \geq 0$ である部分だけに質量 M が一様に分布した半球がある．この半球の重心の座標を求めておこう．

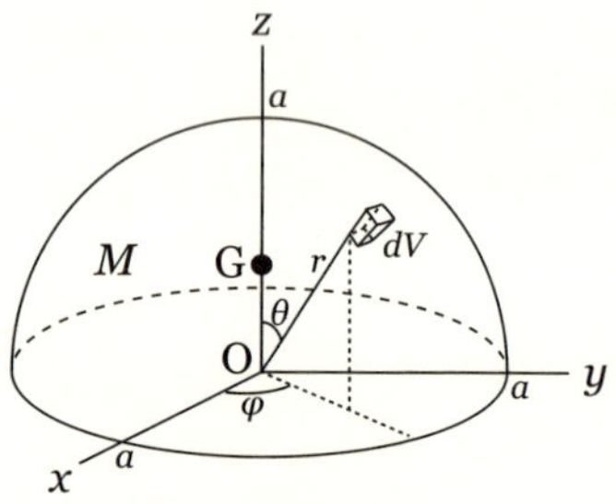

一様な半球の重心

対称性により重心は z 軸上にある．半球の質量体積密度を $\rho = 3M/(2\pi a^3)$ とおく．3 次元極座標の体積素片は

$$dV = r^2 \sin\theta drd\theta d\varphi \qquad (6.14)$$

と書けるから，重心の z 座標は

$$\begin{aligned} z_{\mathrm{G}} &= \frac{1}{M}\int z\cdot\rho dV \\ &= \frac{3}{2\pi a^3}\iiint r\cos\theta\cdot r^2\sin\theta drd\theta d\varphi \\ &= \frac{3}{2\pi a^3}\int_0^a r^3\left[\int_0^{\frac{\pi}{2}}\cos\theta\sin\theta\left(\int_0^{2\pi} d\varphi\right)d\theta\right]dr \\ &= \frac{3}{8}a \end{aligned} \qquad (6.15)$$

と計算される．従って，重心の座標は $\left(0,\ 0,\ \dfrac{3}{8}a\right)$ である．

▶ **問題 6.1A**　デカルト座標系の xy 平面内において x 軸，y 軸，$x = a$，$y = a$ によって囲まれた正方形領域に質量が一様に分布した薄板がある（a は正の定数）．この薄板は放物線 $y = x^2/a$ で 2 つの領域に分けられる．面積の小さい側を領域 I，大きい側を領域 II とする．領域 I と領域 II の重心の位置ベクトル $\boldsymbol{r}_{\mathrm{I}}, \boldsymbol{r}_{\mathrm{II}}$ をデカルト座標系の基本ベクトル $\boldsymbol{i}, \boldsymbol{j}$ を用いて表せ．

▶ **問題 6.1B** xy 平面内において，原点 O(0, 0)，点 A(10a, 0), 点 B(5a, 12a) を頂点とする二等辺三角形がある（a は正の定数）．

(1) 三角形の周上に質量が一様に分布しているときの重心の y 座標を求めよ．

(2) 三角形の面内に質量が一様に分布しているときの重心の y 座標を求めよ．

▶ **問題 6.1C** 質量 m の質点 1 が座標原点 O にあり，同じ質量の質点 2 が y 軸上の点 A(0, a) におかれている（a は正の定数）．時刻 $t = 0$ に，質点 1 が x 軸正方向へ，質点 2 が y 軸負方向へ向かって同じ一定の速さ v_0 で運動を始めた．2 つの質点からなる質点系の重心 (x_G, y_G) の位置ベクトル，速度ベクトルをデカルト座標系の基本ベクトル $\boldsymbol{i}, \boldsymbol{j}$ を用いた式で表せ．また，重心の通る軌道の式 $y_G = f(x_G)$，質点系の全運動量 $\boldsymbol{P}$ を求めよ．

6.2 質点系の並進運動

6.2.1 全運動量の時間的変化

系の i 番目の質点に関しては次の運動方程式が成り立つ．

$$\frac{d\boldsymbol{p}_i}{dt} = \boldsymbol{F}_i + \sum_{k=1}^{N} \boldsymbol{F}_{ki} \tag{6.16}$$

全ての i について和をとれば

$$\sum_{i=1}^{N} \frac{d\boldsymbol{p}_i}{dt} = \sum_{i=1}^{N} \boldsymbol{F}_i + \sum_{i=1}^{N} \sum_{k=1}^{N} \boldsymbol{F}_{ki} \tag{6.17}$$

であるが，右辺第 2 項の和は $\mathbf{0}$ となるから

$$\frac{d\boldsymbol{P}}{dt} = \boldsymbol{F} \qquad \left(\text{ただし} \boldsymbol{F} \equiv \sum_{i=1}^{N} \boldsymbol{F}_i \right) \tag{6.18}$$

が成り立つ．$\boldsymbol{F}$ は**全外力**である．この等式は**質点系の並進運動に対する運動方程式**となっている．これは 1 個の質点に対する運動方程式と似た形をしている．式から，次のことがわかる．

質点系の全運動量の時間変化は系に働く全外力のみで決まり内力は影響しない．

また

系に働く外力の和が 0 であれば $\boldsymbol{P}=$ 一定となる

といえる．これは，**質点系に対する運動量保存の法則**となっている．

例えば，質量 M の静止した物体に質量 m の質点が速さ v_0 で衝突して，衝突後は一体となって運動したとき，衝突後の速さ v は質点系に対する運動量保存の法則

$$mv_0 + M \cdot 0 = (m+M)v \tag{6.19}$$

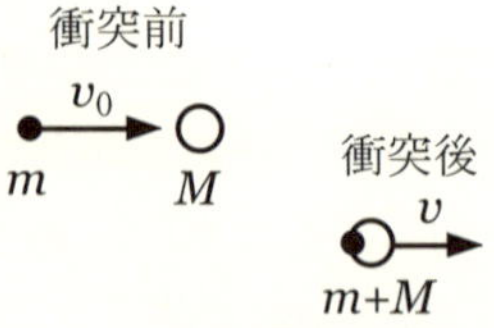

質点の衝突

より

$$v = \frac{m}{m+M} v_0 \tag{6.20}$$

と求まる．衝突後の速さは，$m \gg M$ の場合には $v \simeq v_0$ となり，衝突した質点の速さとほとんど同じである．$m \ll M$ の場合には $v \simeq (m/M)\, v_0$ となり質量比に比例して速さは非常に小さくなる．

次に，質量 M で長さ a の板が水面に浮かんでおり，その板の一端に乗っていた質量 m の人が他端まで歩いたとき，板がどれだけ移動するかを調べてみよう．初め板と人は静止していたとする．板に対する水の抵抗は無視して考える．人の歩く速さを v_1 としたとき，板は逆向きに移動するのでその速さを v_2 とする．

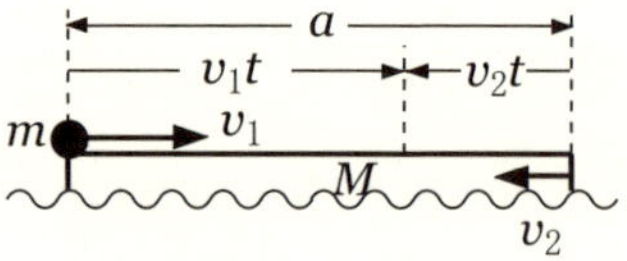

水面に浮かんだ板上を歩く人

歩き出す前と後についての質点系に対する運動量保存の法則は $mv_1 - Mv_2 = 0$ と書ける．また，人が他端まで歩いた時間を t とすると $v_1 t + v_2 t = a$ の関係が成り立つので，v_1 を消去すると，板の移動した距離は

$$v_2 t = \frac{m}{M+m}\, a \tag{6.21}$$

と得られる．もし，人と板の質量が等しければ，板はその長さの半分だけ移動する．質量の小さな板の上を歩いて先に行こうとしても，板の方が大きく動いてしまいあまり先へ移動できない．また，板の質量が人と比べて圧倒的に大きき

ければ，板の移動量は質量比に応じて小さくなる．質量の大きな客船の上を歩いても，それによって船の方はあまり動かないことがわかる．

【ロケット】 速さ v_0 で飛んでいた質量 m_0 のロケットが，単位時間あたり β だけの質量をロケットに相対的な速さ u で後方に放出しながら運動し始めたとき，その後のロケットの速さの変化を求めてみよう．

【解】 質量の放出を始めてから時間 t だけ後のロケットの質量を $m(t)$ とする．この時刻でのロケットの運動量は mv である．微小時間 dt だけ後においては，ロケットは βdt だけの質量を後方へ放出しているので，ロケットの質量増加を $dm\ (<0)$，速さの増加を dv とすると，ロケットと放出された質量からなる質点系に対する運動量保存の法則は

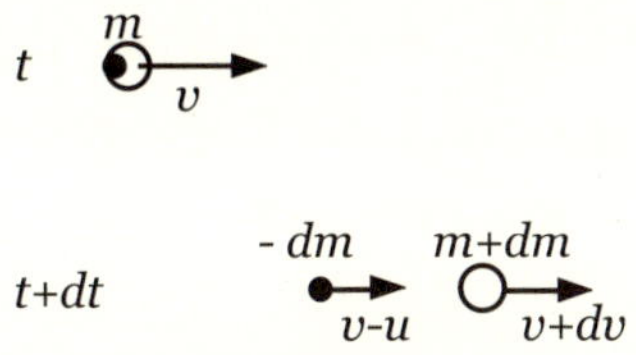

ロケットに対する
運動量保存の法則

$$(m + dm)(v + dv) + (-dm)(v - u) = mv$$

と書ける．高次の微小量を無視して変形すると

$$dv = -u\frac{dm}{m}$$

となる．積分

$$\int_{v_0}^{v} dv = -u\int_{m_0}^{m}\frac{dm}{m}$$

を行い，質量に $m = m_0 - \beta t$ を代入すると

$$v(t) = v_0 + u\log\frac{1}{1 - \frac{\beta t}{m_0}}$$

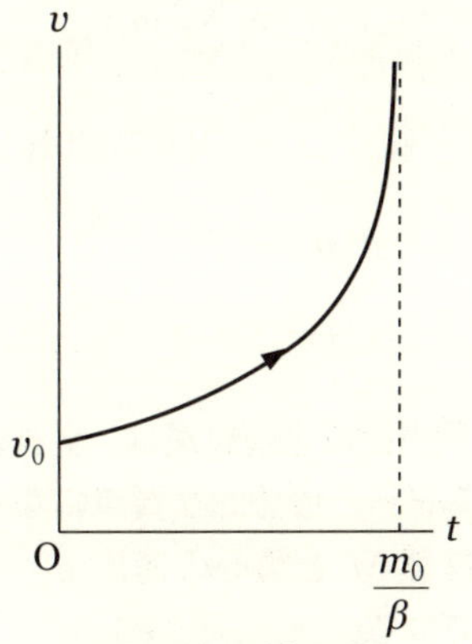

ロケットの速さの
時間的変化

が得られる．ロケットの速さは図のように増加していく．ロケットの質量が残りわずかになると急速に速くなることがわかる．**【終】**

▶ **問題 6.2A** 水平で滑らかな床の上に，半径 a の半球が，球面を上にして円形の底面が床にのるように置かれている．半球には質量 M が一様に分布している．この半球面の頂上に質量 m の質点をのせて，半球と質点がともに静止した状態からはなしたところ，質点は半球面をすべり落ちつつ運動し，やがて半球面を離れた落下運動にうつった．質点が運動を始めると同時に，半球も水平方向に運動し始めた．質点と半球面，半球面と床の間には摩擦はないものとする．初めの状態での半球の底面の中心を座標原点 O とし，質点が運動する鉛直面内の水平方向に x 軸，鉛直上方に y 軸をとる．質点の位置は第 1 象限の座標 $(x_1,\ y_1)$ で表される．質点が半球面を滑り落ちている間の軌道の式を求めよ．

6.2.2　重心の運動

系の重心ベクトルの定義より

$$M\boldsymbol{r}_{\mathrm{G}} = \sum_{i=1}^{N} m_i \boldsymbol{r}_i \tag{6.22}$$

であるから，この両辺を時間微分して

$$M\boldsymbol{v}_{\mathrm{G}} = \boldsymbol{P} \tag{6.23}$$

を得る．すなわち

質点系の全運動量は，全質量が重心に集まって仮想的な質点になったときの質量 M と重心の速度 $\boldsymbol{v}_{\mathrm{G}}$ の積になっている．

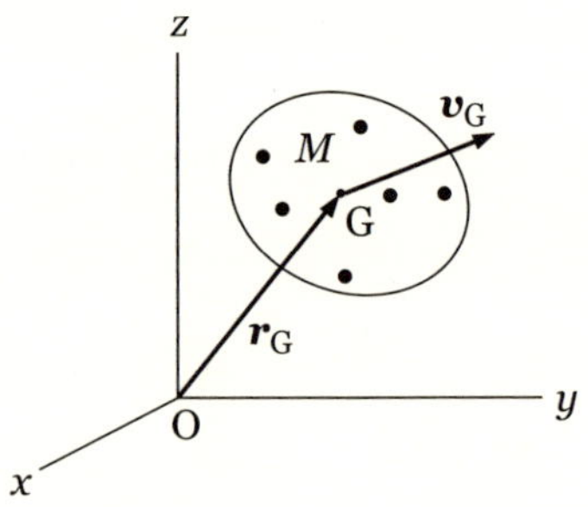

質点系の重心とその運動

さらにこの両辺を時間微分すると

$$M\boldsymbol{\alpha}_{\mathrm{G}} = \frac{d\boldsymbol{P}}{dt} \tag{6.24}$$

となり

$$M\boldsymbol{\alpha}_{\mathrm{G}} = \boldsymbol{F} \tag{6.25}$$

が得られる．上の関係式は，**全質量が重心に集まった仮想的質点に外力 $\boldsymbol{F}$ が働くときの運動方程式**によって質点系の並進運動が扱えることを示している．物体の自転運動を無視すると質点としてニュートンの運動方程式により運動を記述できることも，この式からわかる．

6.2.3　二体問題

質量 m_1 の質点 Q の位置ベクトルが $\boldsymbol{r}_1$，質量 m_2 の質点 P の位置ベクトルが $\boldsymbol{r}_2$ であったとする．このとき，2 つの質点からなる質点系の重心 G の位置ベクトル $\boldsymbol{r}_\mathrm{G}$ は Q と P を結ぶ線分上にあり，QP を $m_2 : m_1$ に内分する点になっている．2 つの質点が互いに引力を及ぼしあっているとき，この運動を解く問題を**二体問題**という．

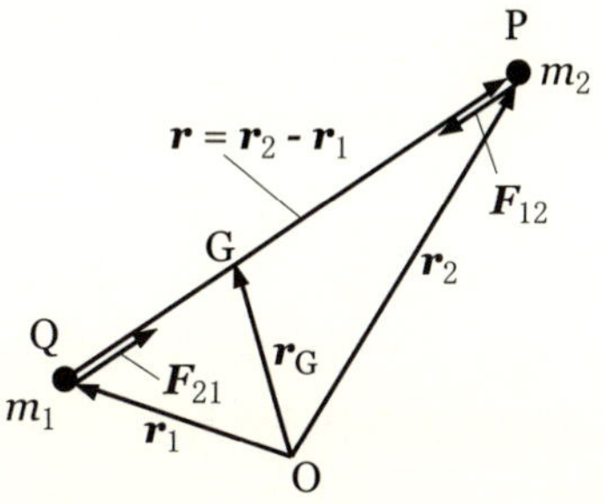

重心と相対的位置ベクトル

運動方程式

$$m_1\ddot{\boldsymbol{r}}_1 = \boldsymbol{F}_{21}\,, \qquad m_2\ddot{\boldsymbol{r}}_2 = \boldsymbol{F}_{12} \tag{6.26}$$

および，作用・反作用の法則 $\boldsymbol{F}_{12} + \boldsymbol{F}_{21} = \boldsymbol{0}$ により

$$\frac{d^2}{dt^2}(m_1\boldsymbol{r}_1 + m_2\boldsymbol{r}_2) = \boldsymbol{0} \tag{6.27}$$

と書ける．両辺を $m_1 + m_2$ で割って

$$\ddot{\boldsymbol{r}}_\mathrm{G} = \boldsymbol{0} \quad \text{すなわち} \quad \boldsymbol{v}_\mathrm{G} = \text{一定} \tag{6.28}$$

が導かれる．これより

質点系の重心は内力によって速度を変えない

ということがわかる．従って，次のことがいえる．

もし重心が座標系に対して静止していれば，2 つの質点は重心を挟んで互いに回りあっている．

質点 Q に対する質点 P の**相対的な位置ベクトル**は $\boldsymbol{r} \equiv \boldsymbol{r}_2 - \boldsymbol{r}_1$ で定義される．これより

$$\ddot{\boldsymbol{r}} = \ddot{\boldsymbol{r}}_2 - \ddot{\boldsymbol{r}}_1 = \frac{\boldsymbol{F}_{12}}{m_2} - \frac{\boldsymbol{F}_{21}}{m_1} = \left(\frac{1}{m_2} + \frac{1}{m_1}\right)\boldsymbol{F}_{12} \tag{6.29}$$

となる．ここで

$$\frac{1}{\mu} \equiv \frac{1}{m_1} + \frac{1}{m_2} \tag{6.30}$$

とおけば

$$\mu\ddot{\boldsymbol{r}} = \boldsymbol{F}_{12} \tag{6.31}$$

と書ける．この式は，質量 m_2 の質点のかわりに質量 μ の質点があると考え，それに力 $\boldsymbol{F}_{12}$ が働くときのベクトル $\boldsymbol{r}$ の運動方程式となっている．

つまり，**二体問題を一体問題に帰着することができる**わけである．μ を**換算質量**と呼ぶ．

2 つの質点の質量の差が大きくなるとともに，換算質量は小さい質量の方に近づいていく．

例えば，質点 Q が太陽で質点 P が地球とすると，近似式 $\mu \simeq m_2[\,1 - (m_2/m_1)\,]$ において $m_2/m_1 \fallingdotseq 3 \times 10^{-6}$ 程度であり，換算質量は地球の質量に近い値をもっている．

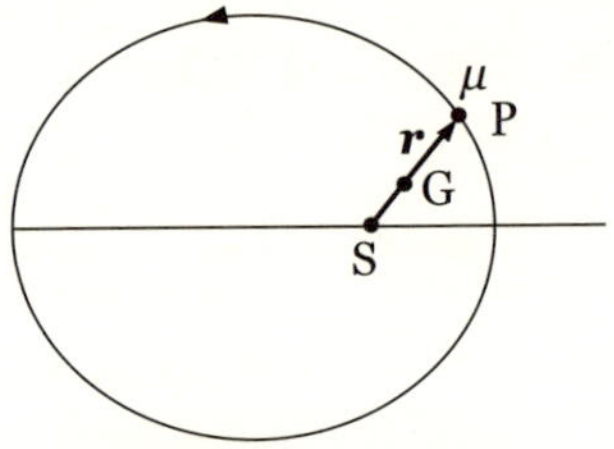

換算質量 μ をもつ惑星の運動

重心の位置は $\boldsymbol{r}_{\mathrm{G}} \simeq \boldsymbol{r}_1 + (m_2/m_1)\boldsymbol{r}$ と近似的に計算できる．$(m_2/m_1)r \fallingdotseq 4.5 \times 10^2\,\mathrm{km}$ であるが，太陽の半径が約 $7.0 \times 10^5\,\mathrm{km}$ なので，質点系の重心は太陽の内部にあることがわかる．これらのことから,「地球は太陽の中心に固定された力の中心から万有引力を受けてそのまわりを運動している」という第 5 章で扱った描像が割合に良い近似であることがわかる．

6.2.4 鎖の運動

固まった鎖を引き上げるときの運動

長さ a の鎖が床の上に固まって置かれている．鎖の質量分布は一様と見なせ

るものとし，その質量線密度を λ とする．

鎖の一端を力 F および速さ v で鉛直上方へ引き上げるとき，引き上げる速さや引き上げる力の大きさについて調べてみよう．鎖を質点系として扱う．床にある鎖の位置を原点 O とし，そこから鉛直上方に x 軸をとって考えることにする．

(i) 一定の速さで鎖を引き上げる場合

時刻 t における鎖の運動量を P とする．このとき鎖の鉛直部分の長さを x とする．

床に固まっている部分に働く重力は，床からの垂直抗力と釣り合って打ち消すので，質点系に働く重力は鉛直部分に働く $-\lambda xg$ のみである．

dt 時間に鎖の上端は $dx = vdt$ だけ上昇するので，長さ vdt の部分の運動量だけ質点系の運動量が増加する．すなわち，dt 時間における質点系の運動量の増加は $dP = \lambda vdt \cdot v$ である．

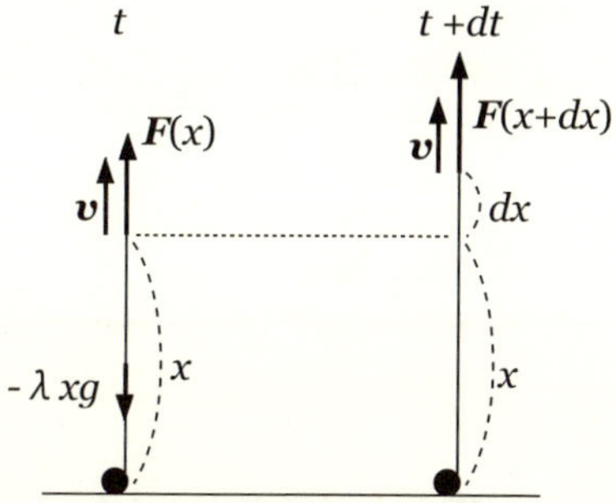

一定の速さで引き上げられる鎖の運動

質点系に対する運動方程式は

$$\frac{dP}{dt} = F - \lambda xg \tag{6.32}$$

と書けるので，鎖を引き上げる力は

$$F = \lambda v^2 + \lambda xg \tag{6.33}$$

と得られる．鉛直部分の増加とともに引き上げる力を大きくしていかなければならないことがわかる．

【重心の運動方程式を用いる方法】 同じ問題を，重心の運動に注目して解いてみよう．

【解】 この鎖の重心の高さを x_{G} とすると，重心の運動方程式は

$$\lambda a\ddot{x}_{\mathrm{G}} = F - \lambda xg$$

と書ける．

重心の高さは

$$x_G = \frac{1}{\lambda a}\int_0^x \lambda dx \cdot x = \frac{x^2}{2a}$$

と計算される．これを時間微分して

$$\dot{x}_G = \frac{vx}{a}, \qquad \ddot{x}_G = \frac{v^2}{a}$$

となるから，運動方程式に代入して

$$F = \lambda v^2 + \lambda xg$$

が得られる．【終】

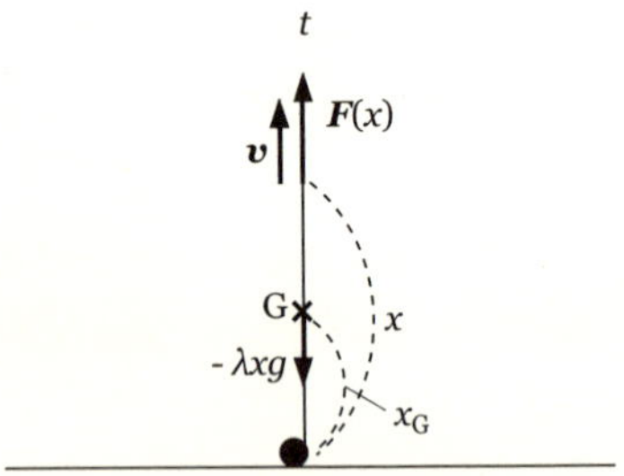

鎖の重心の運動

(ii) 一定の力で鎖を引き上げる場合

次に，一定の力で鎖を引き上げる場合について考えてみよう．

時刻 t における鎖の運動量を P とする．dt 時間における質点系の運動量の増加は，高次の微小量を無視して

$$\begin{aligned} dP &= \lambda(x+dx)(v+dv) - \lambda x \cdot v \\ &= \lambda(xdv + vdx) \end{aligned} \tag{6.34}$$

である．質点系に対する運動方程式

$$\frac{dP}{dt} = F - \lambda xg \tag{6.35}$$

より

$$\lambda\left(x\frac{dv}{dt} + v\frac{dx}{dt}\right) = F - \lambda xg \tag{6.36}$$

となる．

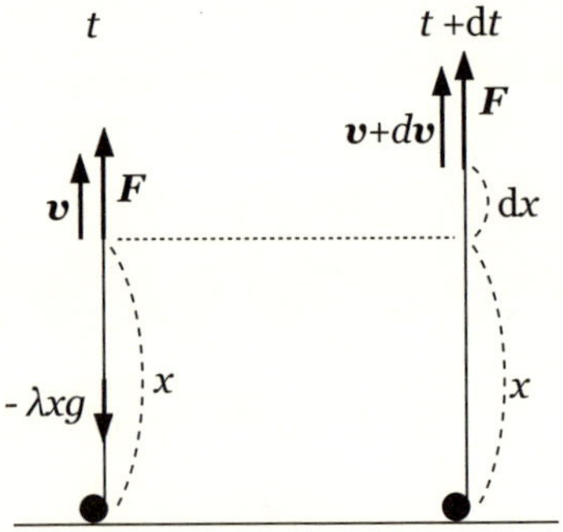

一定の力で引き上げられる鎖の運動

ここで

$$\frac{dx}{dt} = v\,, \qquad \frac{dv}{dt} = \frac{dv}{dx} \cdot \frac{dx}{dt} = v\,\frac{dv}{dx}$$

であるから，dv/dt へ上式を代入して t を消去すると

$$xv\frac{dv}{dx} + v^2 = \frac{F}{\lambda} - xg \tag{6.37}$$

となる．左辺を

$$v\frac{d}{dx}(vx) = \frac{F}{\lambda} - xg \tag{6.38}$$

と変形してから，両辺に xdx を掛けて積分

$$\int_0^{vx} vxd(vx) = \int_0^x \frac{F}{\lambda}xdx - \int_0^x gx^2dx \tag{6.39}$$

を行うと，鎖が引き上げられる速さは

$$v = \frac{1}{\sqrt{\lambda}}\sqrt{F - \frac{2}{3}\lambda xg} \tag{6.40}$$

と求まる．鉛直部分の増加とともに鎖が引き上げられる速さは減少していく．

鎖の落下運動

質量線密度 λ で長さ a の鎖が机の端に固まってある．時刻 $t = 0$ のとき鎖の一端が静止した状態から，机の側面に沿って落下し始めた．その後の鎖の運動について調べてみよう．机の端を原点 O とし，机の側面に沿って鉛直下方に x 軸をとって考える．

鎖が x だけ垂れ下がったときの鎖の下端の速さを v とする．このとき，質点系の運動量は鉛直下方に沿って $P = \lambda xv$ である．時間 dt だけの間に増加した運動量は

$$dP = \lambda\big[(x + dx)(v + dv) - xv\big] = \lambda(xdv + vdx) \tag{6.41}$$

である．質点系に対する運動方程式

$$\frac{dP}{dt} = \lambda xg \tag{6.42}$$

の左辺に代入して

$$v\frac{d(vx)}{dx} = xg \qquad (6.43)$$

となる．この両辺に $x\,dx$ をかけて積分すると，鎖の下端の速さが

$$v = \sqrt{\frac{2gx}{3}} \qquad (6.44)$$

と求まる．落下した長さが増えるとともに，落下の速さも増大していくことがわかる．上式より

$$\frac{1}{2}\lambda xv^2 = \frac{1}{3}\lambda x \cdot gx \quad (6.45)$$

が得られる．この式はどのようなことを意味しているだろうか．

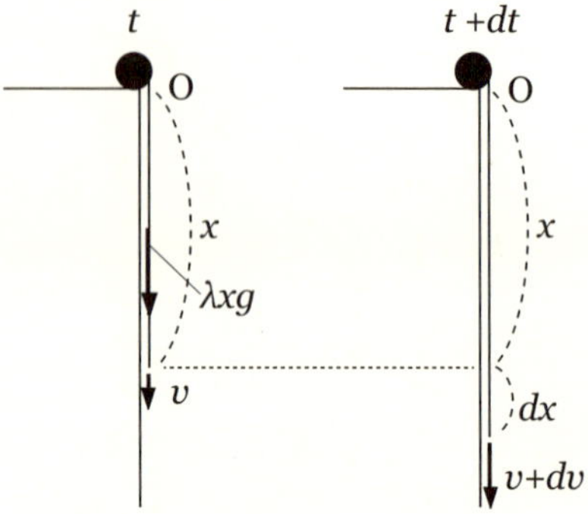

机の端から落ちる
鎖の運動

【重心の運動方程式を用いる方法】同じ問題を，重心の運動に注目して解いてみよう．

【解】この鎖の重心の位置座標を x_{G} とすると，重心の運動方程式は

$$\lambda a\ddot{x}_{\mathrm{G}} = \lambda xg$$

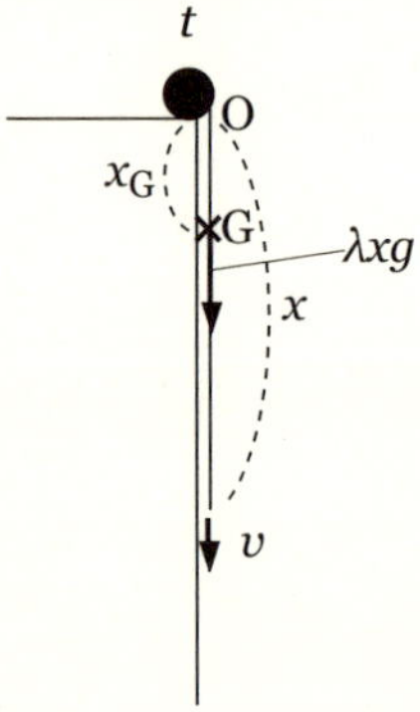

と書ける．重心の位置座標は

$$x_{\mathrm{G}} = \frac{1}{\lambda a}\int_0^x \lambda dx \cdot x = \frac{x^2}{2a}$$

であるから，これを微分して

$$\dot{x}_{\mathrm{G}} = \frac{xv}{a}, \quad \ddot{x}_{\mathrm{G}} = \frac{1}{a}\left(v^2 + xv\frac{dv}{dx}\right)$$

となる．従って，運動方程式は

$$\lambda\left(v^2 + xv\frac{dv}{dx}\right) = \lambda xg$$

と書ける．これを積分すれば

$$v = \sqrt{\frac{2gx}{3}}$$

が求まる.【終】

▶ **問題 6.2B** 全長が l で質量 M の鎖が滑らかで水平な台の上の点 O に固まって静止している．この鎖の一端を右に一定の速さ v で引く．点 O を原点として右方向へ x 軸をとり，鎖の右端の座標を x とする．

(1) 鎖が伸びきるまでの間に鎖を引いている力の大きさはどれだけか.

(2) 鎖がちょうど伸びきったとき ($x = l$) の運動エネルギーはどれだけか．また，鎖がちょうど伸びきるまでに力のした仕事はどれだけか.

▶ **問題 6.2C** 床の上に固まっている長さ l の鎖がある．鎖の質量線密度を λ とする．この鎖の一端をもって鉛直上方へ引き上げ，鉛直になった部分の長さが $l/2$ となったところで静止させてから，鎖をはなした．鉛直に引き上げられた鎖の部分は床に向かって自由落下し，やがて床にひとかたまりとなって静止した．重力加速度の大きさを g とする．床が鎖から受ける力が λlg となるのはどのようなときか.

6.3 質点系の回転運動

6.3.1 力のモーメント

系の i 番目の質点の運動方程式

$$\frac{d\boldsymbol{p}_i}{dt} = \boldsymbol{F}_i + \sum_{k=1}^{N} \boldsymbol{F}_{ki} \tag{6.46}$$

の両辺の $\boldsymbol{r}_i$ との外積をとり，全粒子について和をとる．

$$\sum_{i=1}^{N} \boldsymbol{r}_i \times \frac{d\boldsymbol{p}_i}{dt} = \sum_{i=1}^{N} \boldsymbol{r}_i \times \boldsymbol{F}_i + \sum_{i=1}^{N} \boldsymbol{r}_i \times \sum_{k=1}^{N} \boldsymbol{F}_{ki} \tag{6.47}$$

ここで，右辺第１項

$$\boldsymbol{N} \equiv \sum_{i=1}^{N} \boldsymbol{N}_i = \sum_{i=1}^{N} \boldsymbol{r}_i \times \boldsymbol{F}_i \tag{6.48}$$

は**原点のまわりの外力のモーメント・ベクトルの和**である．また，第２項は，原点のまわりの内力のモーメント・ベクトルの和である．これを変形すると

$$\sum_{i=1}^{N} \boldsymbol{r}_i \times \sum_{k=1}^{N} \boldsymbol{F}_{ki} = \sum_{i=1}^{N}\sum_{k=1}^{N} \boldsymbol{r}_i \times \boldsymbol{F}_{ki} = \sum_{i=1}^{N}\sum_{k=1}^{N} \boldsymbol{r}_k \times \boldsymbol{F}_{ki}$$
$$= \sum_{k=1}^{N}\sum_{i=1}^{N} \boldsymbol{r}_i \times \boldsymbol{F}_{ik} = \sum_{k=1}^{N}\sum_{i=1}^{N} \boldsymbol{r}_i \times (-\boldsymbol{F}_{ki}) = -\sum_{i=1}^{N}\sum_{k=1}^{N} \boldsymbol{r}_i \times \boldsymbol{F}_{ki}$$

となるので，この値は $\mathbf{0}$ となる．従って，**原点のまわりの内力のモーメント・ベクトルの和は $\mathbf{0}$ となることがわかる．**

6.3.2　全角運動量の時間的変化

質点系の原点のまわりの全角運動量ベクトル

$$\boldsymbol{L} \equiv \sum_{i=1}^{N} \boldsymbol{L}_i = \sum_{i=1}^{N} \boldsymbol{r}_i \times \boldsymbol{p}_i \tag{6.49}$$

の時間的変化を調べてみよう．両辺を時間微分すると

$$\frac{d\boldsymbol{L}}{dt} = \sum_{i=1}^{N} \frac{d\boldsymbol{r}_i}{dt} \times \boldsymbol{p}_i + \sum_{i=1}^{N} \boldsymbol{r}_i \times \frac{d\boldsymbol{p}_i}{dt}$$
$$= \sum_{i=1}^{N} \boldsymbol{v}_i \times m_i \boldsymbol{v}_i + \sum_{i=1}^{N} \boldsymbol{r}_i \times \left(\boldsymbol{F}_i + \sum_{k=1}^{N} \boldsymbol{F}_{ki}\right)$$
$$= \sum_{i=1}^{N} \boldsymbol{r}_i \times \boldsymbol{F}_i + \sum_{i=1}^{N}\sum_{k=1}^{N} \boldsymbol{r}_i \times \boldsymbol{F}_{ki}$$
$$= \sum_{i=1}^{N} \boldsymbol{N}_i$$

となるので，全角運動量ベクトルの時間的変化が

$$\frac{d\boldsymbol{L}}{dt} = \boldsymbol{N} \tag{6.50}$$

と書ける．この等式は

> **原点のまわりの全角運動量ベクトルの時間的変化は，原点のまわりの外力のモーメント・ベクトルの和のみで決定され，内力は影響しない**

ということを表している．特に

> **外力のモーメント・ベクトルの和が 0 のときには系の全角運動量ベクトルは一定になる．**

これは，**質点系に対する角運動量保存の法則**である．このときに個々の質点に対する外力のモーメント・ベクトルは必ずしも $\mathbf{0}$ でなくても，その和が $\mathbf{0}$ であれば全角運動量ベクトルは保存することになる．

【針金で結ばれた 2 個の小球の回転運動】 等しい質量 m の小球 1 と 2 が，質量の無視できる長さ $2a$ の真っ直ぐな針金の両端に取り付けられている．2 つの小球は，水平な板の上で針金の中点（原点 O とする）を通る鉛直軸（z 軸とする）のまわりに，z 軸正方向から見て反時計回りに円運動している．それぞれの小球と板との動摩擦係数を μ' とし，針金と板との間には摩擦は生じないものとする．重力加速度の大きさを g，z 軸正方向の単位ベクトルを $\boldsymbol{k}$ とする．時刻 $t=0$ における小球 1, 2 の円運動の角速度の大きさを $\omega_0\,(>0)$ とする．小球 1, 2 が円運動している時刻 t において質点系全体が原点のまわりにもつ外力のモーメント $\boldsymbol{N}$，内力のモーメント $\bar{\boldsymbol{N}}$，角運動量 $\boldsymbol{L}$，小球が止まるまでの間の時刻 t における小球 1 に働く針金からの力の大きさを，それぞれ求めてみよう．

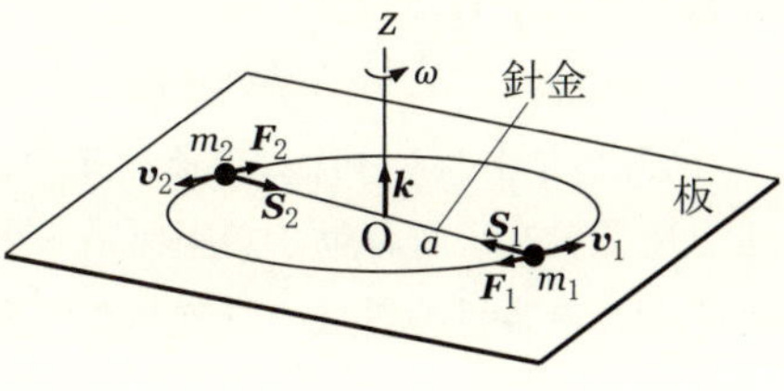

【解】 時刻 t における小球 1 と 2 の位置ベクトル，速度ベクトル，受ける動摩擦力，針金からの力をそれぞれ $(\boldsymbol{r}_1, \boldsymbol{v}_1, \boldsymbol{F}_1, \boldsymbol{S}_1)$, $(\boldsymbol{r}_2, \boldsymbol{v}_2, \boldsymbol{F}_2, \boldsymbol{S}_2)$ とする．原点のまわりの外力のモーメント・ベクトルの和は

$$\boldsymbol{N} = \boldsymbol{r}_1 \times \boldsymbol{F}_1 + \boldsymbol{r}_2 \times \boldsymbol{F}_2 = -2a\mu' mg\boldsymbol{k}$$

原点のまわりの内力のモーメント・ベクトルの和は

$$\bar{\boldsymbol{N}} = \boldsymbol{r}_1 \times \boldsymbol{S}_1 + \boldsymbol{r}_2 \times \boldsymbol{S}_2 = \boldsymbol{0}$$

である．時刻 t における角速度を ω とおくと，$v_1 = v_2 = a\omega$ であるから，原点のまわりの角運動量ベクトルの和は

$$\boldsymbol{L} = \boldsymbol{r}_1 \times m\boldsymbol{v}_1 + \boldsymbol{r}_2 \times m\boldsymbol{v}_2 = 2ma^2\omega\boldsymbol{k}$$

と表せる．その時間的変化は $d\boldsymbol{L}/dt = \boldsymbol{N}$ によって決まるから

$$\frac{d\omega}{dt} = -\frac{\mu' g}{a}$$

である．これを積分して

$$\omega = \omega_0 - \frac{\mu' g}{a} t$$

となるので，

$$\boldsymbol{L} = 2ma(a\omega_0 - \mu' g t)\boldsymbol{k}$$

と得られる．運動方程式 $mv_1^2/a = S_1$ から，小球が止まるまでの間の S_1 は次のように求まる．

$$S_1 = \frac{m(\mu' g)^2}{a}\left(t - \frac{a\omega_0}{\mu' g}\right)^2 \quad \text{【終】}$$

6.3.3　回転運動の分離

重心座標系における位置ベクトル

慣性系 Oxyz における系の i 番目の質点の位置ベクトルを $\boldsymbol{r}_i$ とし，系の重心 G の位置ベクトルを $\boldsymbol{r}_{\mathrm{G}}$ とする．また，原点が系の重心 G に一致するように x, y, z 座標軸を平行移動した座標系（**重心座標系**）を O$'x'y'z'$ とし，この座標系から見た i 番目の質点の位置ベクトルを $\boldsymbol{r}_i'$ とする．このとき

$$\boldsymbol{r}_i = \boldsymbol{r}_{\mathrm{G}} + \boldsymbol{r}_i' \qquad (i = 1,\ 2, \ldots,\ N) \tag{6.51}$$

である．重心の定義から

$$M\boldsymbol{r}_G = \sum_{i=1}^{N} m_i \boldsymbol{r}_i = \sum_{i=1}^{N} m_i(\boldsymbol{r}_G + \boldsymbol{r}'_i) = \sum_{i=1}^{N} m_i \boldsymbol{r}_G + \sum_{i=1}^{N} m_i \boldsymbol{r}'_i$$

$$= M\boldsymbol{r}_G + \sum_{i=1}^{N} m_i \boldsymbol{r}'_i$$

となるので

$$\sum_{i=1}^{N} m_i \boldsymbol{r}'_i = \boldsymbol{0} \tag{6.52}$$

が得られる．従って，重心座標系における重心の位置ベクトルは

$$\boldsymbol{r}'_G \equiv \frac{\displaystyle\sum_{i=1}^{N} m_i \boldsymbol{r}'_i}{M} = \boldsymbol{0} \tag{6.53}$$

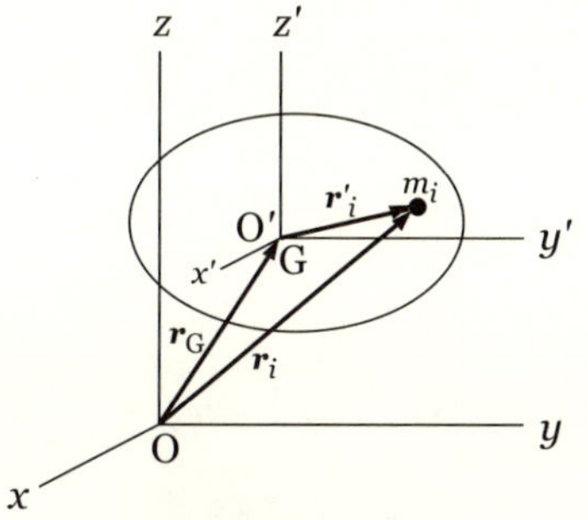

重心座標系からみた位置ベクトル

となる．このことは重心座標系の定義から当然の結果といえる．すなわち

重心座標系において，質点系の重心は原点にある．

また，時間微分することにより

$$\sum_{i=1}^{N} m_i \frac{d\boldsymbol{r}'_i}{dt} = \boldsymbol{0} \tag{6.54}$$

の関係式が導かれる．これらは次の議論の展開において用いられる．

回転運動の分離

慣性系 Oxyz における系の i 番目の質点の位置ベクトルを $\boldsymbol{r}_i$ とし，系の重心 G の位置ベクトルを $\boldsymbol{r}_G$ とする．また，重心座標系から見た i 番目の質点の位置ベクトルを $\boldsymbol{r}'_i$ とする．

i 番目の質点の位置ベクトル，運動量ベクトルおよび点 O のまわりの角運動

量ベクトルは

$$\boldsymbol{r}_i = \boldsymbol{r}_{\mathrm{G}} + \boldsymbol{r}'_i\,, \tag{6.55}$$

$$\boldsymbol{p}_i = m_i\left(\boldsymbol{v}_{\mathrm{G}} + \frac{d\boldsymbol{r}'_i}{dt}\right), \tag{6.56}$$

$$\boldsymbol{L}_i = m_i(\boldsymbol{r}_{\mathrm{G}} + \boldsymbol{r}'_i) \times \left(\boldsymbol{v}_{\mathrm{G}} + \frac{d\boldsymbol{r}'_i}{dt}\right) \tag{6.57}$$

と書けるので，質点系の全角運動量は

$$\begin{aligned}
\boldsymbol{L} &\equiv \sum_{i=1}^{N} \boldsymbol{L}_i = \sum_{i=1}^{N} m_i(\boldsymbol{r}_{\mathrm{G}} + \boldsymbol{r}'_i) \times \left(\boldsymbol{v}_{\mathrm{G}} + \frac{d\boldsymbol{r}'_i}{dt}\right) \\
&= \sum_{i=1}^{N} m_i \boldsymbol{r}_{\mathrm{G}} \times \boldsymbol{v}_{\mathrm{G}} + \sum_{i=1}^{N} m_i \boldsymbol{r}_{\mathrm{G}} \times \frac{d\boldsymbol{r}'_i}{dt} + \sum_{i=1}^{N} m_i \boldsymbol{r}'_i \times \boldsymbol{v}_{\mathrm{G}} + \sum_{i=1}^{N} m_i \boldsymbol{r}'_i \times \frac{d\boldsymbol{r}'_i}{dt} \\
&= M\boldsymbol{r}_{\mathrm{G}} \times \boldsymbol{v}_{\mathrm{G}} + \boldsymbol{r}_{\mathrm{G}} \times \sum_{i=1}^{N} m_i \frac{d\boldsymbol{r}'_i}{dt} + \sum_{i=1}^{N} m_i \boldsymbol{r}'_i \times \frac{d\boldsymbol{r}'_i}{dt} \\
&= \boldsymbol{r}_{\mathrm{G}} \times \boldsymbol{P} + \sum_{i=1}^{N} \boldsymbol{r}'_i \times m_i \frac{d\boldsymbol{r}'_i}{dt}
\end{aligned}$$

となる．すなわち

$$\boldsymbol{L} = \boldsymbol{L}_{\mathrm{G}} + \boldsymbol{L}' \tag{6.58}$$

が得られる．ただし

$$\boldsymbol{L}_{\mathrm{G}} \equiv \boldsymbol{r}_{\mathrm{G}} \times \boldsymbol{P}\,, \qquad \boldsymbol{L}' \equiv \sum_{i=1}^{N} \boldsymbol{r}'_i \times m_i \frac{d\boldsymbol{r}'_i}{dt} \tag{6.59}$$

とおいている．ここで，$\boldsymbol{L}_{\mathrm{G}}$ は重心に全質量が集まった仮想的質点の原点 $\mathbf{O}$ のまわりの角運動量ベクトルである．また，$\boldsymbol{L}'$ は各粒子が重心のまわりにもつ角運動量ベクトルの和である．このことから

> **質点系の角運動量ベクトルは，重心に集まった仮想質点の原点のまわりの角運動量ベクトルと，各粒子の重心のまわりの角運動量ベクトルの和として扱うことができる**

といえる．以下で，このように2つに分離された質点系の角運動量がそれぞれどのような法則に従うのか，を明らかにしていく．

分離された角運動量の時間的変化

分離された角運動量ベクトル $\boldsymbol{L}_{\rm G}$ および $\boldsymbol{L}'$ の時間的変化を調べてみよう．初めに $\boldsymbol{L}_{\rm G}$ を時間微分すると

$$\begin{aligned}\frac{d\boldsymbol{L}_{\rm G}}{dt} &= \frac{d\boldsymbol{r}_{\rm G}}{dt} \times \boldsymbol{P} + \boldsymbol{r}_{\rm G} \times \frac{d\boldsymbol{P}}{dt}\\ &= \boldsymbol{v}_{\rm G} \times M\boldsymbol{v}_{\rm G} + \boldsymbol{r}_{\rm G} \times \sum_{i=1}^{N} \boldsymbol{F}_i = \boldsymbol{r}_{\rm G} \times \boldsymbol{F}\end{aligned}$$

となる．すなわち

$$\frac{d\boldsymbol{L}_{\rm G}}{dt} = \boldsymbol{N}_{\rm G} \qquad \left(\text{ただし}\boldsymbol{N}_{\rm G} \equiv \boldsymbol{r}_{\rm G} \times \boldsymbol{F}\right) \tag{6.60}$$

と表せる．ここで，$\boldsymbol{N}_{\rm G}$ は**全粒子に働く外力が重心に作用したと考えたときの原点のまわりのモーメント・ベクトル**である．

次に $\boldsymbol{L}'$ を時間微分すると

$$\frac{d\boldsymbol{L}'}{dt} = \frac{d\boldsymbol{L}}{dt} - \frac{d\boldsymbol{L}_{\rm G}}{dt} = \sum_{i=1}^{N} \boldsymbol{r}_i \times \boldsymbol{F}_i - \boldsymbol{r}_{\rm G} \times \sum_{i=1}^{N} \boldsymbol{F}_i = \sum_{i=1}^{N} \boldsymbol{r}'_i \times \boldsymbol{F}_i$$

となる．すなわち

$$\frac{d\boldsymbol{L}'}{dt} = \boldsymbol{N}' \qquad \left(\text{ただし}\boldsymbol{N}' \equiv \sum_{i=1}^{N} \boldsymbol{r}'_i \times \boldsymbol{F}_i\right) \tag{6.61}$$

と表せる．ここで，$\boldsymbol{N}'$ は**重心のまわりの外力のモーメント・ベクトルの和**である．外力のモーメント・ベクトルに関しては

$$\boldsymbol{N} = \boldsymbol{N}_{\rm G} + \boldsymbol{N}' \tag{6.62}$$

が成り立つことがわかる．以上のことから，次のようにいえる．

質点系の回転運動は，重心に集まった仮想質点の回転運動と，各粒子の重心のまわりの回転運動に分けて運動方程式を立てて解くことができる．

運動エネルギーの分離

運動エネルギーについても2つの部分へ分離することを考えてみよう．質点系の全運動エネルギーを，$\boldsymbol{r}_i = \boldsymbol{r}_{\mathrm{G}} + \boldsymbol{r}'_i$ を利用して変形すると

$$\begin{aligned} K &= \frac{1}{2}\sum_{i=1}^{N} m_i \left(\frac{d\boldsymbol{r}_i}{dt}\right)^2 \\ &= \frac{1}{2}\sum_{i=1}^{N} m_i \left(\frac{d\boldsymbol{r}_{\mathrm{G}}}{dt} + \frac{d\boldsymbol{r}'_i}{dt}\right)^2 \\ &= \frac{1}{2}\sum_{i=1}^{N} m_i v_{\mathrm{G}}^2 + \frac{1}{2}\cdot 2\boldsymbol{v}_{\mathrm{G}}\cdot\sum_{i=1}^{N} m_i \frac{d\boldsymbol{r}'_i}{dt} + \frac{1}{2}\sum_{i=1}^{N} m_i \left(\frac{d\boldsymbol{r}'_i}{dt}\right)^2 \\ &= \frac{1}{2}M v_{\mathrm{G}}^2 + \frac{1}{2}\sum_{i=1}^{N} m_i \left(\frac{d\boldsymbol{r}'_i}{dt}\right)^2 \end{aligned}$$

という結果が得られる．すなわち

$$K = K_{\mathrm{G}} + K' \tag{6.63}$$

と表せる．ただし

$$K_{\mathrm{G}} \equiv \frac{1}{2}M v_{\mathrm{G}}^2, \qquad K' \equiv \frac{1}{2}\sum_{i=1}^{N} m_i \left(\frac{d\boldsymbol{r}'_i}{dt}\right)^2 \tag{6.64}$$

と定義している．K_{G} は**重心に全質量が集まった仮想的な質点の並進運動エネルギー（重心の並進運動エネルギー）**であり，K' は**各粒子の重心に相対的な運動による運動エネルギーの和**である．

以上のように，質点系の運動エネルギーと原点のまわりの角運動量を，重心に全質量が集まった仮想的な質点の運動と重心に相対的な運動とに分離して扱うことができる．重心に相対的な運動を無視した場合は，物体を質点として扱う近似を行っていることになる．

7　剛体の運動

7.1　剛体の運動方程式

剛体とその自由度

質点系において**全ての質点間の距離が変わらない**とき，その質点系を**剛体**という．剛体は，変形をしない理想的な固い物体ともいえる．

質点1個につき自由度は3であるので，N 個の質点からなる質点系では，一般に $3N$ 個の自由度がある．従って，質点の数が多くなると，自由度も比例して大きくなる．

しかし，剛体においては質点間の距離が一定であるという束縛条件があるため，ほとんどの自由度がなくなり，わずかな自由度で運動が記述できる．**空間内における剛体の位置を決定するには，1 つの直線上にない剛体内の 3 点を指定すればよい．**

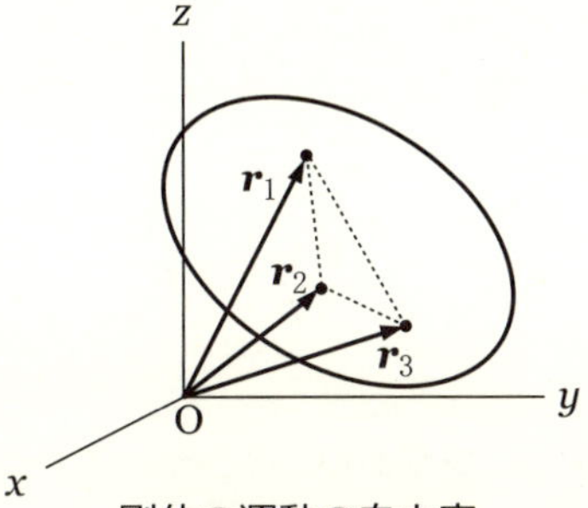

剛体の運動の自由度

3 点の位置ベクトル $\boldsymbol{r}_1, \boldsymbol{r}_2, \boldsymbol{r}_3$ は 9 個の位置変数

$$
\begin{aligned}
&x_1\,, \quad y_1\,, \quad z_1\,, \\
&x_2\,, \quad y_2\,, \quad z_2\,, \\
&x_3\,, \quad y_3\,, \quad z_3
\end{aligned}
$$

で表される．これらの変数の間には，2 点間の距離が一定であるという次の 3 つの束縛条件が存在する．

$$
|\boldsymbol{r}_1 - \boldsymbol{r}_2| = \text{一定}\,, \qquad |\boldsymbol{r}_2 - \boldsymbol{r}_3| = \text{一定}\,, \qquad |\boldsymbol{r}_3 - \boldsymbol{r}_1| = \text{一定}
$$

これにより自由度が 3 減るので，**剛体の自由度は 6** となる．

剛体の運動方程式

剛体の 6 個の自由度はどのように選んで剛体の運動を記述してもよい．質点系の運動においては，全運動量 $\boldsymbol{P}$ と原点のまわりの全角運動量 $\boldsymbol{L}$ について，次の運動方程式が成り立つことを述べた.

$$\frac{d\boldsymbol{P}}{dt} = \boldsymbol{F}, \qquad \frac{d\boldsymbol{L}}{dt} = \boldsymbol{N} \tag{7.1}$$

ここで，$\boldsymbol{F}$ は系に働く外力の和，$\boldsymbol{N}$ は系に働く外力の原点のまわりのモーメント・ベクトルの和である．これらの**全運動量と全角運動量の成分からなる 6 個の変数**（デカルト座標系を用いた記述の場合は P_x, P_y, P_z, L_x, L_y, L_z）についての運動方程式を，**剛体の運動の基礎方程式**とすることができる．関係式 $\boldsymbol{P} = M\boldsymbol{v}_{\mathrm{G}}$ を用いると，$M =$ 一定のときには，並進運動についての運動方程式（第 1 式）は，次のように重心の座標に関する運動方程式の形に書くこともできる.

$$M\frac{d^2\boldsymbol{r}_{\mathrm{G}}}{dt^2} = \boldsymbol{F} \tag{7.2}$$

剛体のつりあい

剛体が並進運動および回転運動を行っていないときは

$$\frac{d\boldsymbol{P}}{dt} = \boldsymbol{0}, \qquad \frac{d\boldsymbol{L}}{dt} = \boldsymbol{0} \tag{7.3}$$

となるので

$$\boldsymbol{F} = \boldsymbol{0}, \qquad \boldsymbol{N} = \boldsymbol{0} \tag{7.4}$$

が成り立つ．つまり，**外力の和と原点のまわりの外力のモーメントの和がそれぞれ 0 になってつりあっている.**

これらの条件を用いても問題を解くのに不十分な場合には，質点系を構成している個々の物体のつりあいを内力も含めて調べていく必要がある.

7.2 固定軸をもつ剛体の運動

7.2.1 慣性モーメント

剛体がある固定軸のまわりに角速度 ω で回転運動する場合を考える．固定軸を z 軸とした円柱座標（ρ_i, φ_i, z_i）を用いて記述する．全ての質点が z 軸のまわりに共通した角速度 ω で回転している．

質点 i の位置ベクトル $\boldsymbol{r}_i$ を，回転軸方向のベクトル $\boldsymbol{z}_i \equiv z_i\boldsymbol{k}$ と回転軸に垂直なベクトル $\boldsymbol{\rho}_i \equiv \rho_i\boldsymbol{e}_{\rho i}$ の和

$$\begin{aligned}\boldsymbol{r}_i &= \boldsymbol{z}_i + \boldsymbol{\rho}_i \\ &= z_i\boldsymbol{k} + \rho_i\boldsymbol{e}_{\rho i} \qquad (7.5)\end{aligned}$$

で表す．ここで，$\boldsymbol{e}_{\rho i}$ はベクトル $\boldsymbol{\rho}_i$ 方向の単位ベクトルである．質点 i の速度は $v_i = \rho_i\omega$ と表せる．このとき，質点 i の原点のまわりの角運動量ベクトルは，速度ベクトル $\boldsymbol{v}_i$ 方向の単位ベクトルを $\boldsymbol{e}_{vi}$ とすると，次のように計算できる．

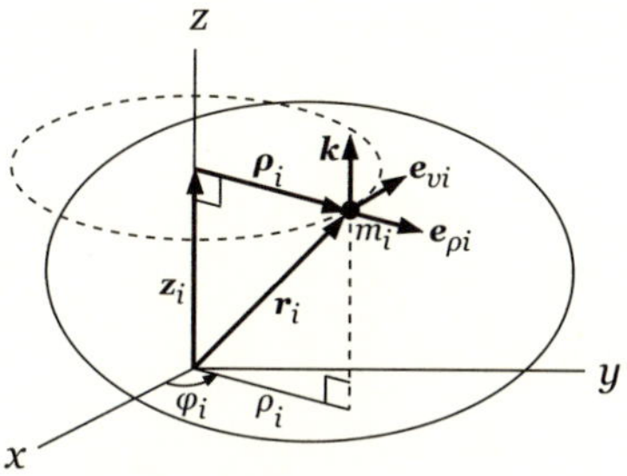

剛体の運動を記述するための円柱座標

$$\begin{aligned}\boldsymbol{L}_i &= \boldsymbol{r}_i \times \boldsymbol{p}_i = (z_i\boldsymbol{k} + \rho_i\boldsymbol{e}_{\rho i}) \times m_i v_i \boldsymbol{e}_{vi} \\ &= (z_i\boldsymbol{k} + \rho_i\boldsymbol{e}_{\rho i}) \times m_i\rho_i\omega\boldsymbol{e}_{vi} = -m_i z_i\rho_i\omega\boldsymbol{e}_{\rho i} + m_i\rho_i^2\omega\boldsymbol{k}\end{aligned}$$

これより，**剛体の原点のまわりの角運動量ベクトルは**

$$\boldsymbol{L} = -\sum_{i=1}^{N} m_i z_i \rho_i \omega \boldsymbol{e}_{\rho i} + \sum_{i=1}^{N} m_i \rho_i^2 \omega \boldsymbol{k} \qquad (7.6)$$

となる．右辺のはじめの和は回転軸に垂直な成分，2 番目の和は回転軸に平行な成分を表している．このことから

> **一般には剛体の原点のまわりの角運動量ベクトルは回転軸と異なる方向をもつ**

といえる．また

> **剛体の原点のまわりの角運動量ベクトルの回転軸方向成分 L_z は原点が回転軸上のどこにあっても同じになる．**

さらに，$\boldsymbol{L}$ の式から，剛体の原点のまわりの角運動量ベクトルについて，次のことがわかる．

(i) 回転軸上の質点 $(\rho_i = 0)$ からの角運動量ベクトルへの寄与は $\boldsymbol{0}$ である．

(ii) 質量が回転軸に垂直な xy 平面内に分布した剛体平板 $(z_i = 0)$ の角運動量ベクトルは回転軸に平行となる.

(iii) 質量分布が回転軸に関して軸対称な剛体の角運動量ベクトルは回転軸に平行となる.

ここで, 固定軸のまわりの**慣性モーメント**と呼ばれる量を

$$I \equiv \sum_{i=1}^{N} m_i \rho_i^2 \tag{7.7}$$

で定義する. これは**剛体の質量分布と固定軸の位置で決まる量で, 回転運動の状態を維持しようとする傾向（回転に対する慣性）の大きさを表す量**である. これを用いると, 剛体の角運動量の固定軸方向成分は

$$L_z = \sum_{i=1}^{N} m_i \rho_i^2 \omega = I\,\omega \tag{7.8}$$

となるので, 慣性モーメントと角速度がわかれば, 簡単に求めることができる.

角運動量や力のモーメントは「ある点」のまわりのベクトル量として定義されるが, 慣性モーメントは「ある軸」のまわりの量として定義されていることに注意する必要がある.

運動方程式

剛体の回転に関する運動方程式

$$\frac{d\boldsymbol{L}}{dt} = \boldsymbol{N} \tag{7.9}$$

の回転軸方向成分は

$$\frac{dL_z}{dt} = N_z \tag{7.10}$$

である. $L_z = I\,\omega$ の関係を用いて

$$I\,\frac{d\omega}{dt} = N_z \tag{7.11}$$

が得られる. また, $d\varphi/dt = \omega$ （φ は剛体の回転角）の関係を用いると

$$I\,\frac{d^2\varphi}{dt^2} = N_z \tag{7.12}$$

が導かれる．

この運動方程式は質点の並進運動に対する運動方程式

$$m\,\frac{d^2 z}{dt^2} = F_z \tag{7.13}$$

と似た形をしている．並進運動を表す位置変数 z に回転運動を表す角度変数 φ が対応している．並進運動を変えさせる力 F_z に回転運動を変えさせる力のモーメント N_z が対応している．また，並進運動に対する慣性質量 m に回転運動に対する慣性モーメント I が対応していることがわかる．

回転の運動エネルギー

質点 i の運動エネルギーは

$$K_i = \frac{1}{2}m_i v_i^2 = \frac{1}{2}m_i \rho_i^2 \omega^2 \tag{7.14}$$

であるから，剛体の運動エネルギーは

$$K = \frac{1}{2}\sum_{i=1}^{N} m_i \rho_i^2 \omega^2 \tag{7.15}$$

となる．ここで慣性モーメントを用いると

$$K = \frac{1}{2}\,I\,\omega^2 \tag{7.16}$$

と書ける．いまは，回転運動のみなので，これは**剛体の回転の運動エネルギー**を表す式となっている．

質点の並進運動のエネルギー $mv^2/2$ と比較すると，並進運動における慣性質量 m に回転運動における慣性モーメント I が対応している．また，並進運動の速さを表す変数 v に回転運動の速さを表す変数 ω が対応している．

慣性モーメントに関する定理

慣性モーメントを計算するときによく使われる定理を，以下に導いておく．

(i) **平行軸の定理**

z 軸を固定軸とした剛体の慣性モーメントは，$\rho_i^2 = x_i^2 + y_i^2$ の関係を用いると

$$I = \sum_{i=1}^{N} m_i (x_i^2 + y_i^2) \tag{7.17}$$

と表される．ここで，直交座標系 $Oxyz$ を平行移動し，新しい座標原点 O' が剛体の重心 G に重なるようにする．

新しい座標系を $O'x'y'z'$ としたとき，重心を通り z 軸に平行な z' 軸のまわりの慣性モーメントを I_G とする．すなわち

$$I_G \equiv \sum_{i=1}^{N} m_i \left[(x_i')^2 + (y_i')^2 \right]$$

である．質点の古い座標と新しい座標の間には

$$x_i = x_G + x_i', \quad y_i = y_G + y_i'$$

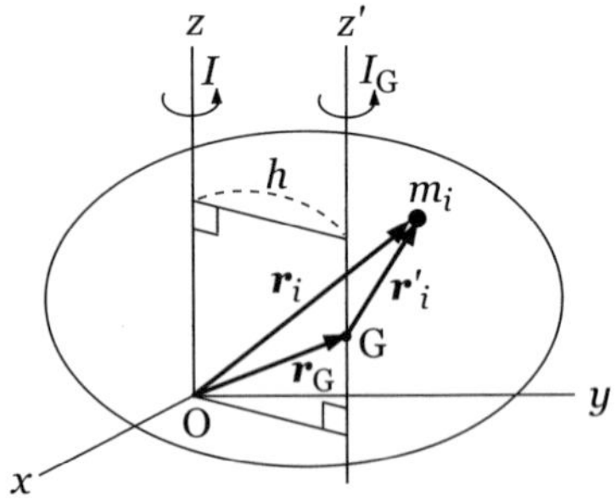

平行軸の定理

の関係があるので

$$\sum_{i=1}^{N} m_i x_i^2 = \sum_{i=1}^{N} m_i (x_G + x_i')^2 = M x_G^2 + \sum_{i=1}^{N} m_i (x_i')^2$$

および

$$\sum_{i=1}^{N} m_i y_i^2 = M y_G^2 + \sum_{i=1}^{N} m_i (y_i')^2$$

が成り立つ．これを用いると，z 軸のまわりの慣性モーメント I は

$$I = M(x_G^2 + y_G^2) + \sum_{i=1}^{N} m_i \left[(x_i')^2 + (y_i')^2 \right] \tag{7.18}$$

と書ける．従って

$$I = Mh^2 + I_G \qquad \left(ただし\ h \equiv \sqrt{x_G^2 + y_G^2} \right) \tag{7.19}$$

が導かれる．これは**平行軸の定理**と呼ばれる．これにより，重心を通る軸のまわりの慣性モーメントがわかれば，それと平行な軸のまわりの慣性モーメントを求めることができる．

(ii) 平板の定理

次に，1 つの平面内に広がった平板剛体の慣性モーメントについて考えてみ

る．平板が xy 面内にあるとして，z 軸のまわりの慣性モーメント I_z の表式を変形すると

$$I_z = \sum_{i=1}^{N} m_i \rho_i^2 = \sum_{i=1}^{N} m_i (x_i^2 + y_i^2)$$
$$= \sum_{i=1}^{N} m_i x_i^2 + \sum_{i=1}^{N} m_i y_i^2$$

となる．これより，x 軸のまわりの慣性モーメントを I_x，y 軸のまわりの慣性モーメントを I_y とおくと

$$I_z = I_x + I_y \qquad (7.20)$$

が成り立つ．これは**平板の定理**と呼ばれる．

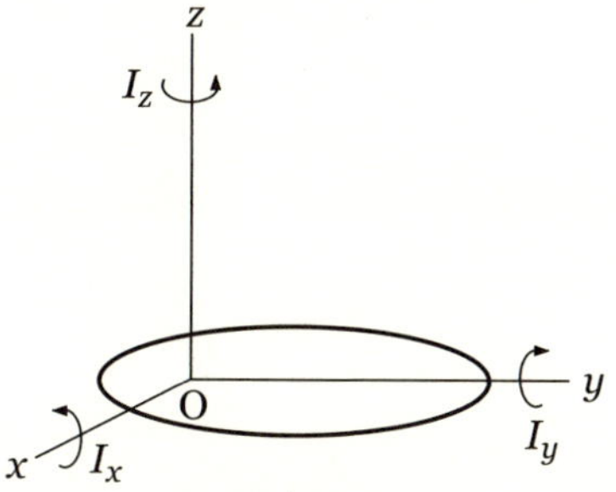

平板の定理

(iii) 一般的方向の軸のまわりの慣性モーメント

座標系 Oxyz において，原点 O を通り方向余弦 (l, m, n) をもつ ζ 軸を考える．この ζ 軸のまわりの剛体の慣性モーメント I_ζ を計算してみよう．質量 m_i の質点 i の位置から ζ 軸へ下ろした垂線の長さを h_i とすると，剛体の ζ 軸のまわりの慣性モーメントは

$$I_\zeta = \sum_{i=1}^{N} m_i h_i^2 \qquad (7.21)$$

である．ζ 軸方向の単位ベクトルを

$$\boldsymbol{e} = l\,\boldsymbol{i} + m\,\boldsymbol{j} + n\,\boldsymbol{k} \qquad (\text{ただし } l^2 + m^2 + n^2 = 1) \qquad (7.22)$$

とする．位置ベクトル $\boldsymbol{r}_i = x_i\,\boldsymbol{i} + y_i\,\boldsymbol{j} + z_i\,\boldsymbol{k}$ との内積は

$$\boldsymbol{r}_i \cdot \boldsymbol{e} = lx_i + my_i + nz_i \qquad (7.23)$$

となるから，三平方の定理より

$$
\begin{aligned}
h_i^2 &= r_i^2 - (\boldsymbol{r}_i \cdot \boldsymbol{e})^2 \\
&= x_i^2 + y_i^2 + z_i^2 - (lx_i + my_i + nz_i)^2 \\
&= l^2(y_i^2 + z_i^2) + m^2(z_i^2 + x_i^2) + n^2(x_i^2 + y_i^2) \\
&\qquad -2lmx_iy_i - 2mny_iz_i - 2nlz_ix_i
\end{aligned}
$$

と計算される．従って，剛体の ζ 軸のまわりの慣性モーメントは

$$
\begin{aligned}
I_\zeta &= l^2\sum_{i=1}^{N} m_i(y_i^2 + z_i^2) + m^2\sum_{i=1}^{N} m_i(z_i^2 + x_i^2) + n^2\sum_{i=1}^{N} m_i(x_i^2 + y_i^2) \\
&\qquad -2lm\sum_{i=1}^{N} m_ix_iy_i - 2mn\sum_{i=1}^{N} m_iy_iz_i - 2nl\sum_{i=1}^{N} m_iz_ix_i \\
&= l^2I_x + m^2I_y + n^2I_z \\
&\qquad -2lm\sum_{i=1}^{N} m_ix_iy_i - 2mn\sum_{i=1}^{N} m_iy_iz_i - 2nl\sum_{i=1}^{N} m_iz_ix_i \qquad (7.24)
\end{aligned}
$$

と得られる．ここで I_x, I_y, I_z は，それぞれ，x, y, z 軸のまわりの剛体の慣性モーメントである．

特別な場合として

$$
\sum_{i=1}^{N} m_ix_iy_i = \sum_{i=1}^{N} m_iy_iz_i = \sum_{i=1}^{N} m_iz_ix_i = 0 \cdots \qquad (7.25)
$$

が成り立つときには，方向余弦 $(l,\ m,\ n)$ をもつ ζ 軸のまわりの剛体の慣性モーメントは

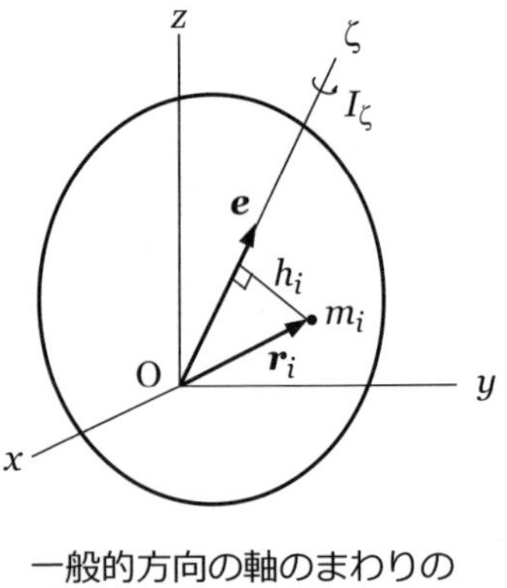

一般的方向の軸のまわりの慣性モーメント

$$
I_\zeta = l^2I_x + m^2I_y + n^2I_z \qquad (7.26)
$$

と簡単な形になる．

例えば，剛体が zx 面に関して対称に質量分布していると，$(x_i,\ y_i,\ z_i)$ と

$(x_i,\ -y_i,\ z_i)$ に同じ質量 m_i があるので

$$\sum_{i=1}^{N} m_i x_i y_i = 0\,, \qquad \sum_{i=1}^{N} m_i y_i z_i = 0 \tag{7.27}$$

が成り立つ．また，zy 面に関して対称に質量分布していると，$(x_i,\ y_i,\ z_i)$ と $(-x_i,\ y_i,\ z_i)$ に同じ質量 m_i があるので

$$\sum_{i=1}^{N} m_i x_i y_i = 0\,, \qquad \sum_{i=1}^{N} m_i x_i z_i = 0 \tag{7.28}$$

が成り立つ．従って，剛体が zx 面と zy 面に質量分布の対称面をもつとき　が成り立つことがわかる．これより，次のようにいえる．

剛体の質量分布が xy 面，yz 面，zx 面のうちいずれか 2 つの面について対称であれば，方向余弦 $(l,\ m,\ n)$ をもつ軸のまわりの剛体の慣性モーメントは $l^2 I_x + m^2 I_y + n^2 I_z$ である．

代表的剛体の慣性モーメント

ここでは，代表的な剛体について，いくつかの軸のまわりの慣性モーメントを求めてみよう．

(i) **質量 M で長さ $2a$ の一様な棒**

棒の中心を通って棒に垂直な軸（z 軸とする）のまわりの慣性モーメントを計算する．棒の質量線密度を $\lambda \equiv M/2a$ とおく．z 軸が通る棒上の位置を原点 O とし，棒に沿って x 軸をとる．棒を長さ dx の線素片に分ける．

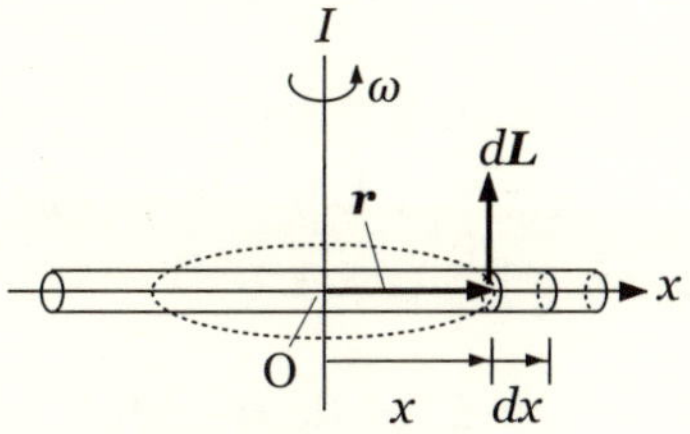

中心を通る垂直な軸のまわりの回転

位置 x にある線素片の z 軸のまわりの慣性モーメントは $dI = \lambda dx \cdot x^2$ である．棒全体にわたって足し合わせて，z 軸のまわりの棒の慣性モーメントが次のように計算できる．

$$I = \int_{-a}^{a} x^2 \cdot \lambda dx = \frac{M}{2a} \cdot 2\int_{0}^{a} x^2 dx = \frac{1}{3}Ma^2 \tag{7.29}$$

棒が z 軸のまわりに角速度 ω で回転運動しているときには，原点のまわりの角運動量ベクトルの回転軸成分 L_z や運動エネルギー K は，次のように求めることができる．

$$L_z = I\omega = \frac{1}{3}Ma^2\omega\,, \tag{7.30}$$

$$K = \frac{1}{2}I\omega^2 = \frac{1}{6}Ma^2\omega^2 \tag{7.31}$$

棒の一端を通って棒に垂直な軸（z 軸）のまわりの慣性モーメントを計算する．z 軸が通る棒上の位置を原点 O とし，棒に沿って x 軸をとると，z 軸のまわりの棒の慣性モーメントは次のように計算される．

$$I = \int_0^{2a} x^2 \cdot \lambda dx = \frac{4}{3}Ma^2 \tag{7.32}$$

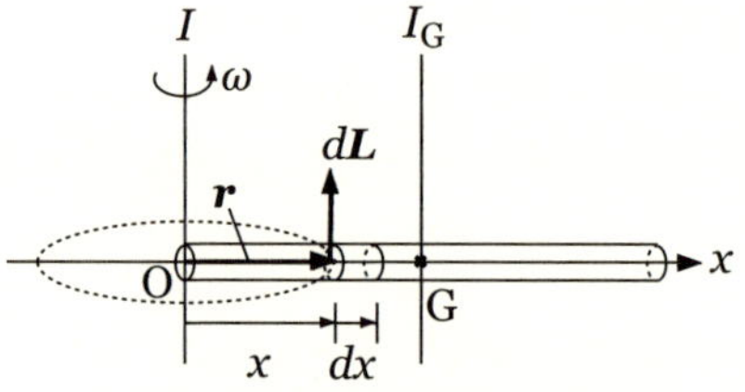

一端を通って棒に垂直な軸のまわりの回転

また，z 軸に平行な重心を通る軸のまわりの慣性モーメントが，上での計算で $I_{\mathrm{G}} = Ma^2/3$ とわかっているので，平行軸の定理を利用して

$$I = I_{\mathrm{G}} + Ma^2 = \frac{4}{3}Ma^2 \tag{7.33}$$

と求めることもできる．棒が z 軸のまわりに角速度 ω で回転運動しているときには，原点のまわりの角運動量ベクトルの回転軸成分 L_z や運動エネルギー K は，次のように求まる．

$$L_z = I\omega = \frac{4}{3}Ma^2\omega\,, \qquad K = \frac{1}{2}I\omega^2 = \frac{2}{3}Ma^2\omega^2 \tag{7.34}$$

(ii) **質量 M で半径 a の一様な円環**

円の中心軸（円の中心を通って円に垂直な軸；これを z 軸とする）のまわりの慣性モーメントを計算する．円環の質量線密度を $\lambda \equiv M/2\pi a$ とおく．円の中心を原点 O とし，円の面内に平面極座標 $(r,\ \varphi)$ をとる．

円環を長さ $ds = ad\varphi$ の線素片に分けると，角度 φ の位置にある線素片の z 軸のまわりの慣性モーメントは次のようになる．

$$dI_z = \lambda ds \cdot a^2 \tag{7.35}$$

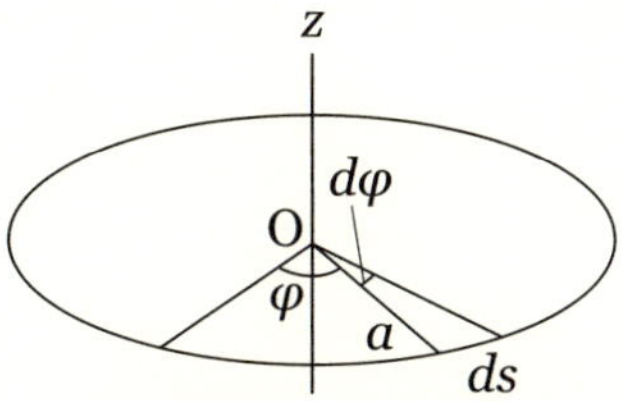

中心軸のまわりの円環の慣性モーメント

従って，円環の z 軸のまわりの慣性モーメントは，次のように得られる．

$$I_z = \int_0^{2\pi} a^2 \cdot \lambda ad\varphi = \lambda a^3 \int_0^{2\pi} d\varphi = Ma^2 \tag{7.36}$$

円の直径（x 軸とする）のまわりの慣性モーメントを計算する．

円の中心を原点 O とし円の面内に x, y 軸を選んで，x 軸を極軸とした平面極座標 $(r,\ \varphi)$ をとる．

角度 φ の位置にある長さ $ds = ad\varphi$ の線素片の x 軸のまわりの慣性モーメントは $dI_x = \lambda ds \cdot (a \sin\varphi)^2$ である．これらの寄与を足し合わせることにより，直径を軸とした円環の慣性モーメントは，次のように計算できる．

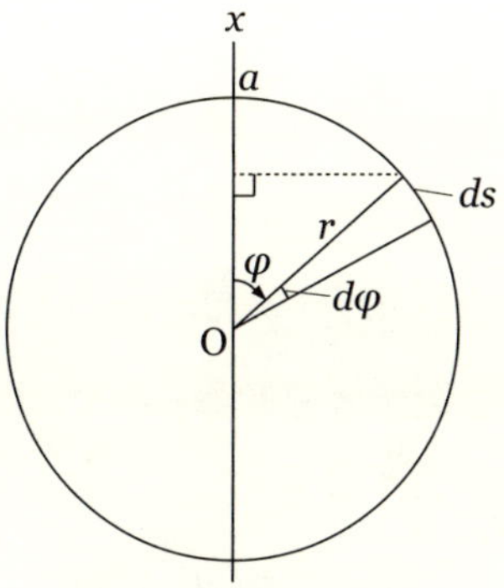

直径を通る軸のまわりの円環の慣性モーメント

$$I_x = \int_{-\pi}^{\pi} (a \sin\varphi)^2 \cdot \lambda a\, d\varphi = \lambda a^3 \cdot 2 \int_0^{\pi} \sin^2\varphi\, d\varphi = \frac{1}{2} Ma^2 \tag{7.37}$$

また，平板の定理と対称性 $I_x = I_y$ から $I_z = I_x + I_y = 2I_x$ であるので，この関係からも $I_x = Ma^2/2$ が得られる．

(iii) 質量 M で半径 a の一様な円板

円の中心軸（z 軸）のまわりの慣性モーメントを計算する．

円板の質量面密度を $\sigma \equiv M/\pi a^2$ とおく．円の中心を原点 O とし，円の面内に平面極座標 $(r,\ \varphi)$ をとる．円板を平面極座標の面積素片 $dS = r\, dr\, d\varphi$ に分ける．面積素片の z 軸のまわりの慣性モーメントは $dI_z = \sigma dS \cdot r^2$ であるから，円板の z 軸のまわりの慣性モーメントは次のように計算できる．

$$I_z = \iint r^2 \cdot \sigma dS = \int_0^a \left[\int_0^{2\pi} \sigma r^3 d\varphi\right] dr = \frac{1}{2}Ma^2 \tag{7.38}$$

また，円板を原点を中心とする無数の同心円により細分してみる．半径 r と $r+dr$ の同心円で挟まれた微小面積 $dS(=2\pi rdr)$ は円環とみなせるので，その z 軸のまわりの慣性モーメントは，質量 M が一様分布した半径 a の円環の z 軸のまわりの慣性モーメント $I_z = Ma^2$ において

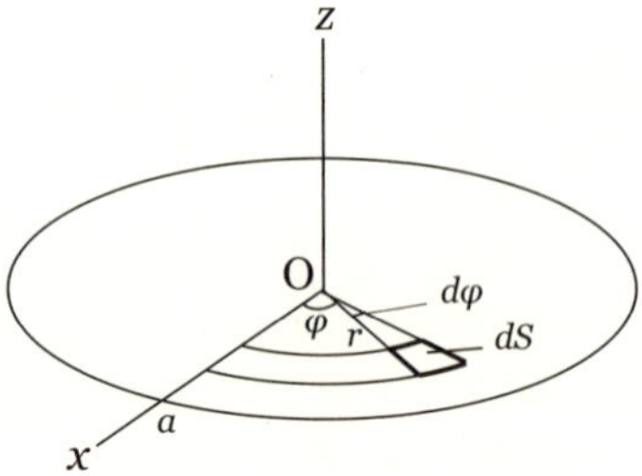

円板の中心軸のまわりの慣性モーメント

$$I_z \to dI_z\,,\quad M \to \sigma dS\,,\quad a \to r$$

と置き換えれば得られる．すなわち

$$dI_z = \sigma \cdot 2\pi rdr \cdot r^2 \tag{7.39}$$

である．これを足し合わせて，円板の z 軸のまわりの慣性モーメントを次のようにも計算できる．

$$I_z = 2\pi\sigma \int_0^a r^3 dr = \frac{1}{2}Ma^2 \tag{7.40}$$

質量が z 軸に対称に分布しているので，はじめの計算において足しあわされた中心から等距離の位置にある面積素片 $rdrd\varphi$ からの寄与が同じになっている．後の計算では，円環を面積素片として選ぶことにより，φ による積分を済ませてしまっていることになる．平板の定理により，**直径を軸**とした慣性モーメントは $I_x = I_y = Ma^2/4$ となる．

(iv) **質量 M で半径 a の一様な球殻**

球殻の直径（z 軸）のまわりの慣性モーメントを計算する．

球殻の質量面密度を $\sigma \equiv M/4\pi a^2$ とおく．球殻の中心を原点 O とし，z 軸を極軸とした 3 次元極座標 (r, θ, φ) をとって考える．球殻を角度 θ と $\theta + d\theta$ の円錐面で分割したとき，挟まれた微小面積 $dS(=2\pi a^2 \sin\theta d\theta)$ は円環とみなせ

る．その z 軸のまわりの慣性モーメントは，質量 M が一様分布した半径 a の円環の z 軸のまわりの慣性モーメント $I_z = Ma^2$ において

$$I_z \to dI_z\,,\quad M \to \sigma dS\,,\quad a \to a\sin\theta$$

と置き換えて $dI_z = \sigma dS\cdot(a\sin\theta)^2$ となる．ここで $t=\cos\theta$ と変数変換を行い，球殻全体にわたって足し合わせると，球殻の直径を回転軸とする慣性モーメントが次のように求まる．

$$I_z = \frac{Ma^2}{2}\int_1^{-1}(t^2-1)dt = \frac{2}{3}Ma^2 \qquad (7.41)$$

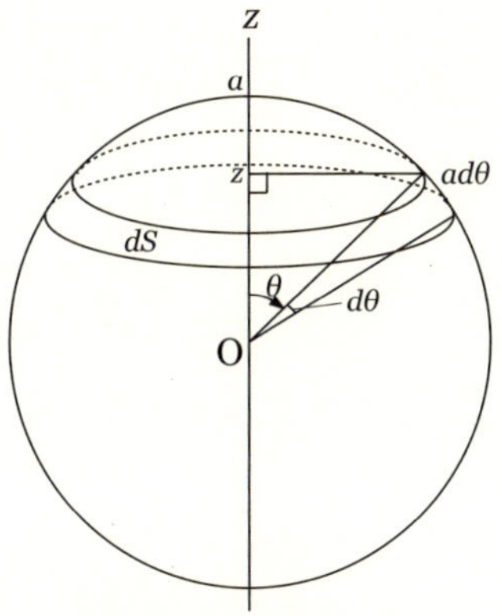

直径を通る軸のまわりの慣性モーメント

(v) **質量 M で半径 a の一様な球**

球の直径（z 軸）のまわりの慣性モーメントを計算する．

球の体積密度を $\rho\equiv 3M/4\pi a^3$ とおく．球を無数の同心球面で体積素片（球殻）に分割する．半径 r と $r+dr$ の球面で挟まれた球殻の体積は $dV=4\pi r^2dr$ である．その体積素片の z 軸のまわりの慣性モーメントは，質量 M が一様分布した半径 a の球殻の z 軸のまわりの慣性モーメント $I_z = 2Ma^2/3$ において

$$I_z \to dI_z\,,\quad M \to \rho dV\,,\quad a \to r$$

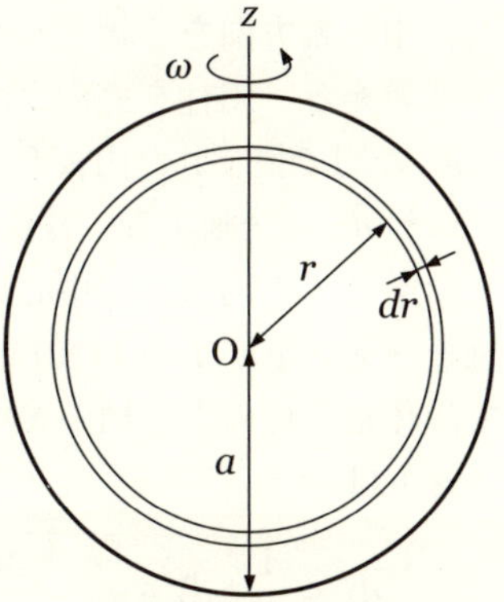

球の中心軸のまわりの慣性モーメント

と置き換えて $dI_z = (2/3)\rho dV\cdot r^2$ となる．

これを球全体にわたって足し合わせて，球の直径のまわりの慣性モーメントが

$$I_z = \int_V r^2\cdot\frac{2}{3}\rho dV = \int_0^a \frac{2M}{a^3}r^4dr = \frac{2}{5}Ma^2 \qquad (7.42)$$

と求まる．

【別法】球を z と $z+dz$ で挟まれた微小な厚さ $(-dz)$ の円板に分割することによっても求めることができる．z 軸のまわりの体積素片の慣性モーメントは

$$dI_z = \frac{1}{2}\rho\pi(a\sin\theta)^2(-dz)(a\sin\theta)^2$$
$$= -\frac{3Ma}{8}\left(1-\frac{2z^2}{a^2}+\frac{z^4}{a^4}\right)dz$$

である．これを $z=a$ から $z=-a$ まで足し合わると，球の直径のまわりの慣性モーメントが $(2/5)Ma^2$ と得られる．

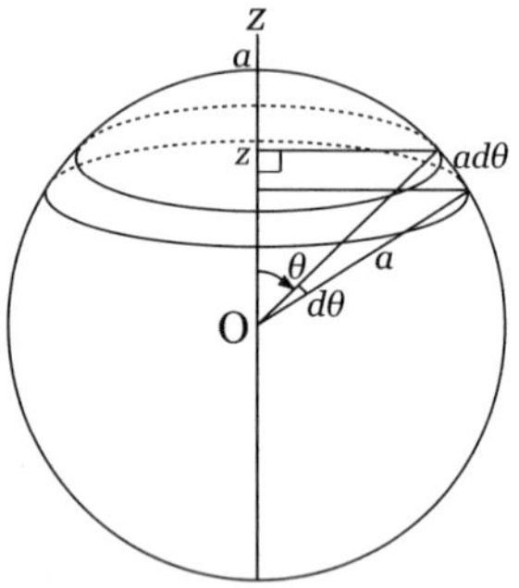

円板に分割して求める方法

(vi) **質量 M，底面の半径 a，高さ $2l$ の一様な円柱**

円柱の中心軸（z 軸）のまわりの慣性モーメントを計算する．円柱の質量体積密度を $\rho \equiv M/2\pi a^2 l$ とおく．底面の中心を原点 O とし，中心軸方向を z 軸とした円柱座標をとって考える．円柱を底面からの高さ z と $z+dz$ の円で挟まれた円板形の体積素片 $dV=\pi a^2\cdot dz$ に分割する．質量 M が一様分布した半径 a の円板では中心軸のまわりの慣性モーメントが $I=(1/2)Ma^2$ であったので，体積素片の中心軸のまわりの慣性モーメントは

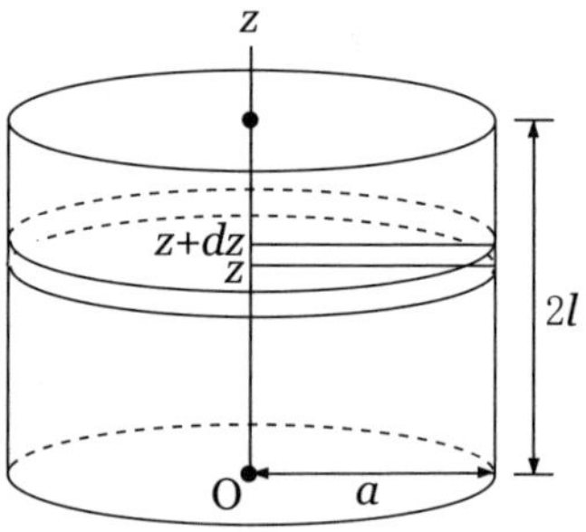

円柱の中心軸のまわりの慣性モーメント

$$dI = \frac{1}{2}\rho\,dV\cdot a^2 = \frac{Ma^2}{4l}\,dz \tag{7.43}$$

である．これを円柱全体にわたって足し合わせて円柱の中心軸のまわりの慣性モーメントが

$$I = \int_0^{2l}\frac{Ma^2}{4l}\,dz = \frac{Ma^2}{2} \tag{7.44}$$

と求まる．円柱を中心軸に沿って圧縮すると円板になるので，この式は円板と同じ形をしている．

▶ **問題 7.2A** 質量 M で長さ $2a$ の一様な棒がある．棒の重心から h だけ離れた棒上の点を支点として，棒を鉛直面内で微小振動させる．

(1) 支点を通る棒に垂直な軸のまわりの慣性モーメントを求めよ．

(2) 微小振動の周期が最小となる h を求めよ．

▶ **問題 7.2B** 辺の長さ $2a$ の正方形の周上に質量 M が一様分布している．次の慣性モーメントを求めよ．

(1) 向かい合う辺の中点どうしを結ぶ線分のまわりの慣性モーメント I_1．

(2) 対角線のまわりの慣性モーメント I_2．

(3) 対角線の交点を通り正方形の面に垂直な軸のまわりの慣性モーメント I_3．

▶ **問題 7.2C** 質量 M で半径 a の一様な円環の中心を通り中心軸から角度 θ だけ傾いた ζ 軸がある．この ζ 軸のまわりの円環の慣性モーメントを，次の方法により求めよ．

(1) 線素片からの寄与を直接足し合わせる方法.

(2) 対称性と回転軸の方向余弦を利用する方法.

固定軸のまわりを回転するベクトル

原点を通る固定軸のまわりを角速度 ω で回転する点の位置ベクトルを $\boldsymbol{r}$ とする．固定軸方向を向き，大きさが ω であるようなベクトルを**角速度ベクトル** $\boldsymbol{\omega}$ と呼ぶ．角速度ベクトルの向きは，点が回転する向きに右ねじを回したときにねじの進む向きとする．位置ベクトル $\boldsymbol{r}$ は，角速度ベクトル $\boldsymbol{\omega}$ と一定の角度 θ をなしていて，その先端が固定軸におろした垂線の長さ $r\sin\theta$ を半径とする円周上を運動する．

時刻 t における位置ベクトル $\boldsymbol{r}$ が，時刻 $t+dt$ に $\boldsymbol{r}+d\boldsymbol{r}$ まで変位したとすると，変位の大きさは $|d\boldsymbol{r}| = r\sin\theta\cdot\omega dt$ である．また，ベクトル $\boldsymbol{\omega}\times\boldsymbol{r}$ は $d\boldsymbol{r}$ の向きを向いたベクトルであるから

$$\frac{d\boldsymbol{r}}{dt} = \boldsymbol{\omega}\times\boldsymbol{r} \tag{7.45}$$

が成り立つ．

これは，固定軸の周りを回転するベクトルの時間的変化を記述する方程式になっている．

位置ベクトルだけでなく，一般のベクトル $\boldsymbol{A}$ が角速度ベクトル $\boldsymbol{\omega}$ のまわりに回転する場合についても同様に

$$\frac{d\boldsymbol{A}}{dt} = \boldsymbol{\omega} \times \boldsymbol{A} \tag{7.46}$$

が成り立つ．この方程式は，以後において剛体の自転軸の運動を議論するときにしばしば用いられることになる．

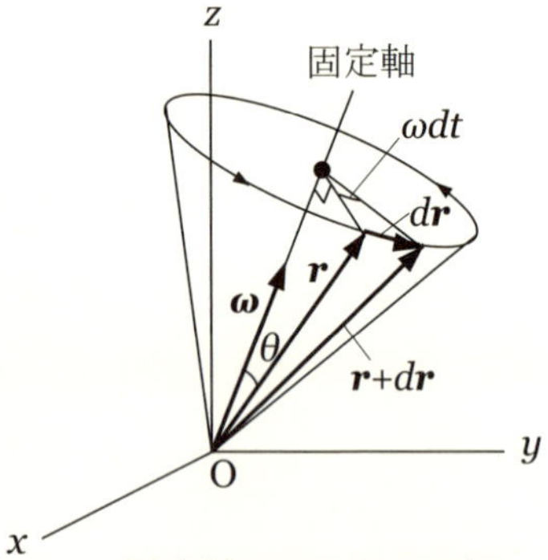

固定軸のまわりを回転するベクトル

剛体に固定された点での角速度ベクトル

剛体が重心 G のまわりに角速度ベクトル $\boldsymbol{\omega}$ で回転しているとき，重心 G からベクトル $\boldsymbol{s}$ だけずれた位置にある剛体に固定された点 H のまわりには剛体がどれだけの角速度ベクトルで回転しているか，を考えてみよう．

剛体の任意の点 P の重心 G からの位置ベクトルを $\boldsymbol{r}'$，剛体に固定された任意の点 H からの位置ベクトルを $\boldsymbol{R}$ とする．

また，点 H のまわりの剛体の回転の角速度ベクトルを $\boldsymbol{\Omega}$ とする．このとき以下の関係が成り立つ．

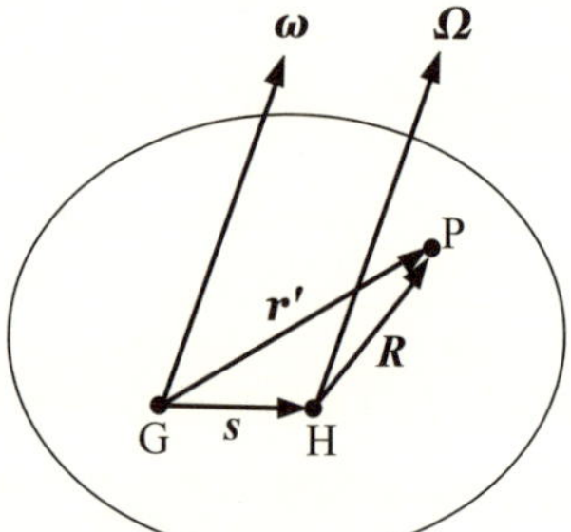

剛体の回転の
角速度ベクトル

$$\boldsymbol{r}' = \boldsymbol{s} + \boldsymbol{R}, \quad \cdots \qquad \dot{\boldsymbol{r}}' = \boldsymbol{\omega} \times \boldsymbol{r}', \quad \cdots$$

$$\dot{\boldsymbol{s}} = \boldsymbol{\omega} \times \boldsymbol{s}, \quad \cdots \qquad \dot{\boldsymbol{R}} = \boldsymbol{\Omega} \times \boldsymbol{R} \quad \cdots$$

式　を式　へ代入すると

$$\dot{\boldsymbol{s}} + \dot{\boldsymbol{R}} = \boldsymbol{\omega} \times \boldsymbol{s} + \boldsymbol{\omega} \times \boldsymbol{R} \tag{7.47}$$

と書けるが，式　　により

$$(\boldsymbol{\Omega} - \boldsymbol{\omega}) \times \boldsymbol{R} = \mathbf{0} \quad \cdots \tag{7.48}$$

となる．点 P は任意に選んでいるので，式　が剛体のどの点についても成り立つためには

$$\boldsymbol{\Omega} = \boldsymbol{\omega} \tag{7.49}$$

でなければならない．これは，**任意に選ばれた剛体に固定された点 H のまわりにも重心 G のまわりと同じ角速度ベクトル $\boldsymbol{\omega}$ で剛体が回転している**ことを表している．従って，剛体の固定点を指定せずに，$\boldsymbol{\omega}$ を単に「剛体の角速度ベクトル」と呼んでもよいことがわかる．

剛体が固定軸のまわりに回転運動する場合には，軸のまわりの回転角 φ のみで剛体の空間内での向きを記述でき，運動の自由度は 1 である．

【水平な台上で回転する円板】 質量 M，半径 a の一様な円板が水平な台の上で面を接しつつ中心軸のまわりに回転運動している．円板と台との動摩擦係数を μ' とし，円板は初めの時刻 $t = 0$ において角速度 ω_0 で回転していたとする．円板が止まるまでの間の時刻 t における角速度 $\omega(t)$ を求めてみよう．

【解】 円板の底面に平面極座標をとって記述する．

円板の質量面密度を $\sigma = M/\pi a^2$ とおくと，底面の面積素片 $dS = rdrd\varphi$ に働く重力は $\sigma dS \cdot g$ なので，面積素片が台から受ける垂直抗力の大きさも $\sigma dS \cdot g$ である．従って，これに働く摩擦力 $\boldsymbol{F}'$ の原点のまわりのモーメント・ベクトル $\boldsymbol{r} \times \boldsymbol{F}'$ は鉛直下方を向き，大きさは $r \cdot \mu' \sigma dS \cdot g$ である．

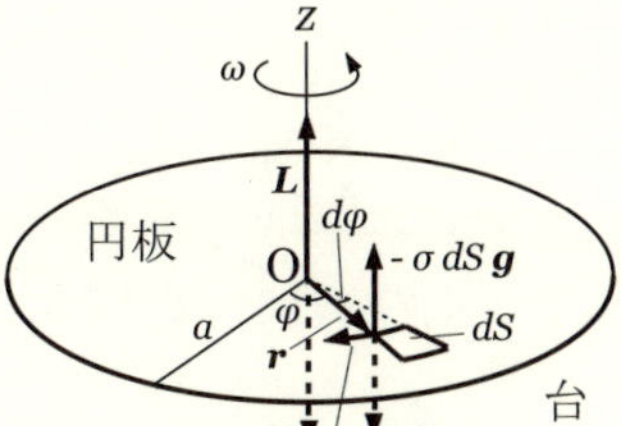

動摩擦力が働いている
円板の回転運動

全ての面積素片について足し合わせると，円板の回転運動を減速させる力のモーメントは z 軸負方向を向き，z 成分が

$$N_z = -\mu' \cdot \frac{Mg}{\pi a^2} \int_0^a \left[\int_0^{2\pi} r^2 d\varphi \right] dr = -\frac{2\mu' Mga}{3}$$

となる．負符号は力のモーメントが回転をさまたげる向きに働くことを表している．時刻 t における角速度を $\omega(t)$ とすると，回転の運動方程式は

$$\frac{Ma^2}{2}\cdot\frac{d\omega}{dt}=-\frac{2\mu' Mga}{3}$$

となる．これを解くと，回転は次の式に従って減速していくことがわかる．

$$\omega(t)=\omega_0-\frac{4\mu' g}{3a}t$$ 【終】

▶ **問題 7.2D** x 軸，$x=a$ および $y=x^2/a$ で囲まれた xy 平面内の図形が x 軸のまわりに 1 回転してできる立体の内部に質量 M が一様に分布した剛体がある（a は正の定数）．この剛体が x 軸のまわりに角速度の大きさ ω で回転しているときの運動エネルギーを求めよ．

7.3　剛体の慣性主軸

7.3.1　慣性テンソル

座標系 Oxyz において，剛体が原点 O のまわりに角速度ベクトル $\boldsymbol{\omega}$ で回転運動しているとき，剛体のある点 P の位置ベクトルを $\boldsymbol{r}_i$ とすると，点 P のこの座標系での速度ベクトルは $\boldsymbol{v}_i=\boldsymbol{\omega}\times\boldsymbol{r}_i$ と書ける．原点のまわりの剛体の角運動量ベクトルは

$$\boldsymbol{L}=\sum_{i=1}^{N}\boldsymbol{r}_i\times m_i\boldsymbol{v}_i=\sum_{i=1}^{N}m_i\boldsymbol{r}_i\times(\boldsymbol{\omega}\times\boldsymbol{r}_i) \tag{7.50}$$

と表せる．この x,y,z 成分を計算すると

$$L_x=\omega_x\sum_{i=1}^{N}m_i(y_i^2+z_i^2)-\omega_y\sum_{i=1}^{N}m_ix_iy_i-\omega_z\sum_{i=1}^{N}m_ix_iz_i\,, \tag{7.51}$$

$$L_y=\omega_y\sum_{i=1}^{N}m_i(z_i^2+x_i^2)-\omega_z\sum_{i=1}^{N}m_iy_iz_i-\omega_x\sum_{i=1}^{N}m_iy_ix_i\,, \tag{7.52}$$

$$L_z=\omega_z\sum_{i=1}^{N}m_i(x_i^2+y_i^2)-\omega_x\sum_{i=1}^{N}m_iz_ix_i-\omega_y\sum_{i=1}^{N}m_iz_iy_i \tag{7.53}$$

となる．これらを行列を用いた式で表すと次のようになる．

$$\begin{pmatrix} L_x \\ L_y \\ L_z \end{pmatrix} = \begin{pmatrix} I_{xx} & -I_{xy} & -I_{xz} \\ -I_{yx} & I_{yy} & -I_{yz} \\ -I_{zx} & -I_{zy} & I_{zz} \end{pmatrix} \begin{pmatrix} \omega_x \\ \omega_y \\ \omega_z \end{pmatrix}$$

ここで

$$I_{xx} = \sum_{i=1}^{N} m_i(y_i^2 + z_i^2)\,, \tag{7.54}$$

$$I_{yy} = \sum_{i=1}^{N} m_i(z_i^2 + x_i^2)\,, \tag{7.55}$$

$$I_{zz} = \sum_{i=1}^{N} m_i(x_i^2 + y_i^2), \tag{7.56}$$

$$I_{xy} = I_{yx} = \sum_{i=1}^{N} m_i x_i y_i\,, \tag{7.57}$$

$$I_{xz} = I_{zx} = \sum_{i=1}^{N} m_i x_i z_i\,, \tag{7.58}$$

$$I_{yz} = I_{zy} = \sum_{i=1}^{N} m_i y_i z_i \tag{7.59}$$

である．I_{xx}, I_{yy}, I_{zz} はそれぞれ x, y, z 軸のまわりの**慣性モーメント**である．また，I_{yz}, I_{zx}, I_{xy} をそれぞれ x, y, z 軸についての**慣性乗積**と呼ぶ．上に行列で表された等式は，ベクトル記号 $\boldsymbol{L}$, $\boldsymbol{\omega}$ を用いて

$$\boldsymbol{L} = \boldsymbol{I} \cdot \boldsymbol{\omega} \tag{7.60}$$

と表せるが，このとき 9 個のスカラーからなる量

$$\boldsymbol{I} = \begin{pmatrix} I_{xx} & -I_{xy} & -I_{xz} \\ -I_{yx} & I_{yy} & -I_{yz} \\ -I_{zx} & -I_{zy} & I_{zz} \end{pmatrix}$$

を**慣性テンソル**とよぶ．原点を固定して座標軸を回転したときに，座標 x, y, z を 2 つ掛け合わせた 9 個の積 xx, xy, xz, yx, yy, yz, zx, zy, zz と同じ変換性

をもつ量を2階テンソルという．慣性テンソルは，実際に2階テンソルとしての座標回転変換性をもっている．

【慣性テンソルが2階テンソルであることの証明】

慣性テンソルが2階テンソルであることは，次のようにして示すことができる．剛体の慣性テンソルの成分を $T_{kl}\,(k,\,l=1,\,2,\,3)$ で表す．すなわち，慣性テンソル $\boldsymbol{T}$ は次のように定義される．

$$T_{11}=I_{xx}=\sum_{i=1}^{N}m_i r_i^2-\sum_{i=1}^{N}m_i x_i^2\,, \tag{7.61}$$

$$T_{22}=I_{yy}=\sum_{i=1}^{N}m_i r_i^2-\sum_{i=1}^{N}m_i y_i^2\,, \tag{7.62}$$

$$T_{33}=I_{zz}=\sum_{i=1}^{N}m_i r_i^2-\sum_{i=1}^{N}m_i z_i^2\,, \tag{7.63}$$

$$T_{12}=T_{21}=-I_{xy}=-\sum_{i=1}^{N}m_i x_i y_i\,, \tag{7.64}$$

$$T_{23}=T_{32}=-I_{yz}=-\sum_{i=1}^{N}m_i y_i z_i\,, \tag{7.65}$$

$$T_{31}=T_{13}=-I_{zx}=-\sum_{i=1}^{N}m_i z_i x_i \tag{7.66}$$

ここで，$x,\,y,\,z$ 座標の区別を添え字 $1,2,3$ により行えるように

$$x_{i1}=x_i\,,\qquad x_{i2}=y_i\,,\qquad x_{i3}=z_i\,,$$
$$x'_{i1}=x'_i\,,\qquad x'_{i2}=y'_i\,,\qquad x'_{i3}=z'_i$$

と表すことにする．座標系 Oxyz を原点 O のまわりに回転して，新しい座標系 O$'x'y'z'$ に移ったとき，空間の点の旧座標 $(x_{i1},\,x_{i2},\,x_{i3})$ と新座標 $(x'_{i1},\,x'_{i2},\,x'_{i3})$ の間に成り立つ変換式を

$$x'_{ik}=\sum_{l=1}^{3}a_{kl}x_{il}\qquad (k=1,\,2,\,3) \tag{7.67}$$

とする．このとき，変換係数の間には次の関係式が成り立っている．

$$\sum_{l=1}^{3} a_{kl} a_{ml} = \delta_{km} \,, \qquad \sum_{l=1}^{3} a_{lk} a_{lm} = \delta_{km} \tag{7.68}$$

ここで δ_{km} はクロネッカーのデルタ記号

$$\delta_{km} = \begin{cases} 1 & (k = m \text{ のとき}) \\ 0 & (k \neq m \text{ のとき}) \end{cases}$$

である．この記号を用いて，$\boldsymbol{T}$ の成分は

$$T_{kl} = \sum_{i=1}^{N} m_i \left(r_i^2 \delta_{kl} - x_{ik} x_{il} \right) \tag{7.69}$$

と表せる．座標回転後の量

$$T'_{mn} = \sum_{i=1}^{N} m_i \left(r_i'^2 \delta_{mn} - x'_{im} x'_{in} \right) \tag{7.70}$$

と回転前での T_{kl} が座標の積の変換関係

$$x'_{im} x'_{in} = \sum_{l=1}^{3} \sum_{k=1}^{3} a_{ml} a_{nk} x_{il} x_{ik} \tag{7.71}$$

と同じになっているかを調べる．まず r_i^2 の変換性を調べると次のようになる．

$$\begin{aligned} r_i'^2 &= x_{i1}'^2 + x_{i2}'^2 + x_{i3}'^2 \\ &= \sum_{l=1}^{3} a_{1l} x_{il} \sum_{m=1}^{3} a_{1m} x_{im} + \sum_{l=1}^{3} a_{2l} x_{il} \sum_{m=1}^{3} a_{2m} x_{im} + \sum_{l=1}^{3} a_{3l} x_{il} \sum_{m=1}^{3} a_{3m} x_{im} \\ &= \sum_{l=1}^{3} \sum_{m=1}^{3} \left(\sum_{k=1}^{3} a_{kl} a_{km} \right) x_{il} x_{im} = \sum_{l=1}^{3} x_{il} x_{il} = r_i^2 \end{aligned}$$

交叉項については

$$x'_{im} x'_{in} = \sum_{l=1}^{3} a_{ml} x_{il} \cdot \sum_{k=1}^{3} a_{nk} x_{ik} = \sum_{l=1}^{3} \sum_{k=1}^{3} a_{ml} a_{nk} x_{il} x_{ik} \tag{7.72}$$

となる．関係式

$$\sum_{l=1}^{3} \sum_{k=1}^{3} a_{ml} a_{nk} \delta_{lk} = \sum_{l=1}^{3} a_{ml} a_{nl} = \delta_{mn} \tag{7.73}$$

を考慮して T'_{mn} を計算すると

$$T'_{mn} = \sum_{i=1}^{N} m_i \left(r_i^2 \delta_{mn} - \sum_{l=1}^{3}\sum_{k=1}^{3} a_{ml} a_{nk} x_{il} x_{ik} \right)$$
$$= \sum_{i=1}^{N} m_i r_i^2 \sum_{l=1}^{3}\sum_{k=1}^{3} a_{ml} a_{nk} \delta_{lk} - \sum_{l=1}^{3}\sum_{k=1}^{3} a_{ml} a_{nk} \sum_{i=1}^{N} m_i x_{il} x_{ik}$$
$$= \sum_{l=1}^{3}\sum_{k=1}^{3} a_{ml} a_{nk} \sum_{i=1}^{N} m_i \left(r_i^2 \delta_{kl} - x_{ik} x_{il} \right) \tag{7.74}$$

となるので

$$T'_{mn} = \sum_{l=1}^{3}\sum_{k=1}^{3} a_{ml} a_{nk} T_{lk} \tag{7.75}$$

が成り立つことがわかる．これは 2 つの座標の積の変換と同じ変換性を表しており，慣性テンソルが 2 階テンソルであることを示している．
【証明終り】

慣性主軸

テンソルの性質から，**座標系を原点 O のまわりに適当に回転することにより，慣性テンソルの全ての非対角要素を 0 とすることができる**．このように慣性テンソルが対角化されているときの 3 本の座標軸を剛体の**慣性主軸**と呼ぶ．また，慣性主軸に対する慣性モーメントは**主慣性モーメント**と呼ばれる．

慣性主軸による直交座標系は剛体のそれぞれの点に対して少なくとも 1 つは存在する．3 個の主慣性モーメントはどれも負にはならず，どの値も他の 2 つの値の和より大きくなることはない．

主慣性モーメントの値については，(i) 3 個とも異なる，(ii) 2 個だけが等しい，(iii) 3 個とも同じ値，の 3 通りの場合がありうる．同一の点を原点として複数の（もしくは無数の）慣性主軸が存在することもある．

【正方形剛体】 正方形の内部に質量が一様に分布した平板剛体について，慣性主軸の主慣性モーメントの値が,「(i) 3 個とも異なる」,「(ii) 2 個だけが等しい」, となる例を探してみよう．

【解】1つの辺の中点を座標原点とし，その辺に沿って x 軸を，対辺の中点と結んだ方向に y 軸を，面の法線方向に z 軸を選ぶと，慣性乗積が0となるので x, y, z 軸は慣性主軸である．このときには I_x, I_y, I_z は互いに異なり (i) の場合に相当する．

対角線の交点に原点をとり，2本の対角線を x, y 軸とし，面の法線方向に z 軸を選ぶと，$I_x = I_y = \dfrac{1}{2}I_z$, $I_{xy} = I_{yz} = I_{zx} = 0$ となるので x, y, z 軸は慣性主軸となっており (ii) の場合に相当する．

さらに，対角線の交点に原点をとったとき，対辺の中点どうしを結んだ直交する2つの方向に x, y 軸を選んでも慣性主軸となっている．

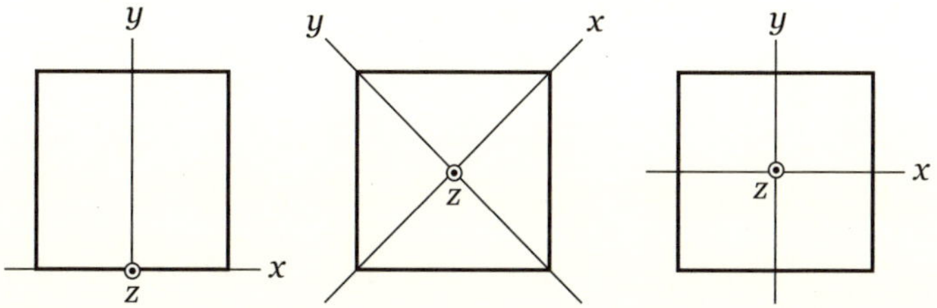

【終】

剛体が質量分布に関して**対称面**をもつ場合には，重心がこの面内にある．このとき，重心を通る慣性主軸のうち2つはこの面内にとり，3番目の慣性主軸を対称面の法線方向に選ぶことができる．

剛体が質量分布に関して**対称軸**をもつ場合には，重心がこの軸上にある．このとき，重心を通る慣性主軸のうち1つはこの軸方向にとり，残り2つを軸に垂直な面内にとることができる．

座標系 Oxyz に対して方向余弦 (l, m, n) をもつ ζ 方向を軸とする慣性モーメント I_ζ の表式を前に導いた．これを x, y, z 軸についての慣性モーメントおよび慣性乗積を用いて書き直すと，次のように表せる．

$$I_\zeta = l^2 I_x + m^2 I_y + n^2 I_z - 2lmI_{xy} - 2mnI_{yz} - 2nlI_{zx} \tag{7.76}$$

▶ **問題 7.3A** Oxyz 座標系の xy 面内に質量分布をもつ平板状剛体がある．この剛体の Oxyz 座標系での慣性テンソルが

$$\boldsymbol{I} = \begin{pmatrix} I_{11} & I_{12} & 0 \\ I_{12} & I_{22} & 0 \\ 0 & 0 & I_{33} \end{pmatrix}$$

と表されている．z 軸のまわりに角度 θ だけ座標軸回転をした座標系 O$'x'y'z'$ での慣性テンソルが対角化されるときの $\tan 2\theta$ を求めよ．

▶ **問題 7.3B** Oxyz 座標系の xy 面内にある長方形OABCの内部に質量 M が一様に分布している．ここで，頂点の座標はそれぞれ A$(0,\ a)$, B$(2a,\ a)$, C$(2a,\ 0)$ である（a は正の定数）．x, y 座標軸を z 軸のまわりに反時計回りに回転する．回転後の座標系 O$'x'y'z'$ での慣性テンソル が対角化されるためには，回転する角度 θ $(0 \leq \theta \leq \pi/2)$ をどれだけにしたらよいか．

7.3.2 剛体の運動エネルギー

剛体が原点 O のまわりに角速度ベクトル $\boldsymbol{\omega}$ で回転しているときの運動エネルギーを慣性モーメントと慣性乗積を用いて表すことを考えてみよう．

剛体を質量 m_i $(i = 1, \ldots,\ N)$ の質点の集まりとみなして，この座標系での各質点の位置ベクトルを $\boldsymbol{r}_i$，速度ベクトルを $\boldsymbol{v}_i$ とすると，回転の運動エネルギーは次のように計算される．

$$\begin{aligned} K &= \frac{1}{2}\sum_{i=1}^{N} m_i \boldsymbol{v}_i^2 = \frac{1}{2}\sum_{i=1}^{N} m_i (\boldsymbol{\omega} \times \boldsymbol{r}_i)^2 \\ &= \frac{1}{2}\sum_{i=1}^{N} m_i \Big[(\omega_y z_i - \omega_z y_i)^2 + (\omega_z x_i - \omega_x z_i)^2 + (\omega_x y_i - \omega_y x_i)^2 \Big] \\ &= \frac{1}{2}(I_x \omega_x^2 + I_y \omega_y^2 + I_z \omega_z^2) - (I_{xy}\omega_x\omega_y + I_{yz}\omega_y\omega_z + I_{zx}\omega_z\omega_x) \end{aligned}$$

Oxyz 座標軸として慣性主軸（$x_1x_2x_3$ 座標軸）を選ぶと慣性乗積の項が消えて，回転の運動エネルギーは

$$K = \frac{1}{2}(I_1\omega_1^2 + I_2\omega_2^2 + I_3\omega_3^2) \tag{7.77}$$

と表される．ここで，$\omega_1, \omega_2, \omega_3$ はそれぞれ慣性主軸 x_1, x_2, x_3 に対する角速度ベクトルの成分である．

次に，剛体が重心を通る固定軸のまわりに角速度ベクトル $\boldsymbol{\omega}$ で回転運動しながら，その重心が並進運動する場合について考えてみよう．直交座標系 Oxyz における質点 i の位置ベクトル $\boldsymbol{r}_i$ と，座標原点 O$'$ が剛体の重心 G に重なるように平行移動した座標系 O$'x'y'z'$ における質点 i の位置ベクトル $\boldsymbol{r}'_i$ の間には $\boldsymbol{r}_i = \boldsymbol{r}_{\rm G} + \boldsymbol{r}'_i$ の関係があるので，剛体の運動エネルギーは

$$K = \sum_{i=1}^{N} \frac{1}{2} m_i \dot{\boldsymbol{r}}_i^2 = \frac{1}{2} \sum_{i=1}^{N} m_i (\dot{\boldsymbol{r}}_{\rm G} + \dot{\boldsymbol{r}}'_i)^2 = \frac{1}{2} M v_{\rm G}^2 + \frac{1}{2} \sum_{i=1}^{N} m_i \dot{\boldsymbol{r}}_i'^2$$

となる．

上の結果から，**座標系 O$'x'y'z'$ が慣性主軸 (O$'x_1x_2x_3$) に一致している場合には，剛体の全運動エネルギーは，次のように表される．**

$$K = \frac{1}{2} M v_{\rm G}^2 + \frac{1}{2} (I_1 \omega_1^2 + I_2 \omega_2^2 + I_3 \omega_3^2) \tag{7.78}$$

ここで M は剛体の質量，$v_{\rm G}$ は Oxyz 座標系に対する重心の速度である．また，$\dot{\boldsymbol{r}}'_i = \boldsymbol{\omega} \times \boldsymbol{r}'_i$ であるので，ベクトルの関係式

$$\boldsymbol{A} \cdot (\boldsymbol{B} \times \boldsymbol{C}) = \boldsymbol{B} \cdot (\boldsymbol{C} \times \boldsymbol{A}),$$
$$\boldsymbol{A} \times (\boldsymbol{B} \times \boldsymbol{C}) = \boldsymbol{B}(\boldsymbol{A} \cdot \boldsymbol{C}) - \boldsymbol{C}(\boldsymbol{A} \cdot \boldsymbol{B})$$

を利用して計算を行うと

$$\begin{aligned} \dot{\boldsymbol{r}}_i'^2 &= (\boldsymbol{\omega} \times \boldsymbol{r}'_i) \cdot (\boldsymbol{\omega} \times \boldsymbol{r}'_i) = \boldsymbol{\omega} \cdot \left[\, \boldsymbol{r}'_i \times (\boldsymbol{\omega} \times \boldsymbol{r}'_i) \,\right] \\ &= \boldsymbol{\omega} \cdot \left[\, \boldsymbol{\omega}(\boldsymbol{r}'_i \cdot \boldsymbol{r}'_i) - \boldsymbol{r}'_i(\boldsymbol{r}'_i \cdot \boldsymbol{\omega}) \,\right] = \omega^2 r_i'^2 - (\boldsymbol{r}'_i \cdot \boldsymbol{\omega})^2 \\ &= \omega^2 r_i'^2 (1 - \cos^2\theta_i) = \omega^2 \rho_i^2 \end{aligned}$$

となる．ここで，θ_i は $\boldsymbol{r}'_i$ と回転軸方向（$\boldsymbol{\omega}$ の方向）とがなす角度，ρ_i は質点から回転軸までの距離を表している．従って

$$\frac{1}{2} \sum_{i=1}^{N} m_i \dot{\boldsymbol{r}}_i'^2 = \frac{1}{2} \omega^2 \sum_{i=1}^{N} m_i \rho_i^2 = \frac{1}{2} I_{\rm G} \omega^2$$

となる．I_G は重心を通る回転軸のまわりの慣性モーメントである．このことから，**剛体の運動エネルギーは**，次のように表すこともできる．

$$K = \frac{1}{2}Mv_G^2 + \frac{1}{2}I_G\omega^2 \tag{7.79}$$

右辺第1項は重心の**並進運動エネルギー**，第2項は重心を通る固定軸のまわりの**回転運動エネルギー**である．

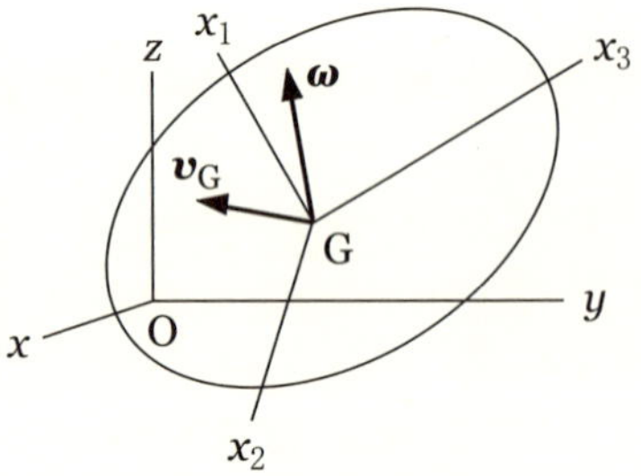

剛体の並進運動と重心のまわりの回転運動

このように，各時刻における剛体の運動エネルギーは，並進運動分と回転運動（自転）分に分離することができる．物体を大きさをもたない質点とみなすときには，自転の回転運動エネルギーは考えず並進運動エネルギーのみを運動エネルギーとして扱うが，物体の大きさを考慮するときには，自転の回転運動エネルギーも並進運動エネルギーとともに扱わなければならない．

上の回転運動エネルギーの表式は，次のようにして導くこともできる．慣性主軸に対する角速度ベクトル $\boldsymbol{\omega}$ の方向余弦を (l, m, n) とすると，$O'x'y'z'$ 座標系の基本ベクトル $\boldsymbol{i}', \boldsymbol{j}', \boldsymbol{k}'$ を用いて

$$\boldsymbol{\omega} = \omega(l\,\boldsymbol{i}' + m\,\boldsymbol{j}' + n\,\boldsymbol{k}') \tag{7.80}$$

と表せるので

$$\omega_1 = \omega l\,, \qquad \omega_2 = \omega m\,, \qquad \omega_3 = \omega n \tag{7.81}$$

である．これより，回転運動エネルギーは

$$\frac{1}{2}\omega^2(l^2I_1 + m^2I_2 + n^2I_3) = \frac{1}{2}I_G\omega^2 \tag{7.82}$$

となる．

8　剛体の平面運動

剛体の各点が，ある定まった平面に平行な面内で運動する場合を，剛体の平面運動という．例えば，斜面を下方へ向かって滑らずに転がる球などでは，球の各点が互いに平行なそれぞれの鉛直面内を運動するので平面運動となっている．このような平面運動について調べてみよう．

8.1　瞬時回転中心

剛体の運動は，時々刻々の微小変位の連続したものと考えられるので，これを各瞬間における回転中心（その瞬間に静止している点）のまわりの微小回転の連続として扱うことができる．回転中心は，時刻とともにその位置を変えていく．それぞれの時刻における回転中心を**瞬時回転中心**と呼ぶ．

瞬時回転中心を通る回転軸のまわりの剛体の慣性モーメントを I，回転の角速度を ω として，剛体の運動エネルギーは

$$K = \frac{1}{2} I \omega^2 \tag{8.1}$$

と表される．剛体の運動エネルギーに対して前に得られた結果と比べると，I と重心を通る平行な回転軸のまわりの慣性モーメント I_{G} との間に

$$I = I_{\mathrm{G}} + M \cdot \left(\frac{v_{\mathrm{G}}}{\omega} \right)^2 \tag{8.2}$$

の関係が成り立つことがわかる．

瞬時回転中心と重心との距離を h とすると，重心の速度は $v_{\mathrm{G}} = h\omega$ となるので，上の関係式は慣性モーメントに対する平行軸の定理からも導くことができる．

8.2　一様な重力場中の運動

剛体が一様な重力場中を運動する場合の力学的エネルギーについて考えてみよう．i 番目の質点のポテンシャル・エネルギーの基準水平面からの質点の高さを h_i とすると，この質点のポテンシャル・エネルギーは $m_i g h_i$ である．これよ

り，剛体のポテンシャル・エネルギーは

$$
\begin{aligned}
U &= \sum_{i=1}^{N} m_i g h_i = g \sum_{i=1}^{N} m_i h_i \\
&= M g h_{\mathrm{G}} \qquad (8.3)
\end{aligned}
$$

と計算される．ただし

$$
h_{\mathrm{G}} \equiv \frac{\displaystyle\sum_{i=1}^{N} m_i h_i}{M} \qquad (8.4)
$$

はポテンシャル・エネルギーの基準水平面からの重心の高さを表している．

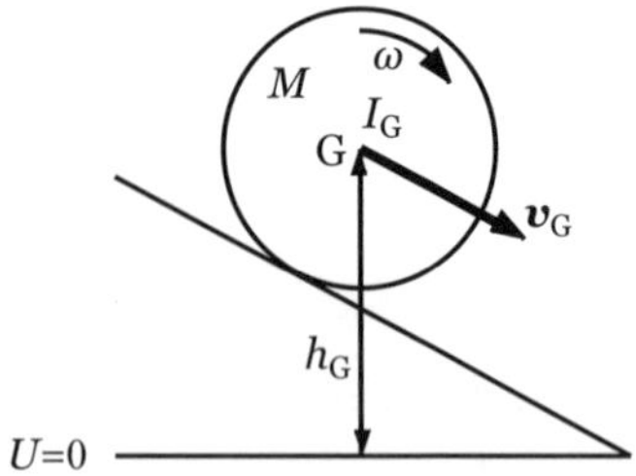

剛体の力学的エネルギー

これより，**剛体の力学的エネルギー** E は，次のように書ける．

$$
E = \frac{1}{2} M v_{\mathrm{G}}^2 + \frac{1}{2} I_{\mathrm{G}} \omega^2 + M g h_{\mathrm{G}} \qquad (8.5)
$$

【棒の回転運動】 長さ $2a$ の棒に質量 M が一様に分布した剛体が，その一端の点 O を支点として鉛直面内を運動する．はじめ棒を水平に静止させてからはなした．重力加速度の大きさを g とする．棒が鉛直となったときの回転の角速度の大きさを求めてみよう．

【解】支点 O を通る棒に垂直な軸のまわりの慣性モーメントは $I = 4Ma^2/3$ である．棒が鉛直になったときの回転の角速度の大きさを ω とすると，運動エネルギーは $I\omega^2/2$ となる．重心の高さは a だけ下がっているので $I\omega^2/2 = Mga$ が成り立つ．これを解くと

$$
\omega = \sqrt{\frac{3g}{2a}}
$$

と得られる．【終】

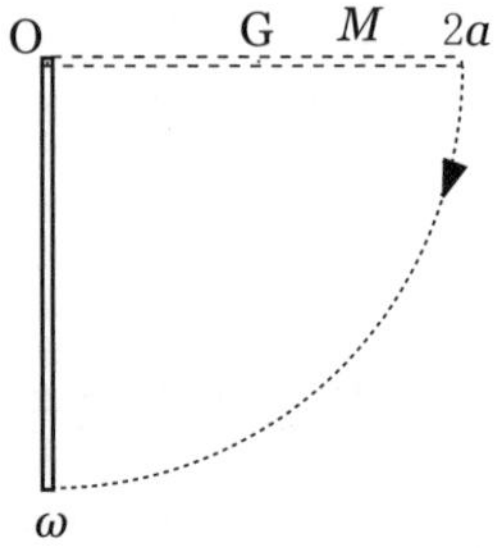

▶ **問題 8.2A** 質量 M が一様に分布した長さ $2a$ の棒がある．棒の 2 つの端点 A と B のうち端点 B を水平で滑らかな床に接するようにおき，棒が鉛直上方となす角度が初め $\pi/6$ となるようにして，静止させてからはなした．重力加速度の大きさを g とする．棒が水平となって床にあたる直前の端点 A の速さを求めよ．

8.3 水平面上の球の運動

平面運動の例として，一様な球が水平面上を転がる場合を調べてみよう．

はじめに，物体にある時間だけ力を作用させたときに物体の運動量がどれだけ変化するかを計算してみる．物体が時刻 t と $t+dt$ の間に $\boldsymbol{F}$ の力を受けつつ運動すると，その運動量は $\boldsymbol{p}$ から $\boldsymbol{p}+d\boldsymbol{p}$ へ変化する．このとき運動量の変化量は，運動方程式から

$$d\boldsymbol{p} = \boldsymbol{F}dt \tag{8.6}$$

と表せる．このような無限小量を時刻 t_1 から t_2 まで足し合わせる．

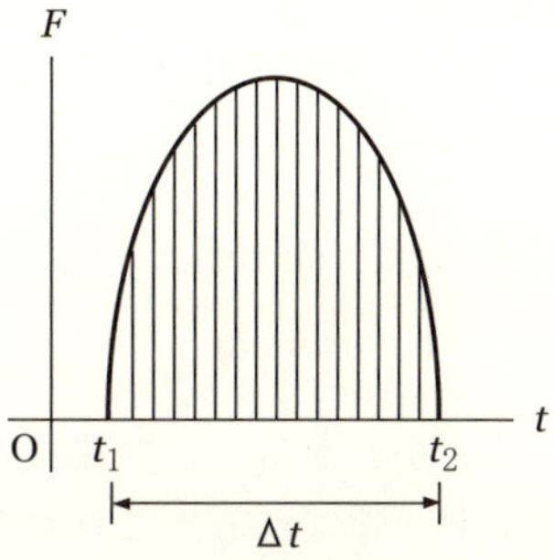

撃力の力積

$$\int_1^2 d\boldsymbol{p} = \int_{t_1}^{t_2} \boldsymbol{F}dt \tag{8.7}$$

より，時間 $t_2 - t_1$ の間の運動量の変化が次の式で与えられる．

$$\boldsymbol{p}_2 - \boldsymbol{p}_1 = \bar{\boldsymbol{F}} \qquad \left(\text{ただし} \bar{\boldsymbol{F}} \equiv \int_{t_1}^{t_2} \boldsymbol{F}dt\right) \tag{8.8}$$

力を有限時間積分した $\bar{\boldsymbol{F}}$ を**力積**という．このとき，物体に働く力を時刻 t の関数として扱っている．例えば，物体が時間 Δt の間，一定の力 $\boldsymbol{F}_0$ を受けて運動している場合，運動方向の力積の大きさは

$$\bar{F} = F_0 \Delta t \tag{8.9}$$

となる．わずかな時間の間に大きな力が働いて，それにより物体に力積を与える場合，この力を**撃力**という．

次に，半径 a の球が平面上を滑らずに真直ぐに転がるとき，ある時刻で平面

と接していた点がその後どのような運動をするか調べてみよう．これは，直線上を滑らずに一定の速さで転がる円の周上の一点の運動を追いかける問題として扱える．円が接する直線方向に x 軸，それと垂直な上方向に y 軸をとって考える．注目している円周上の一点が，初めの時刻 $t=0$ のとき座標原点にあったとする．円の中心の速さを v，回転の角速度の大きさを ω とすると，滑らないという条件から

$$v = a\omega \tag{8.10}$$

が成り立つ．

作図により，時刻 t における点の座標 $(x,\ y)$ は

$$x = a(\omega t - \sin\omega t)\,, \tag{8.11}$$

$$y = a(1 - \cos\omega t) \tag{8.12}$$

であることがわかる．この曲線は**サイクロイド**と呼ばれる．これらの式を時間微分すると

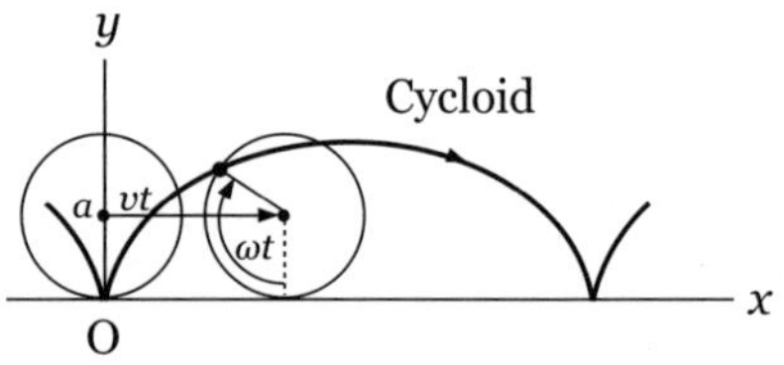

直線上を転がる円の一点の運動

$$\dot{x} = a\omega(1 - \cos\omega t)\,, \qquad \dot{y} = a\omega\sin\omega t$$

であるから，この点のサイクロイドに沿った速さは

$$\begin{aligned} v_b &= a\omega\sqrt{(1-\cos\omega t)^2 + \sin^2\omega t} \\ &= 2a\omega\left|\sin\frac{\omega t}{2}\right| \end{aligned} \tag{8.13}$$

である．また，曲線の接線の勾配は

$$\frac{dy}{dx} = \frac{dy}{dt}\cdot\frac{1}{\dfrac{dx}{dt}} = \frac{\sin\omega t}{1-\cos\omega t} \tag{8.14}$$

となる．この勾配の原点近傍での振るまいを調べると，$\omega t \ll 1$ のときテイラー展開により

$$\frac{dy}{dx} \simeq \frac{\omega t}{1-\left[1-\frac{1}{2}(\omega t)^2\right]} = \frac{2}{\omega t} \tag{8.15}$$

と近似できる．従って，原点における接線の勾配は無限大である．以上のことから，円周上の点は直線に垂直に近づいて接して止まり，再び垂直に離れていくことがわかる．従って，**球が滑らずに転がるときには，床との接点が瞬時回転中心となっている．**

いま，水平な玉突き台の上に，質量 M で半径 a の一様な球が静止した状態で置かれているとする．球の中心からの高さが h であるような球の表面を，水平にキュー（球を突く棒）で突いたとき，球がどのような運動を行うか調べてみよう．自分の突く球を手球（てだま）という．また，突いた手球を当てる球を的球（まとだま）という．

キューにより一定の力 F で t_1 から t_2 まで短時間突くことによって，球に対して撃力が及ぼされる．キューで球を突いた直後に，重心の速度 v_0 および前方回転の角速度 ω_0 で球が運動を始めたとする．これにより，球は力積

$$\bar{F} = Mv_0 \tag{8.16}$$

を受けたことになる．

ここで，球の中心を通る軸のまわりの慣性モーメントを $I(=2Ma^2/5)$ として，撃力が働いている間の重心のまわりの回転について考える．時刻 t における回転の角速度を $\omega(t)$ とすると，回転の運動方程式は

$$I\frac{d\omega}{dt} = hF \tag{8.17}$$

となる．これを撃力が働いた時間にわたって積分すると

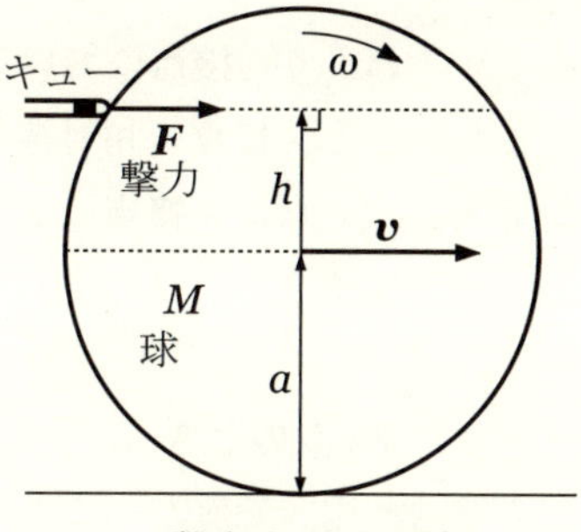

撃力をうけた球

$$I\omega_0 = hMv_0 \tag{8.18}$$

を得る．これより，撃力を与え終わった時点での並進速度と前方回転の角速度の間に

$$\omega_0 = \frac{5h}{2a^2}v_0 \tag{8.19}$$

の関係が成り立つことがわかる．

球が床と接触する点において，床側の接点に対する球側の接点の相対的な速

度 v_0' を求めてみよう．相対速度は球の並進運動方向を正とする．もし，球が回転していなくて並進運動だけであれば，球の接点は床の接点に対し相対速度 v_0 をもつ．また，もし球が並進運動していなくて前方回転運動だけであれば，球の接点は床の接点に対し後方に向かって $a\omega_0$ の相対速度をもつ．

実際には，$h > 0$ であれば，球の接点は，並進運動により v_0 だけ床の接点より前進の速度をもちつつ，前方回転運動により $a\omega_0$ だけ後退する速度をもつので，**球の接点が床の接点に対し前進する方向にもつ相対速度は**

$$v_0' = v_0 - a\omega_0 \tag{8.20}$$

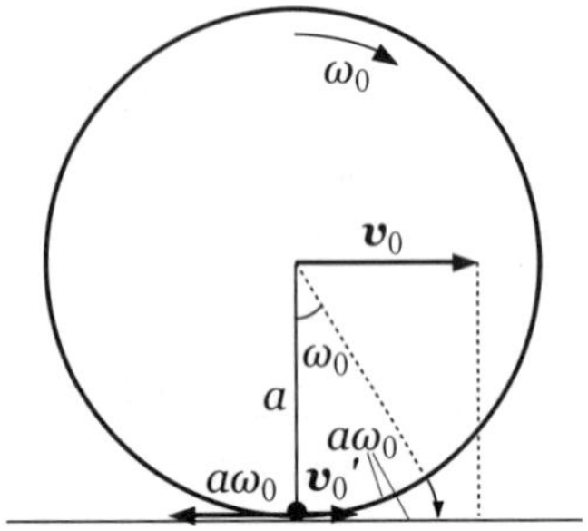

接点における球の床に対する相対速度

となる．上で得られた v_0 と ω_0 の関係式を用いると

$$v_0' = v_0\left(1 - \frac{5h}{2a}\right) \tag{8.21}$$

である．これより，**接点における相対速度は撃力を与える高さ h によって変わる**ことがわかる．接点の相対速度は床から球に及ぼされる摩擦力を考えるとき重要である．それは，**接点における動摩擦力は相対速度と逆向きに働く**からである．球を突く高さによって，運動にどのような違いがあるかみてみよう．

(i) $a > h > 2a/5$ のとき

並進運動と比べて前方への回転運動（球技でのトップスピン）が大きい ($v_0 < a\omega_0$)．$v_0' < 0$ であるので，球の床との接点は進行方向に対し後方に向かって滑りのある運動をする．これにより，球には床との接点において動摩擦力 $\boldsymbol{F}'$ が前進方向に働く ($F' = \mu' Mg$)．球を突き終わった直後（$t = 0$ とする）からの時刻 t における並進速度を $v(t)$，前方回転の角速度を $\omega(t)$ とすると，以後の運動は，運動方程式

$$M\dot{v} = \mu' Mg\,, \tag{8.22}$$

$$I\dot{\omega} = -a \cdot \mu' Mg \tag{8.23}$$

により記述される．これより，並進運動は加速される．また，球の中心のまわりの動摩擦力のモーメントにより回転運動は減速される．

加速および減速は，$v = a\omega$ が成り立つまで続き，この条件が成立した後は接点における滑りがなくなるので動摩擦力は消える．床が水平であるので転がり摩擦力（接触点付近での歪みにより生じる）を考えなければ，並進，回転速度とも一定のまま運動を続ける．すなわち，球はこの時点以降は等速運動をするようになる．

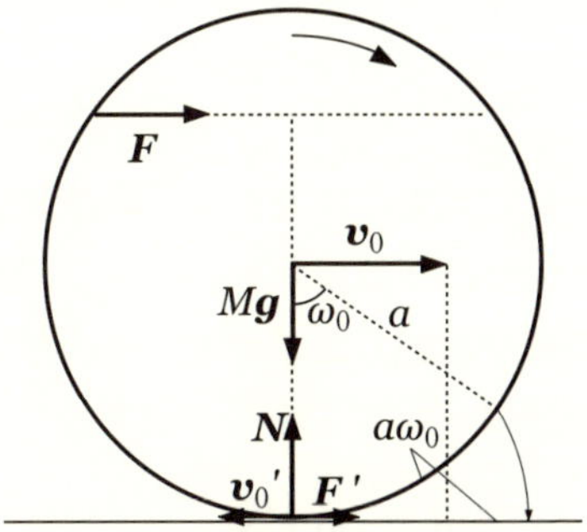

$v_0 < a\omega_0$(回転運動が優勢)の場合(角度は単位時間当たりの変化)

この球（手球）が質量の等しい球（的球）と滑らかに正面弾性衝突する場合を考えてみる．衝突する直前の手球の速度を $v_1 = v$，的球の速度を $v_2 = 0$ とし，衝突直後の手球の速度を v_1'，的球の速度を v_2' とする．ここで，各速度は衝突前の手球の進行方向を正としている．滑らかな衝突を考えているので，衝突の瞬間において 2 つの球の接点には摩擦力が働かない．2 つの球からなる質点系を考えると，並進運動に関して運動量が保存するから

$$Mv + M \cdot 0 = Mv_1' + Mv_2' \tag{8.24}$$

が成り立つ．衝突における**はね返り係数** e は，衝突前の互いに近づく速さで衝突後の互いに遠ざかる速さを割った値である．すなわち

$$e = \frac{v_2' - v_1'}{v_1 - v_2} \tag{8.25}$$

で与えられ，一般の衝突においては $0 \leq e \leq 1$ の範囲の値をとる．**弾性衝突**は遠ざかる速さが近づく速さと等しくなる場合で $e = 1$ となる．これに対して，$e < 1$ の場合は**非弾性衝突**と呼ばれる．特に $e = 0$ のときは衝突後 2 つの物体が一体となって運動する場合であり**完全非弾性衝突**という．今考えている手球と的球の弾性衝突の場合には，

$$\frac{v_2' - v_1'}{v - 0} = 1 \tag{8.26}$$

である．この式と運動量保存の式を組み合わせれば

$$v_1' = 0\,, \qquad v_2' = v \tag{8.27}$$

が得られる．すなわち，**手球が並進の運動量** Mv **を的球に渡した後，瞬間的にその重心が静止する**．しかし，**回転運動による動摩擦力** $\boldsymbol{F}'$ **が前向きに働くために再び前進しはじめる**．他の球に衝突させた後もさらに手球を前進させて，別の球にもあてる場合の突き方を，**押し球**（おしだま）という．

(ii) $h = 2a/5$ **のとき**

ちょうどこの高さを水平に突いた場合には $v_0' = 0$ である．このとき，球は滑らずに回転しながら前進し，球に対して床からの動摩擦力は働かない．従って，並進，回転速度とも一定のまま等速運動を続ける．

この球が，等しい球と正面弾性衝突すると，(i) の場合と同様に瞬間的に静止した後，再び前進しはじめる．

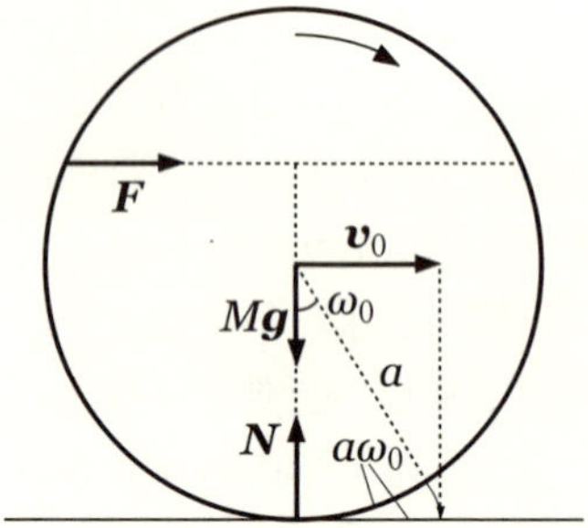

v_0=$a\omega_0$(滑らないで運動する条件)の場合

(iii) $0 < h < 2a/5$ **のとき**

回転運動と比べて並進運動の方が大きい．$v_0' > 0$ であるので，動摩擦力が前進方向と逆向きに働く．以後の運動は，運動方程式

$$M\dot{v} = -\mu' Mg\,, \tag{8.28}$$

$$I\dot{\omega} = a \cdot \mu' Mg \tag{8.29}$$

により記述される．従って，並進運動は減速される．また，球の中心のまわりの動摩擦力のモーメントにより回転運動は加速される．

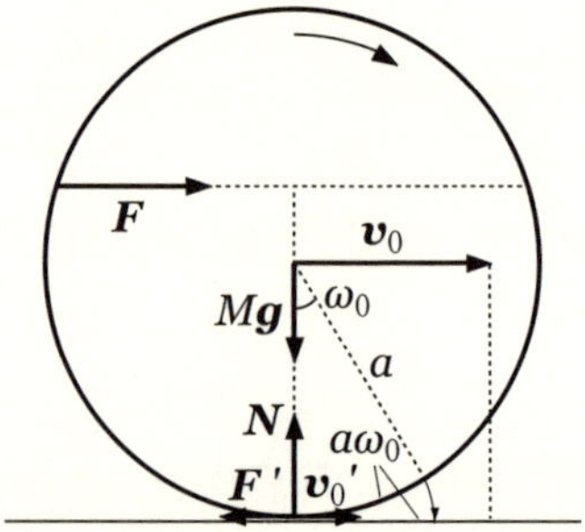

v_0>$a\omega_0$(並進運動が優勢)の場合(角度は単位時間当たりの変化)

この減速および加速は，$v = a\omega$ が成り立つまで続き，この条件が成立した後は等速運動になる．

(iv) $h=0$ **のとき**

撃力を与えた直後は，回転運動のない並進運動を始める．床との接点における動摩擦力が働いているので，以後は並進運動は減速され，回転運動は加速される．$v=a\omega$ が成立した後は等速運動になる．

(v) $-a \le h < 0$ **のとき**

球の中心より低い位置を水平に突いた $(h<0)$ の場合には，撃力を与え終わった時点での並進速度と回転の角速度との間には

$$\omega_0 = \frac{5h}{2a^2}v_0 \tag{8.30}$$

の関係が成り立つが，$h<0$ のため $v_0>0$，$\omega_0<0$ である．つまり，はじめの回転運動の向きが $h>0$ の場合と反対向きの後方回転（球技におけるアンダースピンの状態）となって並進運動を開始する．以後の運動は，運動方程式

$$M\dot{v} = -\mu' Mg\,, \tag{8.31}$$

$$I\dot{\omega} = a\cdot\mu' Mg \tag{8.32}$$

により記述される．並進運動は減速され，回転運動は加速される．

この球の運動が後方回転している間に等しい球と正面弾性衝突すると，手球は的球に運動量 Mv **を渡して瞬間的に並進運動が止まるが，回転運動による動摩擦力** $\boldsymbol{F}'$ **が後ろ向きに働くために，直ちに手球は後退しはじめる．**他の球に衝突させた後に手球を手前に引き戻して，別の球にあてる突き方を，**引き球**（ひきだま）という．実際の引き球では，より効果的に手球を引き戻すために，出来るだけ球の下部を水平に突く．

【的球との衝突】中心からの高さ h の位置をねらって，手球（半径 a，質量 M の一様な球）を水平に突く（ただし $a>h>2a/5$）．手球が等速運動に移る前に静止している的球（半径 a，質量 M の一様な球）に滑らかに正面弾性衝突した．衝突の時刻を $t'=0$ とする．床と球との動摩擦係数を μ'，重力加速度の大きさを g として，衝突以後の時刻 t' における手球と的球の並進速度および回転の角速度を求めてみよう．

衝突する直前の手球の並進速度を $v_s(>0)$，回転の角速度を $\omega_s(>0)$ とする．ここでは滑らかな衝突を考える．

【解】滑らかな衝突を考えるので，手球と的球が接触点で相対速度をもつことにより生じる接線方向の動摩擦力は無視する．弾性衝突により手球から的球へ運動量 Mv_s が渡される効果だけを考える．

衝突の瞬間から計った時刻を t' とする．時刻 t' における手球の速度を v_1，角速度を ω_1，的球の速度を v_2，角速度を ω_2 とする．的球は，初速度 v_s，初期角速度 0 で運動を始める．的球の運動方程式は

$$M\dot{v}_2 = -\mu' Mg\,, \qquad I\dot{\omega}_2 = a \cdot \mu' Mg$$

となる．これを解いて

$$v_2 = -\mu' gt' + v_s\,, \qquad \omega_2 = \frac{5\mu' g}{2a}t'$$

が得られる．手球は，初速度 0，初期角速度 $\omega_s(>0)$ で運動を始める．手球の運動方程式は

$$M\dot{v}_1 = \mu' Mg\,, \qquad I\dot{\omega}_1 = -a \cdot \mu' Mg$$

となる．これを解いて

$$v_1 = \mu' gt'\,, \qquad \omega_1 = -\frac{5\mu' g}{2a}t' + \omega_s$$

が得られる.【終】

▶ **問題 8.3A** 底面の半径 a の直円柱の内部に質量 M が一様に分布した剛体が，円柱の側面を水平な床に接しながら転がっている．時刻 $t = 0$ において，前方回転の角速度の大きさは ω_0，重心の並進速度の大きさは $a\omega_0/2$ であった（ω_0 は正の定数）．床との動摩擦係数を μ'，重力加速度の大きさを g とする．剛体が等速運動になる時刻とそのときの重心の速さを求めよ．

8.4 平らな斜面上の球の運動

水平面から角度 β だけ傾いた斜面上に半径 a，質量 M の一様な球を置き，静止状態からはなすと，どのような運動をするだろうか．はなした後にこの球が

斜面上を滑らずに転がり落ちていく場合の運動を調べてみよう．斜面下方に x 軸，斜面の法線方向に y 軸を選んで運動を記述する．

運動し始めてからの時刻 t における球の重心の位置を (x, y)，回転角を θ，角速度を ω とする．球には，重力 Mg，床からの垂直抗力 N が働いている．また，斜面下方に向かって重力の斜面方向成分が働いているため，球と斜面の接点には摩擦力が働く．この場合，接点においては滑らずに運動が行なわれるため，球と斜面との相対速度は 0 であるから，球側の接点に働くのは静止摩擦力 F となる．

球の中心軸の回りの慣性モーメントを $I(= 2Ma^2/5)$ とすれば，並進および回転の運動方程式は

$$M\ddot{x} = Mg\sin\beta - F\,, \qquad (8.33)$$

$$I\ddot{\theta} = aF \qquad (8.34)$$

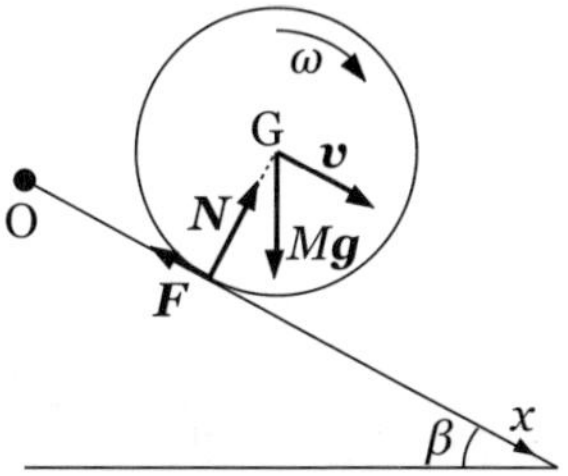

平らな斜面上の球の運動

と書ける．ここで，球が滑らないで転がるための条件式は

$$v = a\omega \qquad (8.35)$$

であるから，時間微分して

$$\dot{v} = a\dot{\omega} \quad \text{すなわち} \quad \ddot{x} = a\ddot{\theta} \qquad (8.36)$$

を得る．これと，回転の運動方程式を組み合わせて計算すると，静止摩擦力は

$$F = \frac{2M}{5}\,\ddot{x} \qquad (8.37)$$

となる．これを並進の運動方程式に代入して

$$\ddot{x} = \frac{5}{7}\,g\sin\beta \qquad (8.38)$$

が導かれる．

この結果は，質量 M の質点が同じ傾き β の滑らかな斜面を滑り落ちるときの加速度 $g\sin\beta$ と比べてファクター 5/7 だけ小さい．斜面が滑らかで，球が回転せずに滑り落ちるときも並進の加速度は $g\sin\beta$ であるから，これと比べても 5/7 だけ小さい．上の 2 式から

$$F = \frac{2}{7}\,Mg\sin\beta \qquad (8.39)$$

となるので，静止摩擦力は並進運動に対しては重力の効果を 5/7 に減らし，回転せずに滑り落ちる場合と比べて並進運動を遅くするように働いている．他方，球の中心のまわりの静止摩擦力のモーメントが回転運動を加速することが運動方程式からわかる．このように，回転せずに滑り落ちる場合と比べて，転がりながら落ちる運動では，回転運動が生じる分，並進運動が遅くなることになる．

球が滑らずに転がり落ちる場合には，斜面と接している球側の接点は斜面に対して垂直に変位するので，斜面に沿って働く静止摩擦力は球に対し仕事をしない．そのため，滑らずに転がり落ちる運動では，摩擦力が働いているにもかかわらず球の力学的エネルギーは保存される．時刻 $t=t$ と時刻 $t=0$ での力学的エネルギーについていえば，斜面に沿って x だけ転がり落ちたとき

$$\frac{1}{2}Mv^2+\frac{1}{2}I\omega^2=Mg\cdot x\sin\beta \tag{8.40}$$

が成り立つ．斜面上を落ちる運動により位置エネルギーが減少した分は，回転せず滑り落ちる場合は全て並進の運動エネルギーに変換される．それに対して，滑らず転がり落ちる場合には位置エネルギーの一部は回転の運動エネルギーとして分配され，残りが並進の運動エネルギーとなる．このため，転がり落ちる運動では並進速度の増え方が遅いわけである．並進と回転の運動エネルギーへの配分比はどのようになっているだろうか．

▶ **問題 8.4A** 質量 M が一様に分布した半径 a の球が，水平面と角度 β をなす斜面に静止状態で置かれている状態から，滑らずに転がり落ち始めた．斜面との静止摩擦係数は μ とする．

(1) 球の斜面下方への加速度の大きさを求めよ．

(2) 傾斜角がある角度 β_c をこえると，球は滑りながら落ちる．$\tan\beta_c$ を求めよ．

8.5　球面の内側に接して転がる球の運動

半径 b の固定された球面の内側の最下点近傍で，半径 $a(<b)$，質量 M の一様な球が滑らずに転がって往復している．この運動の周期を調べてみよう．

固定球面の中心と運動する球の中心を結ぶ方向が鉛直下方となす角をθとし，球の重心の速度をv，重心のまわりの角速度をωとする．球には，重力$M\boldsymbol{g}$，固定球面からの垂直抗力$\boldsymbol{N}$，および静止摩擦力$\boldsymbol{F}$が働く．並進および回転の運動方程式は

$$M\dot{v} = F - Mg\sin\theta\,, \tag{8.41}$$

$$I\dot{\omega} = -aF \tag{8.42}$$

と書ける．ただし，$I(=2Ma^2/5)$は球の直径のまわりの慣性モーメントである．重心の速度vと振れの角度θの間には

$$v = (b-a)\dot{\theta} \tag{8.43}$$

の関係がある．

滑らずに転がる条件式$v = a\omega$を用いるとθの満たすべき方程式が

$$\ddot{\theta} = -\frac{5g}{7(b-a)}\sin\theta \tag{8.44}$$

と導かれる．平衡点のまわりに微小振動する場合はθの変化が単振動で近似され，運動の周期T_1は

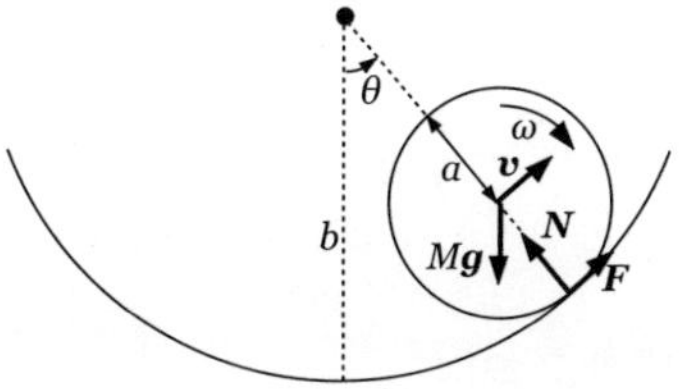

球面の内側に接して転がる球

$$T_1 = 2\pi\sqrt{\frac{7(b-a)}{5g}} \tag{8.45}$$

で与えられる．半径aが小さくなるに従って，重心が固定球面に近づき，周期は長くなっていく．転がる球の半径をどんどん小さくしていった場合と，質点を滑らかな固定球面上で運動させた場合の違いは何だろうか．

もし，滑らかな固定球面を球が回転せず滑りながら運動するとしたら，その重心の運動は糸の長さ$b-a$の単振り子の運動と同じ周期

$$T_2 = 2\pi\sqrt{\frac{b-a}{g}} \tag{8.46}$$

をもつ．転がりながら振動する球の周期は，転がらないで滑って振動する球の周期と比べ$\sqrt{7/5}$倍長くなる．転がることによって振動が遅くなるが，周期の比率は決まった値になっていることがわかる．

8.6　固定球面の上を転がり落ちる球の運動

半径 b の固定された球面の頂点に，半径 $a(<b)$，質量 M の一様な球が乗っている．固定球面が粗くて球は固定球面上を滑らずに転がり落ちる，と考えたときの運動を調べてみよう．落ち始めの速度および角速度は 0 であったとする．

固定球面の中心と運動する球の中心を結ぶ方向が鉛直上方となす角を θ とする．球の重心の速度を v，重心のまわりの回転の角速度を ω とする．球には，重力 $M\boldsymbol{g}$，固定球面からの垂直抗力 $\boldsymbol{N}$，および静止摩擦力 $\boldsymbol{F}$ が働く．

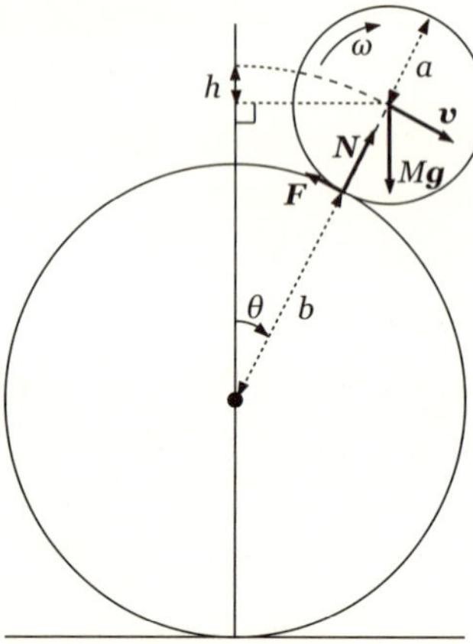

球面の上を転がり落ちる球

直径のまわりの慣性モーメントを I とすると，固定球面上を転がりながら落下する球に対して，エネルギー保存の式

$$\frac{1}{2}Mv^2 + \frac{1}{2}I\omega^2 = Mg(a+b)(1-\cos\theta) \tag{8.47}$$

が成り立つ．

滑らないで転がる条件式 $v = a\omega$ を用いて変形すると，重心の速度が

$$v = \sqrt{\frac{10}{7}g(a+b)(1-\cos\theta)} \tag{8.48}$$

と求まる．また，法線方向の運動方程式は

$$M\frac{v^2}{a+b} = Mg\cos\theta - N \tag{8.49}$$

と書ける．これから垂直抗力が

$$N = \frac{Mg}{7}(17\cos\theta - 10) \tag{8.50}$$

となるので，束縛が消えるのは

$$\cos\theta_1 = \frac{10}{17} \tag{8.51}$$

のときである ($\theta_1 \fallingdotseq 54.0\,\mathrm{deg}$)．ここから，球は固定球面を離れて運動する．他方，質点が固定球面上を滑り落ちる場合には

$$\cos\theta_2 = \frac{2}{3} \tag{8.52}$$

のとき束縛が消える ($\theta_2 \fallingdotseq 48.2\,\mathrm{deg}$)．球面から離れるときの角度について $\theta_1 > \theta_2$ となるので，球が転がって落ちるときのほうが，より大きな角度まで固定球面に束縛されていることになる．

上では球が接している間は滑りが起こらないという前提で計算を行ったが，詳しく調べてみると，滑らないで転がるために必要とされる静止摩擦力が途中で最大静止摩擦力を超えてしまうことがわかる．そのため，θ_1 よりも小さい角度 θ' で滑りが生じることになる（問題参照）．

▶ **問題 8.6A** 質量 M，半径 a の密度一様な球が，半径 b の固定された球面の頂上から滑らずに転がり落ち始めた．始めの速さおよび角速度は 0 であったとする．落ち始めてから後の球が接触状態にある時刻において，2 つの球の中心を結ぶ方向が鉛直上方となす角を θ とする．球と固定球面の間の静止摩擦係数を μ とする．滑りが生じていないときの摩擦力 F を θ の関数として表せ．また，滑りが生じはじめるときの角度 θ' は，静止摩擦係数 μ との間にどのような関係を満たすか．

9 非慣性系における運動

9.1 並進座標系

相対運動と慣性力

物体の運動は，一般に，基準となる座標系によって異なった形で記述される．慣性系 Oxyz にのって運動を観測した場合には，質点の位置ベクトルを $\boldsymbol{r}$，質点に働いている力を $\boldsymbol{F}$ とすると，ニュートンの運動方程式

$$m\frac{d^2\boldsymbol{r}}{dt^2} = \boldsymbol{F} \tag{9.1}$$

が成り立つ．

いま，慣性系 Oxyz に対して並進運動のみを行っている別の座標系 O$'x'y'z'$ を考える．すなわち，座標軸方向が慣性系に対して回転運動していない座標系である．それぞれの座標系にのって観測したとき運動の記述にどのような違いが生じるかを調べてみよう．

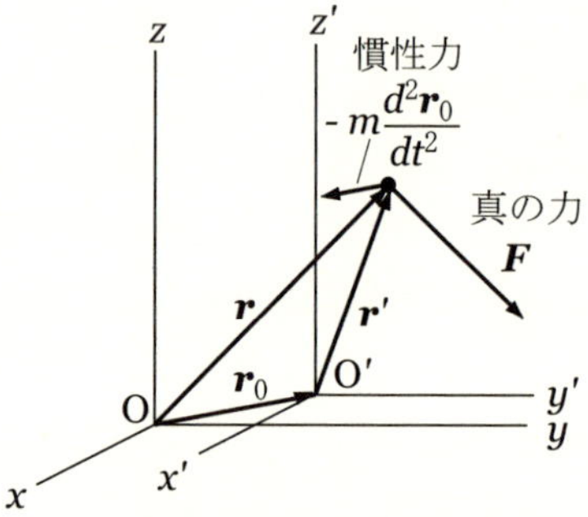

加速並進系における力

座標系 O$'x'y'z'$ における質点の位置ベクトルを $\boldsymbol{r}'$ とする．また，慣性系 Oxyz からみた座標系 O$'x'y'z'$ の原点 O$'$ の位置ベクトルを $\boldsymbol{r}_0$ とする．このとき

$$\boldsymbol{r} = \boldsymbol{r}_0 + \boldsymbol{r}' \tag{9.2}$$

の関係が成り立つ．これを 2 回時間微分して

$$\frac{d^2\boldsymbol{r}}{dt^2} = \frac{d^2\boldsymbol{r}_0}{dt^2} + \frac{d^2\boldsymbol{r}'}{dt^2} \tag{9.3}$$

となるので

$$m\frac{d^2\boldsymbol{r}_0}{dt^2} + m\frac{d^2\boldsymbol{r}'}{dt^2} = \boldsymbol{F} \tag{9.4}$$

が成り立つ．もし

$$\frac{d^2\boldsymbol{r}_0}{dt^2} \neq \boldsymbol{0} \tag{9.5}$$

ならば，座標系 $\mathrm{O}'x'y'z'$ は慣性系 $\mathrm{O}xyz$ に対して加速度運動していることになる．ここで

$$m\frac{d^2\boldsymbol{r}'}{dt^2} = \boldsymbol{F} - m\frac{d^2\boldsymbol{r}_0}{dt^2} \tag{9.6}$$

のように，この加速度に関わる項を右辺に移項すると

$$-m\frac{d^2\boldsymbol{r}_0}{dt^2}$$

をあたかも力のように見なすことができる．このような「見かけの力」を**慣性力**という．上の方程式は，**慣性力を導入すれば非慣性系 $\mathbf{O}'x'y'z'$ においてもニュートンの運動方程式と同じ形式の運動方程式により質点の運動を記述できる**ということを示している．慣性系において働いていた「**真の力**」$\boldsymbol{F}$ はどの座標系でも変わらないが，慣性力は観測される座標系によって違ってくる．

▶ **問題 9.1A** 慣性系に静止した水平な台の上を，箱が右方向へ運動している．箱は右方向への一定の加速度 $a(>0)$ で進んでいる．箱内部の床は水平となっている．床の一点 O' の鉛直上方 $h(>0)$ の点から，進行方向へ向けて質量 m の質点を箱に対する速度 $v_0'(>0)$ で投げ出した．質点は箱の中の空間を運動した後に，速さ v_1' で床に到達した．重力加速度の大きさを g とする．$\frac{1}{2}mv_1'^2 = \frac{1}{2}mv_0'^2 + mgh$ が成り立つのは，a, g, h, v_0 の間にどのような関係が成り立つ場合か．また，その場合に床に達する位置はどこになるか．

ガリレイ変換

上の並進座標系で

$$\frac{d^2\boldsymbol{r}_0}{dt^2} = \mathbf{0} \tag{9.7}$$

のときには，座標系 $\mathrm{O}'x'y'z'$ は慣性系 $\mathrm{O}xyz$ に対して等速並進運動していることになるが，両方の座標系で働く力が等しいと考えると

$$m\frac{d^2\boldsymbol{r}'}{dt^2} = \boldsymbol{F} \tag{9.8}$$

のように，座標系 $\mathrm{O}'x'y'z'$ においてもニュートンの運動方程式が成り立っている．すなわち，**慣性系 $\mathbf{O}xyz$ に対して等速並進運動している座標系もまた慣性**

系である．この場合は，慣性力は現れない．

座標系 $\mathrm{O}'x'y'z'$ が慣性系 $\mathrm{O}xyz$ に対して速度 $\boldsymbol{v}_0$ で等速並進運動しており，時刻 $t=0$ に両座標系が一致していたとする．また，$\mathrm{O}xyz$ 系での時刻 t と $\mathrm{O}'x'y'z'$ 系での時刻 t' は共通で，同じ値をとるものとする．このとき，それぞれの座標系に乗って観測される質点の位置ベクトルおよび時刻の間には

$$\boldsymbol{r}' = \boldsymbol{r} - \boldsymbol{v}_0 t\,, \qquad t' = t \tag{9.9}$$

の関係が成り立つ．この関係式を**ガリレイ変換**と呼ぶ．例えば，座標系 $\mathrm{O}'x'y'z'$ が慣性系 $\mathrm{O}xyz$ に対して一定の速さ v_0 で x 軸正方向へ並進運動しているとき，両座標系の変数の間に

$$x' = x - v_0 t\,, \quad y' = y\,, \quad z' = z\,, \quad t' = t \tag{9.10}$$

の関係が成り立っている．ガリレイ変換に対してニュートンの運動方程式は不変である．

慣性系をガリレイ変換して得られる座標系は全て慣性系となる．言い換えれば，**慣性系はガリレイ変換により相互に変換される．**並進速度の選び方は無数にあるので，慣性系も無数にあることになる．

▶ **問題 9.1B** 慣性系に静止した水平な台の上に薄板を置いて，台に対して一定の速度 $V_0(>0)$ で動かしている．この薄板の上に台に対する速度が 0 となるように質点をのせた．質点と薄板の間の動摩擦係数を μ'，重力加速度の大きさを g とする．質点は，はじめ薄板上を滑りながら運動し，やがて薄板に対して静止した．台に固定した座標系として，はじめに質点をのせた位置の下方の台上の点を原点 O とし，薄板の移動方向に x 軸正方向を選ぶ．質点が薄板に対して静止したときの x 座標を求めよ．

9.2　回転座標系

回転座標系におけるベクトルの時間的変化

慣性系 $\mathrm{O}xyz$ に対して並進運動しているだけでなく，$x'y'z'$ 座標軸方向が xyz

座標軸に対して回転運動している座標系 $O'x'y'z'$ を**回転座標系**（略して回転系）と呼ぶことにする．

初めに，慣性系 $Oxyz$ に対して，並進運動はなく，同じ座標原点をもって角速度ベクトル $\boldsymbol{\omega}$ のまわりに回転運動のみを行なっている回転座標系 $O'x'y'z'$ でどのようなことが起こるかを，調べてみよう．

回転座標系 $O'x'y'z'$ の基本ベクトル $\boldsymbol{i}', \boldsymbol{j}', \boldsymbol{k}'$ は，角速度ベクトル $\boldsymbol{\omega}$ のまわりに回転運動するから

$$\frac{d\boldsymbol{i}'}{dt} = \boldsymbol{\omega} \times \boldsymbol{i}', \tag{9.11}$$

$$\frac{d\boldsymbol{j}'}{dt} = \boldsymbol{\omega} \times \boldsymbol{j}', \tag{9.12}$$

$$\frac{d\boldsymbol{k}'}{dt} = \boldsymbol{\omega} \times \boldsymbol{k}' \tag{9.13}$$

が成り立つ．いま，時刻とともに変化するベクトル $\boldsymbol{A}(t)$ を考える．これを慣性系 $Oxyz$ にのって観測するときは

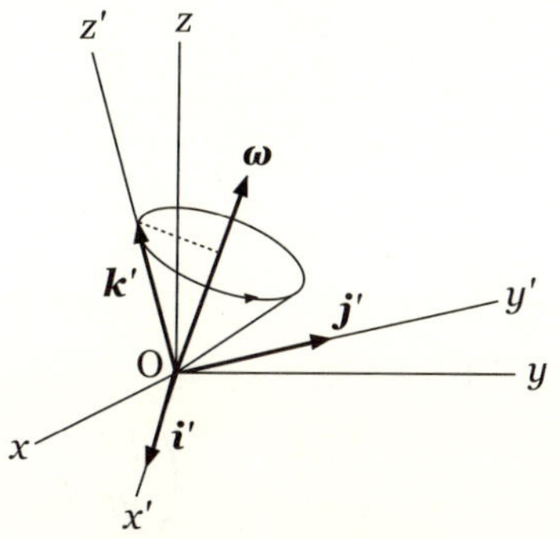

基本ベクトルの回転

$$\boldsymbol{A}_\mathrm{I} = A_x\,\boldsymbol{i} + A_y\,\boldsymbol{j} + A_z\,\boldsymbol{k} \tag{9.14}$$

と表せる．慣性系にのって時間微分すると

$$\left(\frac{d\boldsymbol{A}}{dt}\right)_\mathrm{I} = \frac{dA_x}{dt}\,\boldsymbol{i} + \frac{dA_y}{dt}\,\boldsymbol{j} + \frac{dA_z}{dt}\,\boldsymbol{k} \tag{9.15}$$

を得る．添字「I」は慣性系における量や微分を表している（Inertia の頭文字）．同様に回転系における量や微分を添字「R」で表すことにする（Rotation の頭文字）．同じベクトルを回転系 $O'x'y'z'$ にのって観測するときは，回転系での成分と基本ベクトルを用いて

$$\boldsymbol{A}_\mathrm{R} = A'_x\,\boldsymbol{i}' + A'_y\,\boldsymbol{j}' + A'_z\,\boldsymbol{k}' \tag{9.16}$$

と表せる．$\boldsymbol{A}_\mathrm{I}$ と $\boldsymbol{A}_\mathrm{R}$ は 1 つのベクトル $\boldsymbol{A}$ を慣性系と回転系での成分と基本ベクトルを用いて表しているので

$$A_x\,\boldsymbol{i} + A_y\,\boldsymbol{j} + A_z\,\boldsymbol{k} = A'_x\,\boldsymbol{i}' + A'_y\,\boldsymbol{j}' + A'_z\,\boldsymbol{k}' \tag{9.17}$$

であり，以下においては，単に $\boldsymbol{A}$ と表す．

慣性系 Oxyz にのって，回転系 O$'x'y'z'$ で表されたベクトル $\boldsymbol{A}$ の表式 $\boldsymbol{A}_{\mathrm{R}}$ を時間微分すると，基本ベクトル $\boldsymbol{i}'$, $\boldsymbol{j}'$, $\boldsymbol{k}'$ も時間的に変化するので

$$\begin{aligned}
&\left(\frac{d\boldsymbol{A}}{dt}\right)_{\mathrm{I}} \\
&= \frac{dA'_x}{dt}\,\boldsymbol{i}' + \frac{dA'_y}{dt}\,\boldsymbol{j}' + \frac{dA'_z}{dt}\,\boldsymbol{k}' + A'_x\,\frac{d\boldsymbol{i}'}{dt} + A'_y\,\frac{d\boldsymbol{j}'}{dt} + A'_z\,\frac{d\boldsymbol{k}'}{dt} \\
&= \frac{dA'_x}{dt}\,\boldsymbol{i}' + \frac{dA'_y}{dt}\,\boldsymbol{j}' + \frac{dA'_z}{dt}\,\boldsymbol{k}' + A'_x\boldsymbol{\omega}\times\boldsymbol{i}' + A'_y\boldsymbol{\omega}\times\boldsymbol{j}' + A'_z\boldsymbol{\omega}\times\boldsymbol{k}' \\
&= \frac{dA'_x}{dt}\,\boldsymbol{i}' + \frac{dA'_y}{dt}\,\boldsymbol{j}' + \frac{dA'_z}{dt}\,\boldsymbol{k}' + \boldsymbol{\omega}\times\boldsymbol{A} \qquad (9.18)
\end{aligned}$$

を得る．従って，慣性系と回転系におけるベクトル $\boldsymbol{A}$ の時間的変化率の間には次の関係式が成り立つ．

$$\left(\frac{d\boldsymbol{A}}{dt}\right)_{\mathrm{I}} = \left(\frac{d\boldsymbol{A}}{dt}\right)_{\mathrm{R}} + \boldsymbol{\omega}\times\boldsymbol{A} \qquad (9.19)$$

ただし

$$\left(\frac{d\boldsymbol{A}}{dt}\right)_{\mathrm{I}} \equiv \frac{dA_x}{dt}\,\boldsymbol{i} + \frac{dA_y}{dt}\,\boldsymbol{j} + \frac{dA_z}{dt}\,\boldsymbol{k} \qquad (9.20)$$

は慣性系 Oxyz にのって観測したベクトル $\boldsymbol{A}$ の時間的変化率を表し，

$$\left(\frac{d\boldsymbol{A}}{dt}\right)_{\mathrm{R}} \equiv \frac{dA'_x}{dt}\,\boldsymbol{i}' + \frac{dA'_y}{dt}\,\boldsymbol{j}' + \frac{dA'_z}{dt}\,\boldsymbol{k}' \qquad (9.21)$$

は回転系にのって観測したベクトル $\boldsymbol{A}$ の時間的変化率を表している．

ここで，角速度ベクトル $\boldsymbol{\omega}$ 自体の 2 つの座標系における時間的変化率の関係を調べてみると

$$\left(\frac{d\boldsymbol{\omega}}{dt}\right)_{\mathrm{I}} = \left(\frac{d\boldsymbol{\omega}}{dt}\right)_{\mathrm{R}} + \boldsymbol{\omega}\times\boldsymbol{\omega} = \left(\frac{d\boldsymbol{\omega}}{dt}\right)_{\mathrm{R}} = \dot{\boldsymbol{\omega}} \qquad (9.22)$$

のように，角速度ベクトル $\boldsymbol{\omega}$ の時間的変化率は座標系の選び方によらないことがわかる．

回転座標系における運動方程式

回転座標系 O$'x'y'z'$ が，角速度ベクトル $\boldsymbol{\omega}$ のまわりに回転しながら原点 O$'$

が慣性系 $Oxyz$ に対して並進運動している場合の質点の運動方程式について考えてみよう．

慣性系でみた質量 m の質点の位置ベクトルを $\boldsymbol{r}$，回転系でみた質点の位置ベクトルを $\boldsymbol{r}'$ とし，慣性系からみた回転系の原点 O′ の位置ベクトルを $\boldsymbol{r}_0$ とすると，これらの間に

$$\boldsymbol{r} = \boldsymbol{r}_0 + \boldsymbol{r}' \tag{9.23}$$

の関係が成り立つ．質点に真の力 $\boldsymbol{F}$ が働いているとき，慣性系における質点の運動方程式は

$$m\left(\frac{d^2\boldsymbol{r}}{dt^2}\right)_{\mathrm{I}} = \boldsymbol{F} \tag{9.24}$$

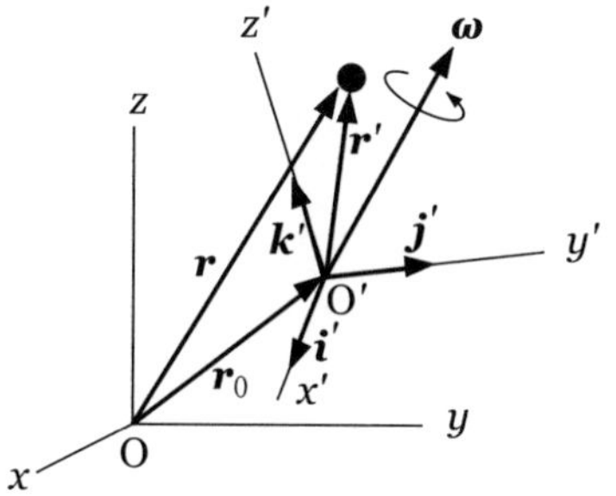

慣性系に対して並進および回転運動している座標系

で与えられる．ここで

$$\left(\frac{d^2\boldsymbol{r}}{dt^2}\right)_{\mathrm{I}} = \left(\frac{d^2\boldsymbol{r}_0}{dt^2}\right)_{\mathrm{I}} + \left(\frac{d^2\boldsymbol{r}'}{dt^2}\right)_{\mathrm{I}} = (\boldsymbol{\alpha}_0)_{\mathrm{I}} + \left(\frac{d^2\boldsymbol{r}'}{dt^2}\right)_{\mathrm{I}} \tag{9.25}$$

である．ただし，$(\boldsymbol{\alpha}_0)_{\mathrm{I}}$ は慣性系から見た回転系の原点 O′ の並進加速度である．右辺第 2 項を計算するため，まず $\boldsymbol{r}'$ を時間で 1 回微分してみると

$$\left(\frac{d\boldsymbol{r}'}{dt}\right)_{\mathrm{I}} = \left(\frac{d\boldsymbol{r}'}{dt}\right)_{\mathrm{R}} + \boldsymbol{\omega} \times \boldsymbol{r}' \tag{9.26}$$

さらに，もう 1 回慣性系で時間微分すると

$$\begin{aligned}
&\left(\frac{d^2\boldsymbol{r}'}{dt^2}\right)_{\mathrm{I}} \\
&= \left[\frac{d}{dt}\left(\frac{d\boldsymbol{r}'}{dt}\right)_{\mathrm{R}}\right]_{\mathrm{R}} + \boldsymbol{\omega} \times \left(\frac{d\boldsymbol{r}'}{dt}\right)_{\mathrm{R}} + \left[\frac{d(\boldsymbol{\omega} \times \boldsymbol{r}')}{dt}\right]_{\mathrm{R}} + \boldsymbol{\omega} \times (\boldsymbol{\omega} \times \boldsymbol{r}') \\
&= \left(\frac{d^2\boldsymbol{r}'}{dt^2}\right)_{\mathrm{R}} + 2\boldsymbol{\omega} \times (\boldsymbol{v}')_{\mathrm{R}} + \left(\frac{d\boldsymbol{\omega}}{dt}\right)_{\mathrm{R}} \times \boldsymbol{r}' + \boldsymbol{\omega} \times (\boldsymbol{\omega} \times \boldsymbol{r}')
\end{aligned} \tag{9.27}$$

となる．すなわち，慣性系で観測される加速度と回転系で観測される加速度の間には，次の関係がある．

$$(\boldsymbol{\alpha}')_{\mathrm{I}} = (\boldsymbol{\alpha}')_{\mathrm{R}} + 2\boldsymbol{\omega} \times (\boldsymbol{v}')_{\mathrm{R}} + \dot{\boldsymbol{\omega}} \times \boldsymbol{r}' + \boldsymbol{\omega} \times (\boldsymbol{\omega} \times \boldsymbol{r}') \tag{9.28}$$

慣性系での運動方程式は

$$m\left[\,(\boldsymbol{\alpha}_0)_{\mathrm{I}}+(\boldsymbol{\alpha}')_{\mathrm{I}}\,\right]=\boldsymbol{F} \tag{9.29}$$

であるから

$$m\left[\,(\boldsymbol{\alpha}_0)_{\mathrm{I}}+(\boldsymbol{\alpha}')_{\mathrm{R}}+2\boldsymbol{\omega}\times(\boldsymbol{v}')_{\mathrm{R}}+\dot{\boldsymbol{\omega}}\times\boldsymbol{r}'+\boldsymbol{\omega}\times(\boldsymbol{\omega}\times\boldsymbol{r}')\,\right]=\boldsymbol{F} \tag{9.30}$$

と書ける．この式において，$(\boldsymbol{\alpha}')_{\mathrm{R}}$ 以外の項を右辺に移項すると，**回転座標系における運動方程式**が次のように導かれる．

$$m(\boldsymbol{\alpha}')_{\mathrm{R}}=\boldsymbol{F}-m(\boldsymbol{\alpha}_0)_{\mathrm{I}}+2m(\boldsymbol{v}')_{\mathrm{R}}\times\boldsymbol{\omega}+m\boldsymbol{r}'\times\dot{\boldsymbol{\omega}}+m(\boldsymbol{\omega}\times\boldsymbol{r}')\times\boldsymbol{\omega} \tag{9.31}$$

この運動方程式において，右辺第 1 項の $\boldsymbol{F}$ は慣性系でも現れる真の力であるが，第 2 項以降は非慣性系において現れる慣性力（見かけの力）である．

$\boldsymbol{F}$	真の力
$-m(\boldsymbol{\alpha}_0)_{\mathrm{I}}$	原点 O′の加速度運動による慣性力
$2m(\boldsymbol{v}')_{\mathrm{R}}\times\boldsymbol{\omega}$	コリオリの力と呼ばれる慣性力
$m\boldsymbol{r}'\times\dot{\boldsymbol{\omega}}$	座標軸回転の角加速度による慣性力
$m(\boldsymbol{\omega}\times\boldsymbol{r}')\times\boldsymbol{\omega}=m\boldsymbol{\omega}\times(\boldsymbol{r}'\times\boldsymbol{\omega}')$	遠心力と呼ばれる慣性力

このように，**非慣性系に乗って質点の運動を観測する場合には，真の力以外にも見かけの力を考慮しなければならず，運動方程式は複雑になる．**地球に固定した座標系にのって物体の運動を観測するときには，場合により慣性力を考慮する必要がある（第 10 章参照）．

一定な角速度で回転している座標系

慣性系 Oxyz と共通な原点および z 軸をもつ回転座標系 O′$x'y'z'$ が，z 軸のまわりに一定な角速度ベクトル $\boldsymbol{\omega}$ で回転している場合に，xy 面内にある質量 m の質点が $x'y'$ 面内で行う運動を考えてみよう．慣性系に対する回転系の並進運動はなく，かつ $\dot{\boldsymbol{\omega}} = \boldsymbol{0}$ であるから，回転系での質点の速度ベクトルを $\boldsymbol{v}'$ とすると，質点の運動方程式は

$$m\boldsymbol{\alpha}' = \boldsymbol{F} + 2m\boldsymbol{v}' \times \boldsymbol{\omega} + m(\boldsymbol{\omega} \times \boldsymbol{r}') \times \boldsymbol{\omega} \tag{9.32}$$

となる．

(i) 質点が回転座標系において静止している場合

回転系では，速度が 0 なのでコリオリの力は働かない．遠心力は，大きさが $mr'\omega^2$ で原点から遠ざかる向きになっている．質点が回転系において静止しているためには，遠心力と逆向きで大きさの等しい力が働いていなければならない．慣性系で観測すると等速円運動になるので，この運動では真の力として原点に向かう**向心力**が働いている．その大きさは，回転系での遠心力の大きさと等しい．

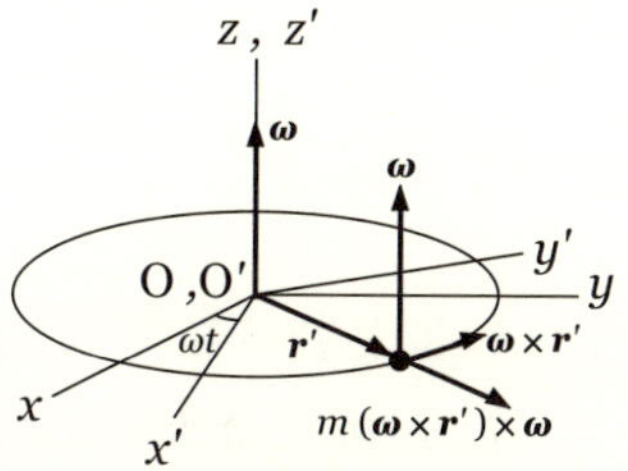

遠心力

(ii) 質点が回転座標系において運動している場合

質点が回転座標系に対して運動しているので，遠心力の他に，コリオリの力が質点に働く．

コリオリの力は，大きさが $2mv'\omega$ であり，回転系における質点の速さ v' に比例して大きくなる．コリオリの力の向きは，$x'y'$ 面内にあって，z' の正座標側から見て質点の進む方向と垂直に右方向に働く．

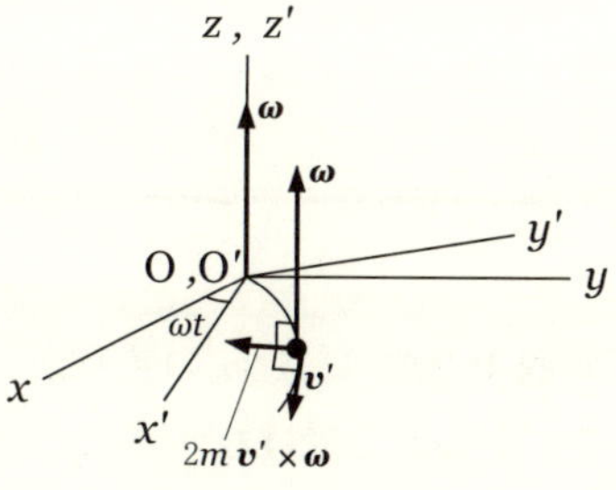

コリオリの力

【慣性系に静止している質点】 慣性系 Oxyz の xy 面内にあって原点 O からの距離が a の位置に質量 m の質点が静止している．z 軸のまわりに一定の角速度 $\omega(>0)$ で回転している回転座標系 O$'x'y'z'$ から見た運動を考えてみよう．

【解】回転座標系における質点の位置ベクトルを $\boldsymbol{r}'$，速度ベクトルを $\boldsymbol{v}'$，$\boldsymbol{r}'$ 方向の単位ベクトルを $\boldsymbol{e}'_r$ とする．質点は $x'y'$ 面内において原点 O' を中心とした半径 a の円周上を時計回りに等速運動していることになる．質点に働く力は，慣性力であるコリオリの力と遠心力だけである．コリオリの力は $-2mv'\omega\,\boldsymbol{e}'_r$，遠心力は $ma\omega^2\,\boldsymbol{e}'_r$ と書ける．いずれも動径方向を向いた力で，コリオリの力は質点を回転の中心へ近づける向き，遠心力は逆に質点を中心から遠ざける向きに働く．これらの合力は

$$\boldsymbol{F} = -(2mv'\omega - ma\omega^2)\,\boldsymbol{e}'_r$$

となる．この力は，円運動における曲率中心方向の力となっている．質点は等速円運動しているから

$$m\frac{v'^2}{a} = 2mv'\omega - ma\omega^2$$

が成り立っているはずである．円運動における関係式 $v' = a\omega$ を用いると，コリオリの力の大きさが $2ma\omega^2$ となり，上式の左辺と右辺が等しくなっていることがわかる．

以上の結果から，この運動の場合については，コリオリの力は進行方向に対して右向き直角方向に働くこと，コリオリの力は遠心力の大きさ $ma\omega^2$ の 2 倍の大きさをもっていること，コリオリの力と遠心力との差が向心力となって円運動が起こっていること，これらの力による現象を慣性系で見れば単に質点は止まっていること，がわかる.【終】

▶ **問題 9.2A**　質量 m の質点が，慣性系 $\mathrm{O}xyz$（基本ベクトルは $\boldsymbol{i}$, $\boldsymbol{j}$, $\boldsymbol{k}$）において，中心力を受けながら xy 面内を円運動している，時刻 t のときの位置ベクトルは $\boldsymbol{r} = a\cos\omega t\,\boldsymbol{i} - a\sin\omega t\,\boldsymbol{j}$ で与えられる（a, ω は正の定数）．z 軸のまわりに角速度ベクトル $\boldsymbol{\omega} = \omega\,\boldsymbol{k}$ で回転している座標系 $\mathrm{O}'x'y'z'$ での質点の位置ベクトル方向を向いた単位ベクトルを $\boldsymbol{e}'_r$ とする．

(1)　回転座標系 $\mathrm{O}x'y'z'$ で質点が受けている真の力 $\boldsymbol{F}_0$ を，$\boldsymbol{e}'_r$ を用いた式で表せ．

(2) 回転座標系 $\mathrm{O}x'y'z'$ で質点が受けている遠心力 $\boldsymbol{F}_\omega$ とコリオリの力 $\boldsymbol{F}_v$ を，$\boldsymbol{e}'_r$ 用いた式で表せ．

▶ **問題 9.2B** 慣性系 $\mathrm{O}xyz$（基本ベクトルは $\boldsymbol{i}$, $\boldsymbol{j}$, $\boldsymbol{k}$）の原点 O に片方の端が固定された棒が xy 面内を z 軸のまわりに回転運動する．回転の角速度ベクトルは $\boldsymbol{\omega} = \omega \boldsymbol{k}$ である（ω は正の定数）．この棒に滑らかに束縛された質量 m の質点がある．時刻 t における原点からの質点の距離を r で表す．時刻 $t = 0$ のとき，棒の方向は x 軸正方向に一致していて，$r = a, \dot{r} = 0$ であった（a は正の定数）．

(1) 質点の時刻 $t(\geq 0)$ における原点からの距離 $r(t)$ および棒からの抗力 $R(t)$ の大きさを求めよ．

(2) 時刻 $t(> 0)$ のときの $\mathrm{O}xyz$ 座標系での位置ベクトルと速度ベクトルのなす角度を θ とするとき，$\tan\theta$ を t の関数で表せ．十分時間を経たとき θ はどのような値に近づいていくか．

10 地球表面に固定した座標系

10.1 地球表面で観測される運動

慣性系に対して地球は自転および公転の回転運動しているため，地球表面に固定した座標系で物体の運動を記述するときにその影響が現れてくる．回転半径および角速度を考慮すると，自転の方が公転と比べて影響が大きい．ここでは，地球の自転を考慮したときの物体の運動がどのように記述されるかを調べてみよう．

地球の中心を原点 O とし北極へ向かう方向に z 軸，それと互いに直交する方向（赤道面内）に x 軸と y 軸を選んだ慣性系 Oxyz を考える．地球はこの慣性系に対して z 軸正方向（北極方向）を向いた一定の角速度ベクトル $\boldsymbol{\omega}$ で回転運動しているとする．地球表面を球面と考えて，原点 O から地表の固定点 O$'$ へ向かう位置ベクトルを $\boldsymbol{r}_0$ とする．$\boldsymbol{r}_0$ と赤道面のなす角（**地心緯度**）を λ_0 とおく．OO$'$ 方向に z' 軸，O$'$ から地表に沿って南向きに x' 軸，東向きに y' 軸をとった回転座標系 O$'x'y'z'$ を考える．

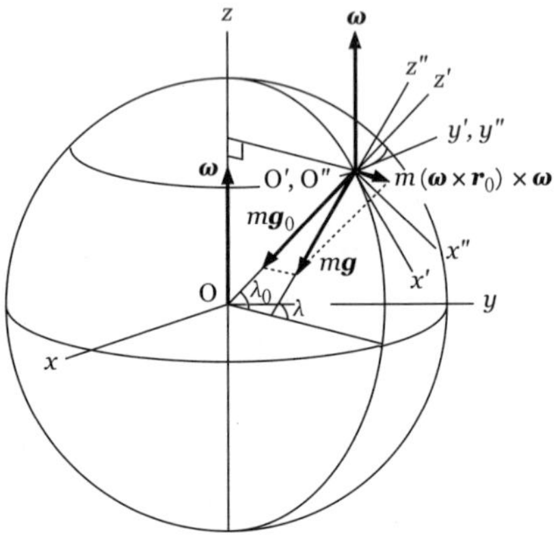

地球表面に固定した座標系

このとき，慣性系での O$'$ 点のベクトル $\boldsymbol{r}_0$ の時間変化率は

$$\left(\frac{d\boldsymbol{r}_0}{dt}\right)_{\mathrm{I}} = \boldsymbol{\omega}\times\boldsymbol{r}_0 \tag{10.1}$$

となる．O$'x'y'z'$ 座標系では $\boldsymbol{\omega}\times\boldsymbol{r}_0$ は定ベクトルなので，原点運動の加速度は

$$\begin{aligned}(\boldsymbol{\alpha}_0)_{\mathrm{I}} &= \left(\frac{d^2\boldsymbol{r}_0}{dt^2}\right)_{\mathrm{I}} = \left[\frac{d(\boldsymbol{\omega}\times\boldsymbol{r}_0)}{dt}\right]_{\mathrm{R}} + \boldsymbol{\omega}\times(\boldsymbol{\omega}\times\boldsymbol{r}_0)\\ &= \boldsymbol{\omega}\times(\boldsymbol{\omega}\times\boldsymbol{r}_0)\end{aligned} \tag{10.2}$$

となる．従って，O$'x'y'z'$ 座標系において，位置ベクトル $\boldsymbol{r}'$，速度ベクトル $\boldsymbol{v}'$ で万有引力を受けて運動している質量 m の質点の運動方程式は

$$m\left(\frac{d^2\boldsymbol{r}'}{dt^2}\right)_{\mathrm{R}} = m\boldsymbol{g}_0 + m\left[\boldsymbol{\omega}\times(\boldsymbol{r}_0+\boldsymbol{r}')\right]\times\boldsymbol{\omega} + 2m\boldsymbol{v}'\times\boldsymbol{\omega} \tag{10.3}$$

と書ける．ここで $m\boldsymbol{g}_0$ は質点に働く地球からの**万有引力**を表しており，地球の中心 O へ向かうベクトルである．万有引力定数を G，地球の半径を R として $g_0 = GM/R^2$ と表される．右辺第 2 項は，質点が慣性系に対して回転運動していることによる**遠心力**を表しているが，地表近くの運動では $\boldsymbol{r}'$ は $\boldsymbol{r}_0$ に比べて小さいので無視できる．万有引力と遠心力の合力 $m\boldsymbol{g}$ は子午面内にあり，わずかに地球の中心からずれた方向を向く．$m\boldsymbol{g}$ の延長線と赤道面のなす角（**天文緯度**）を λ とおく．$|m(\boldsymbol{\omega} \times \boldsymbol{r}_0) \times \boldsymbol{\omega}| = mR\omega^2 \cos\lambda_0$ となるので，第二余弦定理より

$$g = \sqrt{g_0^2 - 2g_0 R\omega^2 \cos^2\lambda_0 + R^2\omega^4 \cos^2\lambda_0} \tag{10.4}$$

の関係が導かれる．$g_0 \fallingdotseq 9.83\,\mathrm{ms^{-2}}, R\omega^2 \fallingdotseq 0.03\,\mathrm{ms^{-2}}$ 程度であるので，$R\omega^2/g_0$ を展開パラメータとしてテイラー展開し，ω^2 の項まで残すと

$$g \simeq g_0 - R\omega^2 \cos^2\lambda_0 \tag{10.5}$$

と得られる．これは，万有引力と遠心力の合力を質点に働く**重力**としたときの重力加速度の大きさを与えている．大きさは緯度により変わり，赤道上で最も小さく，極に近づくにつれて大きくなるが，極と赤道との違いは $0.03\,\mathrm{ms^{-2}}$ 程度である．

点 O$'$ を原点 O$''$ として，$m\boldsymbol{g}$ と逆向きの**鉛直上方**に新しい z'' 軸を選び，これと直交する南向きの方向に x'' 軸，東向きに y'' 軸をとる．この**地上に固定した回転座標系** O$''x''y''z''$ での質点の運動方程式は

$$m\ddot{\boldsymbol{r}}'' = \boldsymbol{F} + m\boldsymbol{g} + 2m\boldsymbol{v}'' \times \boldsymbol{\omega} \tag{10.6}$$

と書ける．ここで，$\boldsymbol{F}$ は重力以外の真の力，$\boldsymbol{v}''$ は質点の速度であり，右辺第 3 項はコリオリの力を表している．

以下の記述においては簡単のために，地上に固定された座標系 O$''x''y''z''$ の「$''$」を省略して Oxyz と表すことにする．

落体の運動

地上から鉛直にたつ高さ h の柱の上から質量 m の物体を地上に固定した座標系において初速度 0 で落下させたときの運動について考えてみよう．

$\omega_x = -\omega\cos\lambda$, $\omega_y = 0$, $\omega_z = \omega\sin\lambda$ であるので，運動方程式の各成分は

$$m\ddot{x} = 2m\omega\dot{y}\sin\lambda\,, \tag{10.7}$$

$$m\ddot{y} = -2m\omega\left(\dot{x}\sin\lambda + \dot{z}\cos\lambda\right), \tag{10.8}$$

$$m\ddot{z} = -mg + 2m\omega\dot{y}\cos\lambda \tag{10.9}$$

である．ここで，$\dot{x}$ と $\dot{y}$ は小さいので無視すると

$$\ddot{x} = 0\,, \qquad \ddot{y} = -2\omega\dot{z}\cos\lambda\,, \qquad \ddot{z} = -g \tag{10.10}$$

となる．初期条件を考慮して積分すると，解は

$$x = 0\,, \qquad y = \frac{1}{3}\omega g t^3\cos\lambda\,, \qquad z = -\frac{1}{2}gt^2 + h \tag{10.11}$$

と得られる．物体は落下にともなって東（$y > 0$ の向き）にずれていくことがわかる．このときの軌道は y, z から t を消去して

$$y = \frac{1}{3}\omega g\cos\lambda\left[\frac{2}{g}(h - z)\right]^{\frac{3}{2}} \tag{10.12}$$

と表される．この曲線を**ナイル** (Neil) **の放物線**と呼ぶ．

例えば，$\lambda = 35°$ の場合に，地上 100 m の高さから落下させると，着地点は鉛直真下の位置から東へ約 1.8 cm ずれた地点となる．

この落下運動を慣性系から眺めた場合には，柱の頂上は柱がたつ地面の位置よりも地球の自転軸から離れているため慣性系での速度が大きい．物体は初め柱の頂上と同じ速度で東の方向へ運動しているので，着地したとき柱の根元の地点より東にあることになる．

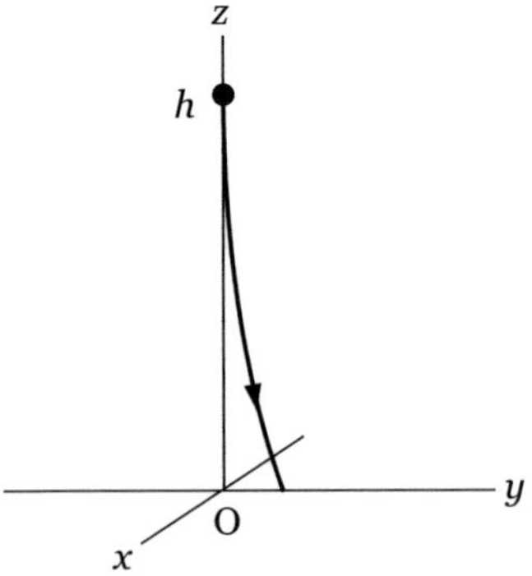

自由落下する物体の軌道

▶ **問題 10.1A** 北緯 λ の地表から鉛直にたつ高さ $h(> 0)$ の塔がある．塔の上から，南向きの水平方向に質量 m の物体を速さ v_0 で投射する．重力加速度の大きさを g，地球の自転の角速度の大きさを ω とする．物体が地表に達した

ときに真南から東側にずれるのは，投射した速さがどのような範囲にある場合か．

フーコー振り子

1851 年にフーコー (Foucault) は天井から吊り下げた針金におもりをつけて単振り子の実験を行い，振動面が時間とともに変わっていくことから，地球が自転していることを実験的に示した．この装置は**フーコー振り子**と呼ばれる．このような振り子の運動を調べてみよう．

振り子のひもの長さを l，おもりの質量を m，ひもの張力を S とおく．振り子のつりあいの位置を座標原点 O とし，鉛直上方に z 軸，南向きに x 軸，東向きに y 軸をとる．振り子の支点は z 軸上にある．おもりを xy 面へ射影した点を，x 軸を極軸とする平面極座標 (r, φ) で表す．z 方向の運動はわずかなので無視する $(\dot{z} \simeq 0)$ ことにする．

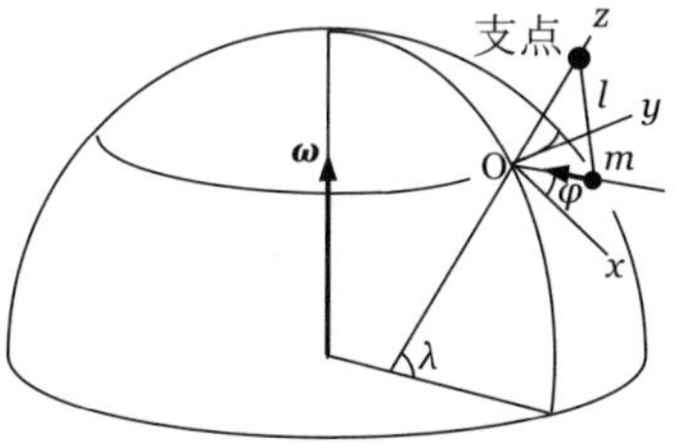

フーコー振り子

ひもの張力の鉛直成分と重力がつりあっていて，復元力はひもの張力の水平成分から生じていると考えると，その大きさは $(r/l)S$ で与えられる．この力を x, y 成分に分けると，$-(x/l)S$ および $-(y/l)S$ となるので，運動方程式は

$$m\ddot{x} = -S\frac{x}{l} + 2m\omega\dot{y}\sin\lambda\,, \tag{10.13}$$

$$m\ddot{y} = -S\frac{y}{l} - 2m\omega\dot{x}\sin\lambda \tag{10.14}$$

と表される．この 2 つの式から張力の入っている項を消去すると

$$x\ddot{y} - \ddot{x}y = -2\omega(x\dot{x} + y\dot{y})\sin\lambda \tag{10.15}$$

が得られる．初めの時刻におもりが原点にあったとして積分すると

$$x\dot{y} - \dot{x}y = -\omega(x^2 + y^2)\sin\lambda \tag{10.16}$$

となる．平面極座標を用いてさらに計算すると

$$\Omega \equiv \dot{\varphi} = -\omega\sin\lambda \tag{10.17}$$

が成り立つ．

この結果は，振り子の振動面（角度 φ）が一定でなく，時間と共に角速度 Ω で変わっていくことを表している．**北半球では，コリオリ力により，おもりの運動方向が進行方向に向かって右へずれていくので，振動面は支点側から見ると時計回りに回ることになる．慣性系から眺めたときは，振動面は変わらない．**これは，北極から見て地球が反時計回りに回転していることからも理解できる．この現象は，赤道から高緯度になるにつれて大きくなっていくことがわかる．最大となる北極では $|\Omega| = \omega$ である．

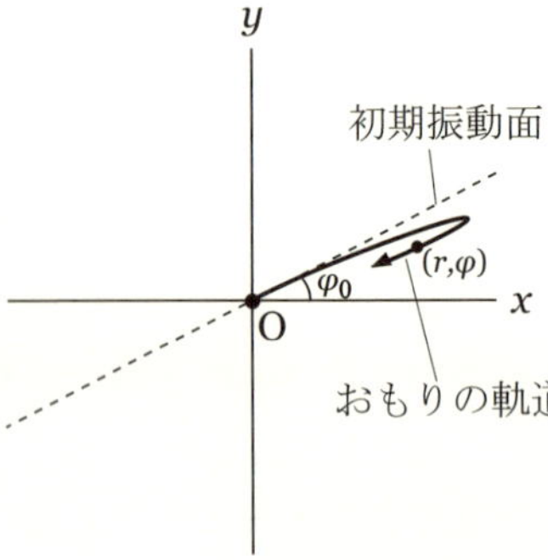

北半球における振動面の変化

大気の運動

空気のかたまりは圧力勾配があると**気圧傾度力**によって風として運動する．

水平面に沿って圧力勾配がある場合に，高圧側から低圧側に等圧線に垂直な向きに運動するはずの空気塊は，コリオリ力によって北半球では右へ進行方向が曲げられる．そのために，地表からの摩擦力がなければ定常状態では右側へのコリオリ力と左側への気圧傾度力がつりあって，空気塊は等圧線に平行に運動するようになることが予想される．実際に，中緯度や高緯度の地域での地上からの高度が 1 km より高いところでは，広範囲にわたる風が等圧線に平行に吹く現象がみられる（このような風を**地衡風**という）．

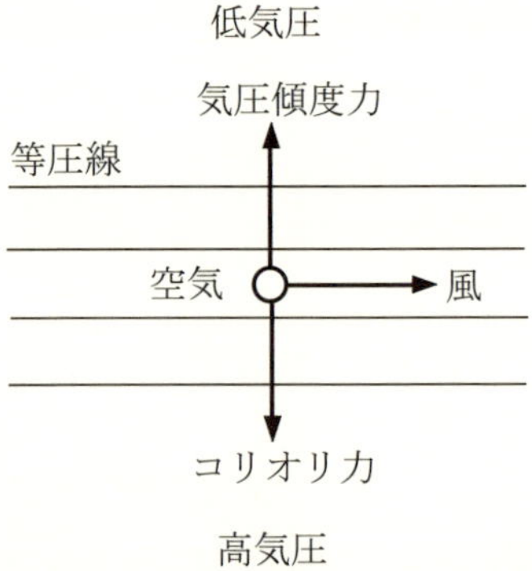

地衡風

地表付近においては，地球表面と空気塊との**摩擦力**が空気の流れと逆向きに働いて，コリオリ力・気圧傾度力・摩擦力がつりあうようになる．このとき風は等圧線に対して角度をもって吹くことになる．

等圧線が同心円状になっている低気圧領域においては，コリオリ力・気圧傾度力・摩擦力とともに，空気塊が気圧の中心のまわりを回転運動することによる遠心力も働いてくる．これらの力を受けて，空気塊は北半球では等圧線と角度 β をもちつつ反時計まわりに中心に向かって吹きこむ．海上では摩擦力が弱く等圧線となす角度は小さいが，陸上では摩擦力が強くなり角度は海上より大きくなる．

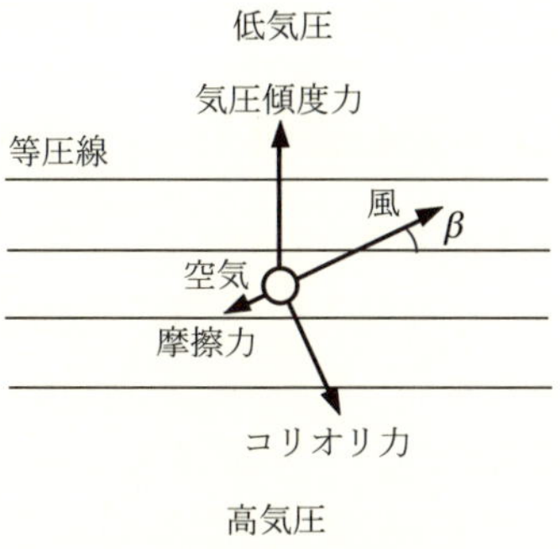

摩擦力がある場合

吹き込んだ空気塊は中心付近では上昇気流を形成し，雲ができやすく天気が悪くなる．逆に，高気圧では等圧線と角度をもちつつ時計回りに外側へ風が吹き出る．高気圧の中心付近では下降気流となるため雲が消えて天気はよい．

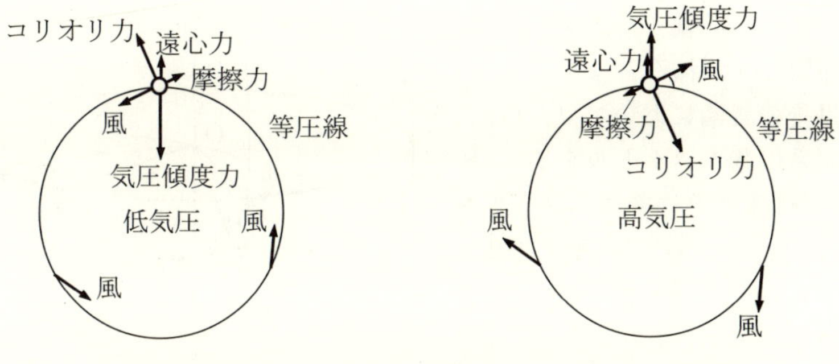

北半球における円形等圧線の低気圧と高気圧での風向き

11　固定点のまわりの剛体の運動

11.1　回転座標系での剛体の運動方程式

オイラーの角

剛体に固定された点O（座標原点とする）のまわりの剛体の回転運動を記述するために，空間に固定された座標系（慣性系）$Oxyz$ から剛体に固定された座標系 $O\xi\eta\zeta$ への変換を考える．$Oxyz$ 系に対して $O\xi\eta\zeta$ 系を次のようにとる．

まず z 軸のまわりに角度 φ だけ座標軸を回転して $Ox'y'z'$ 座標系になる．続いて新しい y' 軸の周りに角度 θ だけ回転して $Ox''y''z''$ 座標系になる．最後に z'' 軸のまわりに角度 ψ だけ回転したものを $O\xi\eta\zeta$ 座標系とする．

この座標軸回転における角度 $(\theta,\ \varphi,\ \psi)$ の組は**オイラー (Euler) の角**と呼ばれる．xy 平面と $\xi\eta$ 平面が交わる y' 軸（すなわち y'' 軸）は**節線**と呼ばれる．

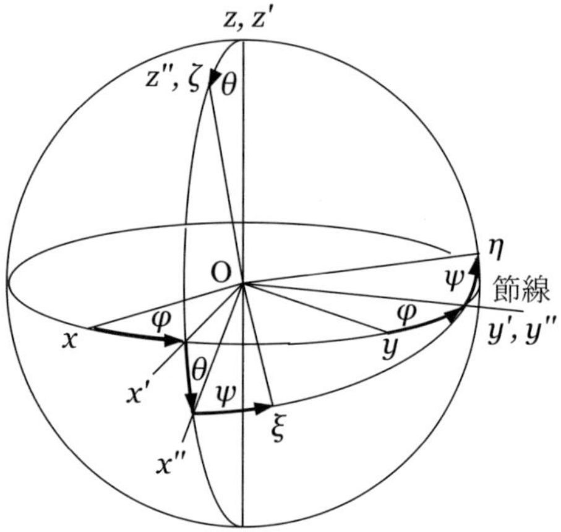

オイラーの角 $(\theta,\ \varphi,\ \psi)$

以後の議論においては，$Oxyz$ 座標系の基本ベクトルを $\boldsymbol{i},\ \boldsymbol{j},\ \boldsymbol{k}$，$Ox'y'z'$ 座標系の基本ベクトルを $\boldsymbol{i}',\ \boldsymbol{j}',\ \boldsymbol{k}'$，$Ox''y''z''$ 座標系の基本ベクトルを $\boldsymbol{i}'',\ \boldsymbol{j}'',\ \boldsymbol{k}''$，$O\xi\eta\zeta$ 座標系の基本ベクトルを $\boldsymbol{e}_1,\ \boldsymbol{e}_2,\ \boldsymbol{e}_3$ とする．基本ベクトルの間に次の関係が成り立つ．

$$\boldsymbol{e}_1 = \cos\psi\,\boldsymbol{i}'' + \sin\psi\,\boldsymbol{j}'', \tag{11.1}$$

$$\boldsymbol{e}_2 = -\sin\psi\,\boldsymbol{i}'' + \cos\psi\,\boldsymbol{j}'', \tag{11.2}$$

$$\boldsymbol{e}_3 = \sin\theta\,\boldsymbol{i}' + \cos\theta\,\boldsymbol{k}, \tag{11.3}$$

$$\boldsymbol{i}' = \cos\varphi\,\boldsymbol{i} + \sin\varphi\,\boldsymbol{j}, \tag{11.4}$$

$$\boldsymbol{i}'' = \cos\theta\,\boldsymbol{i}' - \sin\theta\,\boldsymbol{k} = \cos\theta\,(\cos\varphi\,\boldsymbol{i} + \sin\varphi\,\boldsymbol{j}) - \sin\theta\,\boldsymbol{k}, \tag{11.5}$$

$$\boldsymbol{j}'' = -\sin\varphi\,\boldsymbol{i} + \cos\varphi\,\boldsymbol{j} \tag{11.6}$$

これらより，空間に固定された $Oxyz$ 座標系と剛体に固定された $O\xi\eta\zeta$ 座標

系の基本ベクトルの間に，

$$\boldsymbol{e}_1 = (\cos\theta\cos\varphi\cos\psi - \sin\varphi\sin\psi)\,\boldsymbol{i} + (\cos\theta\sin\varphi\cos\psi + \cos\varphi\sin\psi)\,\boldsymbol{j} - \sin\theta\cos\psi\,\boldsymbol{k}\,, \tag{11.7}$$

$$\boldsymbol{e}_2 = -(\cos\theta\cos\varphi\sin\psi + \sin\varphi\cos\psi)\,\boldsymbol{i} - (\cos\theta\sin\varphi\sin\psi - \cos\varphi\cos\psi)\,\boldsymbol{j} + \sin\theta\sin\psi\,\boldsymbol{k}\,, \tag{11.8}$$

$$\boldsymbol{e}_3 = \sin\theta\cos\varphi\,\boldsymbol{i} + \sin\theta\sin\varphi\,\boldsymbol{j} + \cos\theta\,\boldsymbol{k} \tag{11.9}$$

が成り立つ．

時刻 t から $t+dt$ までの無限小時間にオイラーの角がそれぞれ $d\theta$, $d\varphi$, $d\psi$ だけ無限小変化したとすると，角速度ベクトルは

$$\boldsymbol{\omega} = \dot{\theta}\,\boldsymbol{j}'' + \dot{\varphi}\,\boldsymbol{k} + \dot{\psi}\,\boldsymbol{e}_3 \tag{11.10}$$

と書ける．ここで

$$\boldsymbol{j}'' = \sin\psi\,\boldsymbol{e}_1 + \cos\psi\,\boldsymbol{e}_2\,, \tag{11.11}$$

$$\boldsymbol{k} = -\sin\theta\cos\psi\,\boldsymbol{e}_1 + \sin\theta\sin\psi\,\boldsymbol{e}_2 + \cos\theta\,\boldsymbol{e}_3 \tag{11.12}$$

であるから，角速度ベクトルはオイラーの角を用いて

$$\boldsymbol{\omega} = (\dot{\theta}\sin\psi - \dot{\varphi}\sin\theta\cos\psi)\,\boldsymbol{e}_1 + (\dot{\theta}\cos\psi + \dot{\varphi}\sin\theta\sin\psi)\,\boldsymbol{e}_2 + (\dot{\varphi}\cos\theta + \dot{\psi})\,\boldsymbol{e}_3 \tag{11.13}$$

と表される．

オイラーの運動方程式

剛体に対して外力のモーメント $\boldsymbol{N}$ が働いているとき，慣性系における剛体の回転運動の方程式は

$$\left(\frac{d\boldsymbol{L}}{dt}\right)_{\mathrm{I}} = \boldsymbol{N} \tag{11.14}$$

で与えられる．従って，剛体に固定した座標系では

$$\left(\frac{d\boldsymbol{L}}{dt}\right)_{\mathrm{R}} + \boldsymbol{\omega}\times\boldsymbol{L} = \boldsymbol{N} \tag{11.15}$$

が成り立つ．

以下では，剛体に固定した座標系 $O\xi\eta\zeta$ として**剛体の主軸座標系**を選んで議論することにしよう．このとき，剛体の角速度ベクトル $\boldsymbol{\omega}$，原点のまわりの角運動量ベクトル $\boldsymbol{L}$ および原点のまわりの外力のモーメント $\boldsymbol{N}$ は

$$\boldsymbol{\omega} = \omega_1\,\boldsymbol{e}_1 + \omega_2\,\boldsymbol{e}_2 + \omega_3\,\boldsymbol{e}_3\,, \tag{11.16}$$

$$\boldsymbol{L} = I_1\omega_1\,\boldsymbol{e}_1 + I_2\omega_2\,\boldsymbol{e}_2 + I_3\omega_3\,\boldsymbol{e}_3\,, \tag{11.17}$$

$$\boldsymbol{N} = N_1\,\boldsymbol{e}_1 + N_2\,\boldsymbol{e}_2 + N_3\,\boldsymbol{e}_3 \tag{11.18}$$

と表される．主軸座標系では基本ベクトル $\boldsymbol{e}_1$, $\boldsymbol{e}_2$, $\boldsymbol{e}_3$ は時間変化しないので

$$\left(\frac{d\boldsymbol{L}}{dt}\right)_{\mathrm{R}} = I_1\dot{\boldsymbol{\omega}}_1\,\boldsymbol{e}_1 + I_2\dot{\boldsymbol{\omega}}_2\,\boldsymbol{e}_2 + I_3\dot{\boldsymbol{\omega}}_3\,\boldsymbol{e}_3 \tag{11.19}$$

となる．従って，主軸座標系において運動方程式

$$I_1\,\dot{\omega}_1 - (I_2 - I_3)\,\omega_2\omega_3 = N_1\,, \tag{11.20}$$

$$I_2\,\dot{\omega}_2 - (I_3 - I_1)\,\omega_3\omega_1 = N_2\,, \tag{11.21}$$

$$I_3\,\dot{\omega}_3 - (I_1 - I_2)\,\omega_1\omega_2 = N_3 \tag{11.22}$$

が成り立つ．これは**オイラーの運動方程式**と呼ばれる．

11.2　剛体の自由回転

地球の自転軸の歳差運動

地球は，赤道付近が膨らんで南北の極を結ぶ方向に縮んだ回転楕円体状になっている（赤道半径 約 6378 km, 極半径 約 6357 km）ので，主慣性モーメントが $I_1 = I_2 < I_3$ の場合に相当する．

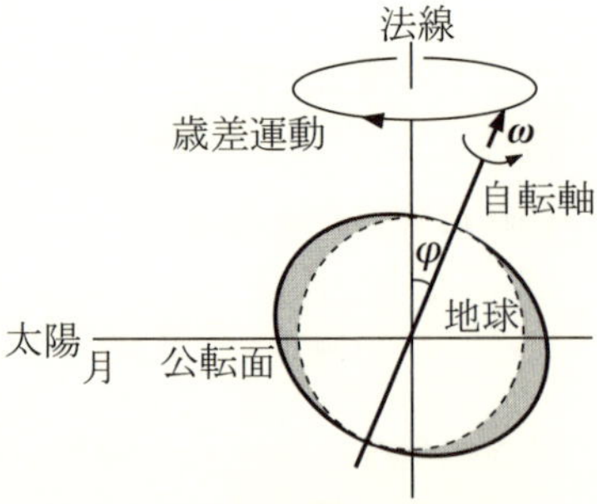

自転軸の歳差運動

地球の自転軸は公転面（黄道面）の法線方向に対して角度 φ（約 23.4°）だけ傾いている．そのため，月や太陽からの引力による地球の中心のまわりの力のモーメントが生じる．

これにより，自転軸は，公転面の法線方向のまわりの回転運動を，自転と逆回転で行う（周期は約 26,000 年）．**自転軸が固定軸のまわりを回転するこのような運動は歳差運動**と呼ばれる．

以下で地球の重心を原点として選んでそのまわりの自由回転を考えるときには．短い時間での地球の運動を考えるため，周期が非常に長い上の歳差運動は無視することにする．

主軸座標系でみた剛体の自由回転運動

剛体がひとつの点（座標原点 O とする）で固定されていて，そのまわりに自由に回転できるときの運動を調べてみよう．

剛体には固定点での束縛力以外の力が働いていないとする．このときには原点のまわりの外力のモーメント $\boldsymbol{N}$ は $\mathbf{0}$ である．このような**固定点のまわりの自由回転運動**として，外力のモーメントを無視したときの地球の運動や，宙に放り投げられた物体の重心に相対的な運動などがあげられる．

以下では，剛体に固定された ζ 軸が**対称軸**となっている場合を考えよう．このとき，主慣性モーメントが $I_1 = I_2$ の対称性をもつ．外力のモーメントが $\mathbf{0}$ なので，主軸座標系におけるオイラーの運動方程式が次のように書ける．

$$I_1\,\dot{\omega}_1 - (I_1 - I_3)\,\omega_2\omega_3 = 0\,, \tag{11.23}$$

$$I_1\,\dot{\omega}_2 - (I_3 - I_1)\,\omega_3\omega_1 = 0\,, \tag{11.24}$$

$$I_3\,\dot{\omega}_3 = 0 \tag{11.25}$$

第 3 式より，**運動中に $\omega_3 =$ 一定 となる**ことがわかる．上の式を組み合わせて計算すると，角速度ベクトルの時間微分が，主軸座標系では

$$\dot{\boldsymbol{\omega}} = \frac{I_1 - I_3}{I_1}\,\omega_2\omega_3\,\boldsymbol{e}_1 + \frac{I_3 - I_1}{I_1}\,\omega_3\omega_1\,\boldsymbol{e}_2 \tag{11.26}$$

と表せる．ここで，ベクトル

$$\boldsymbol{\Omega} \equiv \Omega\boldsymbol{e}_3 \qquad \left(\text{ただし}\ \Omega \equiv \frac{I_3 - I_1}{I_1}\,\omega_3\right) \tag{11.27}$$

を定義すると

$$\dot{\boldsymbol{\omega}} = -\Omega\omega_2\,\boldsymbol{e}_1 + \Omega\omega_1\,\boldsymbol{e}_2 = \Omega\,\boldsymbol{e}_3 \times (\omega_2\,\boldsymbol{e}_2 + \omega_1\,\boldsymbol{e}_1 + \omega_3\,\boldsymbol{e}_3) \tag{11.28}$$

と変形できるので

$$\dot{\boldsymbol{\omega}} = \boldsymbol{\Omega} \times \boldsymbol{\omega} \tag{11.29}$$

が成り立っている．ω_3 が運動中に一定なので，Ω も一定となる．また，主軸座標系では $\boldsymbol{e}_3$ は変化しないから，主軸座標系でみたときに $\boldsymbol{\Omega}$ は定ベクトルである．従って，上式は次のことを表している．

主軸座標系でみたとき，剛体の自転軸 $\boldsymbol{\omega}$ は剛体に固定された対称軸（ζ 軸，$\boldsymbol{e}_3$ 軸）のまわりを一定の角度（α とする）を保ちながら角速度 $\boldsymbol{\Omega}$ で歳差運動している．

回転方向は，ζ 軸正方向から見て $I_3 > I_1$ のとき反時計まわり，$I_3 < I_1$ のとき時計まわりとなる．

地球上でみると，自転軸（北極）が地球に固定された対称軸（ζ 主軸）からわずかに傾いてゆっくりと移動している．これを**極運動**いう．自転軸の方向（すなわち南極から北極へ向かう $\boldsymbol{\omega}$ の方向）と ζ 主軸方向（$\boldsymbol{e}_3$ 方向）とのなす傾き角は，近年では $\alpha \fallingdotseq 0.1 \sim 0.2''$ 程度となっている *．極地において北極が 3 ～ 6m 程度の半径の円内で地球に対し反時計回り ($I_3 > I_1$) に極運動していることになる．地球の質量 M と赤道半径 a を用いて表した主慣性モーメントは $I_1 \fallingdotseq I_2 = 0.32962Ma^2$, $I_3 \fallingdotseq 0.33070Ma^2$ である *．これを用いて歳差運動の周期を見積もると

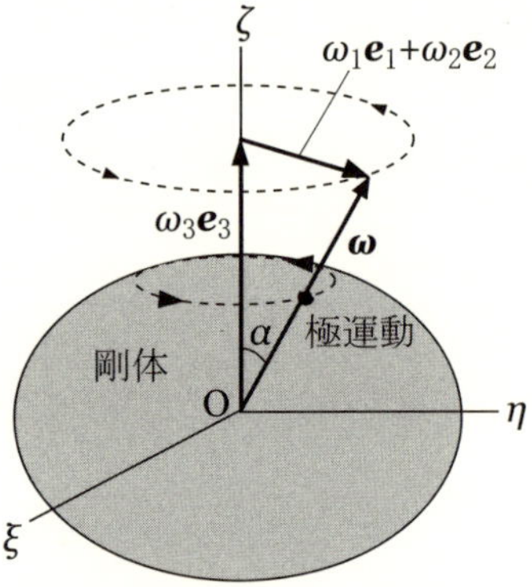

剛体にのってみたときの
自転軸の運動(I_1=I_2<I_3)

$$T_\omega = \frac{2\pi}{\omega_3} \cdot \frac{I_1}{I_3 - I_1} \simeq \frac{2\pi}{\omega} \cdot \frac{I_1}{I_3 - I_1} \fallingdotseq 305\frac{2\pi}{\omega} = 305\,\mathrm{days} \tag{11.30}$$

と得られる．実際に観測されている周期は 440 日位である（**Chandler** 周期と呼ばれる）が，これは地球が理想的な剛体ではなく弾性をもつためと考えられている (* を付した数値は「理科年表　平成 23 年版」（丸善）による)．

▶ **問題 11.2A** 剛体 $(I_1 = I_2)$ の自由回転運動においては角速度ベクトル $\boldsymbol{\omega}$ が剛体の ζ 主軸から一定の角度だけ傾いてその先端が ζ 軸のまわりに一定の角速度 Ω で円運動することを，オイラーの運動方程式を直接積分することによって導け．

慣性系でみた剛体の自由回転運動

上では $I_1 = I_2$ の場合の剛体の自由回転運動を，剛体に固定された主軸座標系にのってみてきた．ここでは，**空間に固定された座標系**（慣性系）からこの自由回転運動をみた場合にどのような運動として観測されるかを，調べてみよう．

原点のまわりに外力のモーメントが働いていないので，慣性系での運動方程式は

$$\left(\frac{d\boldsymbol{L}}{dt}\right)_{\mathrm{I}} = \boldsymbol{N} = \boldsymbol{0} \tag{11.31}$$

である．これより，次のことがいえる．

> **慣性系でみたとき，原点のまわりの角運動量ベクトル $\boldsymbol{L}$ は一定のベクトルとなる．**

角運動量ベクトル $\boldsymbol{L}$，角速度ベクトル $\boldsymbol{\omega}$，ζ 軸方向のベクトル $\boldsymbol{\Omega}(= \Omega\boldsymbol{e}_3)$ の間には

$$\begin{aligned}\boldsymbol{L} &= I_1\omega_1\,\boldsymbol{e}_1 + I_1\omega_2\,\boldsymbol{e}_2 + I_3\omega_3\,\boldsymbol{e}_3 \\ &= I_1(\omega_1\,\boldsymbol{e}_1 + \omega_2\,\boldsymbol{e}_2 + \omega_3\,\boldsymbol{e}_3) + (I_3 - I_1)\omega_3\,\boldsymbol{e}_3 \\ &= I_1(\boldsymbol{\omega} + \boldsymbol{\Omega})\end{aligned} \tag{11.32}$$

の関係が成り立っている．この結果は，次のことを示している．

> **$\boldsymbol{L}$，ω，$\boldsymbol{\Omega}$ は同一平面上のベクトルである．**

ここで，角運動量ベクトル方向を向いた定ベクトル

$$\boldsymbol{\Omega}' \equiv \frac{\boldsymbol{L}}{I_1} \tag{11.33}$$

を用いると

$$\boldsymbol{\omega} = \boldsymbol{\Omega}' - \boldsymbol{\Omega} \tag{11.34}$$

と表せる．$\boldsymbol{\omega}$ は瞬時回転軸方向になっているので，$\boldsymbol{e}_3$ の時間的変化は

$$\dot{\boldsymbol{e}}_3 = \boldsymbol{\omega} \times \boldsymbol{e}_3 \tag{11.35}$$

で与えられる．$\boldsymbol{\omega} = \boldsymbol{\Omega}' - \boldsymbol{\Omega}$ を代入すると

$$\dot{\boldsymbol{e}}_3 = \boldsymbol{\Omega}' \times \boldsymbol{e}_3 \tag{11.36}$$

が成り立つ．この式から，次のことがわかる．

剛体の対称軸 $\boldsymbol{e}_3$ は，空間の固定軸 $\boldsymbol{L}$ のまわりに一定の傾き角（θ とする）を保って一定の角速度 $\boldsymbol{\Omega}'$ で円錐面をつくりながら回転運動をしている．

さらに，$\boldsymbol{\omega}$ の時間的変化を計算してみると

$$\dot{\boldsymbol{\omega}} = -\dot{\boldsymbol{\Omega}} = -\Omega\,\dot{\boldsymbol{e}}_3 = -\Omega\,(\boldsymbol{\Omega}' \times \boldsymbol{e}_3) = -\boldsymbol{\Omega}' \times \boldsymbol{\Omega} = -\boldsymbol{\Omega}' \times (\boldsymbol{\Omega}' - \boldsymbol{\omega})$$

より

$$\dot{\boldsymbol{\omega}} = \boldsymbol{\Omega}' \times \boldsymbol{\omega} \tag{11.37}$$

が得られる．この結果は次のことを表している．

剛体の自転軸 $\boldsymbol{\omega}$ が，空間の固定軸 $\boldsymbol{L}$ のまわりに一定の角速度 $\boldsymbol{\Omega}'$ で歳差運動している．

角速度ベクトル $\boldsymbol{\omega}$ は，$\boldsymbol{L}$ と対称軸 $\boldsymbol{e}_3$ のつくる面内にあって $\boldsymbol{e}_3$ から一定の角度 α だけ傾いており，$\boldsymbol{\omega}$ の $\boldsymbol{L}$ からの傾き角も一定である．地球の場合に $I_1 \simeq I_3$ と近似すると $\Omega' \simeq \omega$ となり，周期は約 1 日と見積もられる．

以上の結果から，角速度ベクトル $\boldsymbol{\omega}$ は，**剛体の外にいて慣性系でみると角運動量ベクトル $\boldsymbol{L}$ のまわりに歳差運動しており，剛体にのって主軸系でみると ζ 主軸のまわりに歳差運動している**ことがわかった．それぞれの歳差運動において，角速度ベクトル $\boldsymbol{\omega}$ が母線となって円錐をつくる．慣性系において空間に描かれる円錐を**ハーポルホード錐** (herpolhode cone)，主軸系において剛体に対してつくられる半頂角 α の円錐を**ポルホード錐** (polhode cone) という．2 つの円錐は角速度ベクトル $\boldsymbol{\omega}$ の位置で接している．慣性系において角運動量ベクトル $\boldsymbol{L}$ のまわりを角速度ベクトル $\boldsymbol{\omega}$ が運動するのに伴って，ポルホード錐がハーポ

ルホード錐に接しながら滑らずに転がるように移動していく．

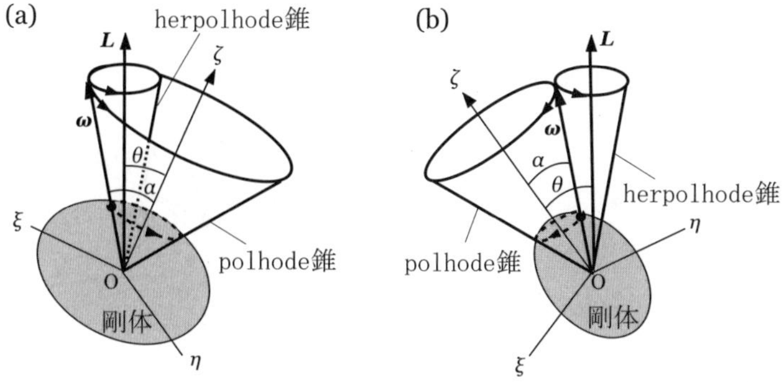

自転軸の運動：(a) $I_1<I_3$ ，(b) $I_1>I_3$

▶ **問題 11.2B** 剛体の重心（原点 O とする）のまわりに外力のモーメントが働いていない場合について，原点のまわりの自由回転運動を慣性系から観測する．原点のまわりの角運動量ベクトル（大きさ L）の方向を慣性系の z 軸に選び，剛体の主軸に固定した $O\xi\eta\zeta$ 座標系の回転をオイラーの角 (θ, φ, ψ) で記述する．剛体は ζ 軸に関して対称な主慣性モーメント $(I_1 = I_2 < I_3)$ をもつとする．このとき，$\theta, \dot{\varphi}, \dot{\psi}$ が運動中に一定となることを示せ．

11.3　こまの運動

対称こまの運動における保存則

こまが回るのを見て，なぜこまはすぐに倒れてしまわないのかと，不思議に思う人も多いであろう．また，一口にこまの回転と言っても，その運動にはいろいろなパターンがあることに気付く．ここでは，固定点のまわりの剛体の運動の例として，こまの運動を調べてみよう．

こまは自転軸（ζ 軸とする）に関して質量分布が対称であるとする．自転軸の下端が固定点 O で支えられた運動を考える．こまに固定した主軸座標系を $O\xi\eta\zeta$ とする．この主軸方向は，空間に固定した慣性系 $Oxyz$ に対してオイラーの角 (θ, φ, ψ) で表される．対称性により，主慣性モーメントは $I_1 = I_2$ となっている．

こまの質量を M とし，重心 G の位置ベクトル $\boldsymbol{r}_{\mathrm{G}}$ の大きさを h とする．z 軸正方向を鉛直上方としたとき，こまに働く重力のモーメントは

$$\boldsymbol{N} = \boldsymbol{r}_{\mathrm{G}} \times M\boldsymbol{g} = Mgh \sin\theta \, \boldsymbol{j}' \tag{11.38}$$

となる．$\boldsymbol{N}$ は節線（y' 軸）方向を向いたベクトルである．$\boldsymbol{N}$ **が** ζ **軸に垂直**なので $N_3 = 0$ であり，オイラーの運動方程式の ζ 成分は $I_3 \dot{\omega}_3 = 0$ となる．これは，**運動中に** ω_3 **が一定であることを表し**ている．オイラーの角を用いて表せば ω_3 **保存の式**は

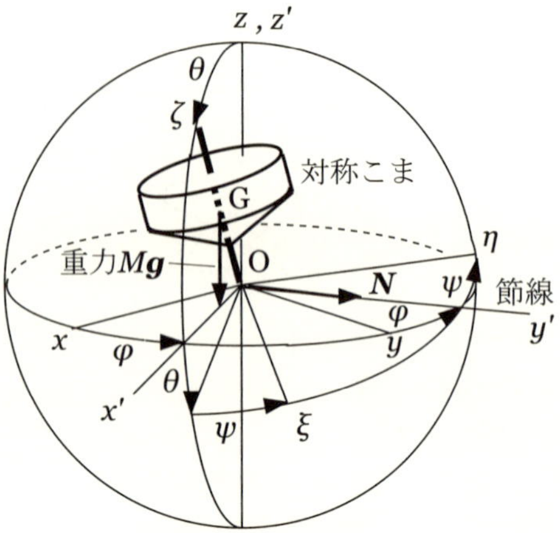

対称こまの運動

$$\omega_3 = \dot{\varphi} \cos\theta + \dot{\psi} = \text{一定} \tag{11.39}$$

である．角速度ベクトルの対称軸（ζ 軸）方向成分には，軸のまわりの回転による角速度 $\dot{\psi}$ のほかに，歳差運動による角速度からの成分 $\dot{\varphi}\cos\theta$ が加わっている．$L_3 = I_3\,\omega_3$ なので，上式は**角運動量の** ζ **成分** L_3 **が運動中に保存される**ことを表している．

他方，$\boldsymbol{N}$ が y' **軸方向を向いているので**，$\dot{L}_z = N_z = 0$ となり，**運動中に** L_z **も保存される**ことがわかる．角運動量ベクトルを Oxyz および O$\xi\eta\zeta$ 座標系の基本ベクトルを用いて表すと

$$\boldsymbol{L} = L_x\,\boldsymbol{i} + L_y\,\boldsymbol{j} + L_z\,\boldsymbol{k} = L_1\,\boldsymbol{e}_1 + L_2\,\boldsymbol{e}_2 + L_3\,\boldsymbol{e}_3 \tag{11.40}$$

であるので, L_z は方向余弦を用いて

$$L_z = L_1(\boldsymbol{e}_1 \cdot \boldsymbol{k}) + L_2(\boldsymbol{e}_2 \cdot \boldsymbol{k}) + L_3(\boldsymbol{e}_3 \cdot \boldsymbol{k}) \tag{11.41}$$

と書ける．$L_1 = I_1\,\omega_1$, $L_2 = I_1\,\omega_2$ であるから，オイラーの角を用いて表すと

$$L_z = I_1 \Big[(\dot{\theta}\sin\psi - \dot{\varphi}\sin\theta\cos\psi)\,(-\sin\theta\cos\psi) + (\dot{\theta}\cos\psi + \dot{\varphi}\sin\theta\sin\psi)\sin\theta\sin\psi \Big] + L_3\cos\theta$$

より

$$L_z = I_1 \dot{\varphi} \sin^2\theta + L_3 \cos\theta = \text{一定} \tag{11.42}$$

が得られる．さらに $L_3 = I_3\,\omega_3$ および $\omega_3 = \dot{\varphi}\cos\theta + \dot{\psi}$ を用いて変形すると

$$L_z = (I_1 \sin^2\theta + I_3 \cos^2\theta)\,\dot{\varphi} + I_3 \cos\theta \cdot \dot{\psi} = \text{一定} \tag{11.43}$$

と表せる．L_z は歳差運動（z 軸のまわりの回転 $\dot{\varphi}$）と自転（ζ 軸のまわりの回転 $\dot{\psi}$）による寄与を合わせたものになっていることがわかる．ここで

$$a \equiv \frac{L_3}{I_1}, \qquad b \equiv \frac{L_z}{I_1} \tag{11.44}$$

で定義される定数 a, b を用いると，L_z の保存の式は

$$\dot{\varphi} \sin^2\theta + a \cos\theta = b \tag{11.45}$$

となる（$a > 0$ とする）．

この運動では力学的エネルギー E も保存される．式で書けば

$$\frac{1}{2}(I_1\,\omega_1^2 + I_1\,\omega_2^2 + I_3\,\omega_3^2) + Mgh\cos\theta = E = \text{一定} \tag{11.46}$$

である．ここで $\omega_1^2 + \omega_2^2 = \dot{\theta}^2 + \dot{\varphi}^2 \sin^2\theta$ なので

$$\frac{1}{2} I_1 (\dot{\theta}^2 + \dot{\varphi}^2 \sin^2\theta) + Mgh\cos\theta = E - \frac{1}{2} I_3\,\omega_3^2 \equiv E' = \text{一定} \tag{11.47}$$

となる．

$$\lambda \equiv \frac{2E'}{I_1} = \frac{2E - I_3\,\omega_3^2}{I_1}, \qquad \mu \equiv \frac{2Mgh}{I_1} > 0 \tag{11.48}$$

で定義された λ, μ を用いると，力学的エネルギー保存の式は

$$\dot{\theta}^2 + \dot{\varphi}^2 \sin^2\theta + \mu \cos\theta = \lambda \tag{11.49}$$

と書ける．この式に $\sin^2\theta$ を掛けて，$\dot{\varphi}\sin^2\theta$ に L_z の保存の式を代入し $\dot{\varphi}$ を消去すると

$$\dot{\theta}^2 \sin^2\theta = \sin^2\theta\,(\lambda - \mu\cos\theta) - (b - a\cos\theta)^2 \tag{11.50}$$

が得られる．変数変換 $u = \cos\theta$ を行うと

$$\dot{u}^2 = (1 - u^2)(\lambda - \mu u) - (b - au)^2 \equiv f(u) \tag{11.51}$$

となる．関数 $f(u)$ は θ の時間的変化を与える．$0 < \theta < \pi$ の範囲では，$f = 0$ となる u で $\dot{\theta} = 0$ となり θ が極値をとる．$\mu > 0$ であるから $u \to \pm\infty$ のとき $f \to \mu u^3 \to \pm\infty$ となる．実際のこまの運動では $|u| \leq 1$ の範囲が対応するが，$u = \pm 1$ のときには $f = -(b \mp a)^2 \leq 0$ となる．

章動のある歳差運動

方程式 $f(u) = 0$ は u に関する 3 次方程式であるので，3 つの解をもつ．方程式の解が異なる 3 つの実数となる場合の解を小さいほうから順に u_1，u_2，u_3 とおく．

$f(1) < 0$ のときには $u_3 > 1$ となるので，この場合の u_3 はこまの運動に対応する θ の極値を与えない．

初めに，$-1 < u_1 < u_2 < 1 < u_3$ のときのこまの運動を考える．こまは $u_1 \leq u \leq u_2$ のとき $f(u) = \dot{u}^2 \geq 0$ であり運動可能となる．こまの対称軸（自転軸, ζ 軸）の方向は，オイラーの角 (θ, φ) で表すことができる．こまの対称軸方向が原点を中心とした単位球面と交わる点の軌跡で，こまの運動様式を表すことにしよう．

u_1, u_2 に対応する角度 θ を，それぞれ θ_1, θ_2 とおく．ここで，保存される角運動量成分 L_z と L_3 の比を

$$r \equiv \frac{L_z}{L_3} = \frac{b}{a} \tag{11.52}$$

とおく．解 u_1, u_2 と r との大小関係により運動の様態に違いが現れる．

(i) $u_1 < u_2 < r$ の場合

このときには $b - au_2 > 0$ となる．従って，常に $b - au > 0$ である．L_z の保存の式から $\dot{\varphi}$ が

$$\dot{\varphi} = \frac{b - au}{1 - u^2}$$

と表せるので, 常に $\dot{\varphi} > 0$ であることがわかる．角度 φ が常に増えながら一方向に運動（**歳差運動**）するとともに，鉛直上方からの傾き角 θ が θ_1 と θ_2 の間を往復する運動（**章動**とよぶ）になる．図にこの様子が示されている．

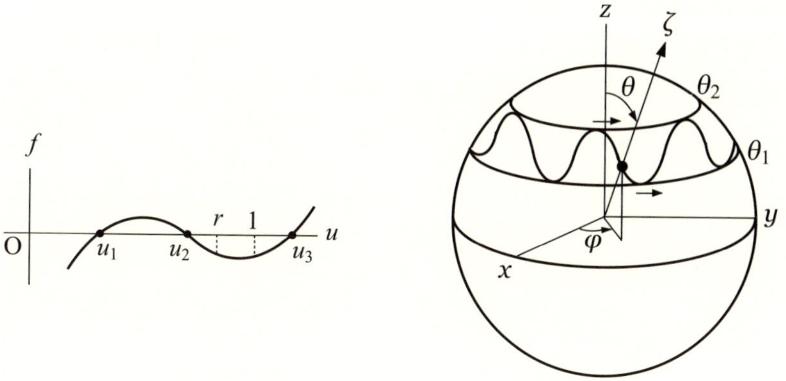

こまの対称軸の軌跡：(i) $u_1<u_2<r$ の場合

(ii) $u_1 < r < u_2$ の場合

このときには $b - au_2 < 0 < b - au_1$ となる．従って，章動の折り返し点となる θ_1 の位置では $\dot{\varphi} > 0$ であり，θ_2 の位置で $\dot{\varphi} < 0$ となる．

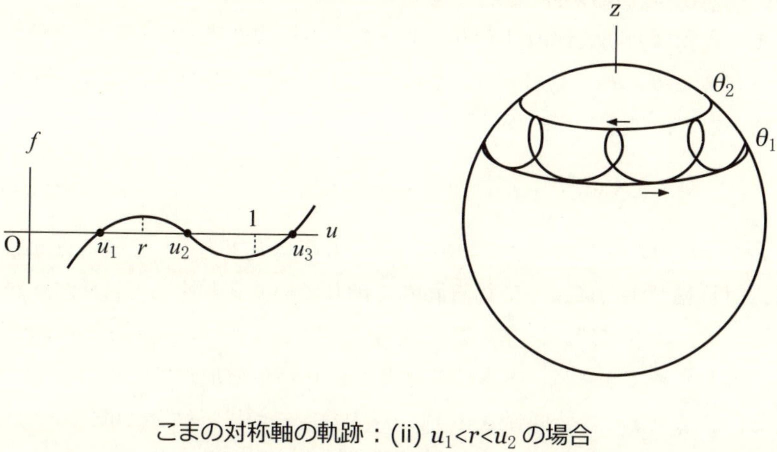

こまの対称軸の軌跡：(ii) $u_1<r<u_2$ の場合

(iii) $u_1 < u_2 = r$ の場合

このときには $b - au_2 = 0 < b - au_1$ となる．従って，章動の折り返し点と

なる θ_1 の位置では $\dot{\varphi} > 0$ であり，θ_2 の位置で $\dot{\varphi} = 0$ となる．この運動は，上の (i) と (ii) の運動様式のちょうど境界にあたり，傾き角が最小値 θ_2 となる点において 対称軸の運動が瞬間的に止まる．

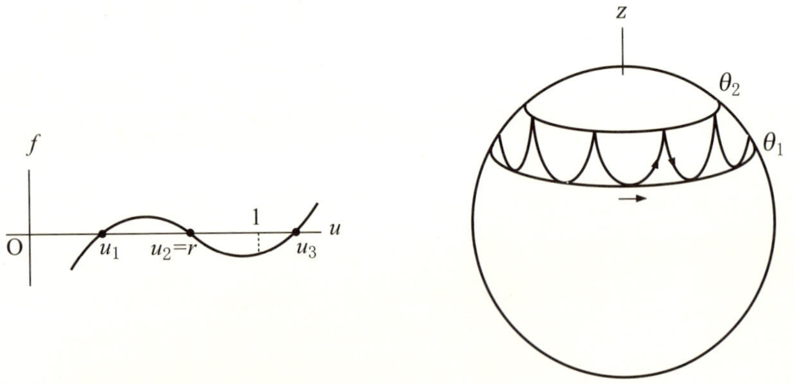

こまの対称軸の軌跡：(iii) $u_1<u_2=r$ の場合

運動様式 (iii) の初期条件

こまの運動は初期条件の与え方によってその様式が違ってくる．初期条件を「$t = 0$ に $\theta = \theta_2, \dot{\theta} = 0, \dot{\varphi} = 0$」としてこまを運動させた場合には，様式 (iii) の運動となる．エネルギー保存則

$$\dot{\theta}^2 + \dot{\varphi}^2 \sin^2\theta + \mu \cos\theta = \lambda = 一定 \tag{11.53}$$

において，左辺のはじめの 2 つの項は，$t = 0$ では 0 である．**こまをはなした直後は，対称軸が重力によって鉛直面内で倒れていく**運動をして，$\dot{\theta}$ が 0 から増加していく．これに伴い，左辺第 3 項のポテンシャル・エネルギーの項が減少する．倒れ始めてからは，$\dot{\varphi}$ も時刻とともに 0 から増加していく．

もし，こまをまったく回転させずに θ_2 の角度に傾けてはなせば，こまはそのまま鉛直面内で倒れてしまう．こまが回転している場合にも，$\dot{\theta} = 0, \dot{\varphi} = 0$ ではなしたときに初めは重力によって軸が鉛直方向へ倒れていく．しかし，こまが対称軸のまわりに回転しているために歳差運動が生じるわけである．

$b = au_2$ により

$$f(u_2) = (1 - u_2^2)(\lambda - \mu u_2) = 0 \tag{11.54}$$

となるから $\lambda = \mu u_2$ の関係が成り立つ．これより

$$f(u) = (u_2 - u)[\mu(1 - u^2) - a^2(u_2 - u)] \tag{11.55}$$

と表せるので，解 u_1 に対する方程式は

$$u_1^2 - \frac{a^2}{\mu}u_1 + \frac{a^2}{\mu}u_2 - 1 = 0 \tag{11.56}$$

となる．これを解けば章動の振れ幅を得ることができる．

【速く回転しているこま】 対称こまが初期条件「$t = 0$ に $\theta = \theta_2$, $\dot{\theta} = 0$, $\dot{\varphi} = 0$」で運動を始めた．こまが対称軸のまわりに速く回転している場合 $(a^2/\mu \gg 1)$ に，章動の振れ幅と歳差運動の角速度は，こまの回転の速さとどのような関係にあるか．

【解】 無次元のパラメータ $\varepsilon \equiv \mu/a^2 (\ll 1)$ を用いて，u_1 に対する解が

$$u_{1\pm} = \frac{1}{2\varepsilon}\left[1 \pm \sqrt{1 - 4\varepsilon(u_2 - \varepsilon)}\right]$$

と表される．ε を展開パラメータとしてテイラー展開して近似的な解を求めると

$$u_{1+} \simeq \frac{1}{\varepsilon} - u_2 + \varepsilon(1 - u_2^2), \qquad u_{1-} \simeq u_2 - \varepsilon(1 - u_2^2)$$

となる．$|u_1| < 1$ となる u_{1-} が解として適している．

$$u_2 - u_1 \simeq \frac{\mu}{a^2}\sin^2\theta_2$$

であるから，こまが速く回転しているほど章動の振れ幅が小さくなる．このとき，$1 - u^2 \simeq \sin^2\theta_2$ と近似すると $\dot{u} > 0$ の場合に対し

$$\dot{u} \simeq a\sqrt{(u_2 - u)(u - u_1)}$$

となる．変数変換 $u = u_2 - (u_2 - u_1)\sin^2\gamma$ を行って積分を実行すると

$$u_2 - u \simeq \frac{u_2 - u_1}{2}(1 - \cos at)$$

と得られる．L_z 保存の式 $\dot{\varphi}(1-u^2)+au=b$ と条件式 $b=au_2$ を用いて，歳差運動の角速度が

$$\dot{\varphi} \simeq \frac{\mu}{2a}\,(1-\cos at)$$

と得られる．歳差運動の速さは，止まったり速くなったりを cos 関数の形で繰り返す．平均的な角速度は $\mu/(2a)$ であるので，対称軸のまわりの回転が速いほど歳差運動はゆっくりとなる．【終】

正則歳差運動

こまが鉛直上方向と**一定の傾き角** θ_0 を保って歳差運動を行う場合（**正則歳差運動**と呼ぶ）について調べてみよう．ここで「正則」と頭につけたのは，上で述べた歳差運動でも章動が非常に弱くなれば見かけは純粋な歳差運動のように見えるかもしれないが，それと違い θ が常に変わらない条件で行われる歳差運動をこの呼び方で区別するためである．正則歳差運動をさせるには，初期条件において適切な $\dot{\varphi}$ を与える必要がある．

正則歳差運動では，$u_1=u_2=\cos\theta_0\equiv u_0$ であり，$u=u_0$ において $f(u)=0$ かつ $f'(u)=0$ でなければならない．

$-1<u_0<1<u_3$ の場合について調べてみる．条件 $f(u_0)=0$ より

$$\lambda-\mu u_0=\frac{(b-au_0)^2}{1-u_0^2} \tag{11.57}$$

となる．L_z の保存の式

$$\dot{\varphi}=\frac{b-au_0}{1-u_0^2}=\text{一定} \tag{11.58}$$

と組み合わせると

$$\lambda-\mu u_0=(1-u_0^2)\,\dot{\varphi}^2 \tag{11.59}$$

と表せる．$u=u_0$ で $f'(u)=0$ となる条件式

$$-2u_0(\lambda-\mu u_0)-\mu(1-u_0^2)+2a(b-au_0)=0 \tag{11.60}$$

に上の式を代入して

$$(1-u_0^2)(-2u_0\dot{\varphi}^2+2a\dot{\varphi}-\mu)=0 \tag{11.61}$$

となる．$u_0^2 < 1$ なので

$$2u_0\dot{\varphi}^2 - 2a\dot{\varphi} + \mu = 0 \tag{11.62}$$

が $\dot{\varphi}$ の満たす方程式となる．これより歳差運動の角速度の異なる 2 つの解

$$\dot{\varphi}_{\pm} = \frac{1}{2u_0}\left(a \pm \sqrt{a^2 - 2u_0\mu}\right) \tag{11.63}$$

が得られる．どちらの $\dot{\varphi}$ の解も時間的に一定である．従って

$$\dot{\psi} = \omega_3 - \dot{\varphi}\cos\theta_0 = \text{一定} \tag{11.64}$$

も成り立っている．

こまが早く回転していて $\mu/a^2 \ll 1$ が成り立っている場合を考えてみる．このときには解が近似的に

$$\dot{\varphi}_+ \simeq \frac{a}{u_0}, \qquad \dot{\varphi}_- \simeq \frac{\mu}{2a} \tag{11.65}$$

となる．解 $\dot{\varphi}_+$ の場合は速い歳差運動なので，摩擦のために運動は早く減衰してしまうが，解 $\dot{\varphi}_-$ は遅い歳差運動なので摩擦による減衰はゆっくりとしている．上の条件にあう $\dot{\varphi}$ をもたせてこまをはなしてやる（$\dot{\theta}$ は 0）ことにより正則歳差運動させることができ，この条件からはずれると章動をもった歳差運動になってしまう．

こまの対称軸が鉛直上方向を向いて回転しているときには，ζ 軸と z 軸が一致していて $a = b$ および $\lambda = \mu$ となる．

$$f(u) = (1-u)^2\left[\,\mu(1+u) - a^2\,\right] = 0 \tag{11.66}$$

より，u に対する解は次のように得られる．

$$u_1 = u_2 = 1\,, \qquad u_3 = \frac{a^2}{\mu} - 1 \tag{11.67}$$

$a^2/\mu > 2$ の場合には，こまが速く回転しており，$u = 1$ がこまの運動に対応している．こまは $\theta = 0$ のみで運動可能であり，軸が鉛直方向を向いたまま安定に回り続ける．この状態のこまは**眠りごま**と呼ばれる．

$0 < a^2/\mu < 2$ のときは $u_3 < 1$ であるので，運動可能領域は $u_3 \leq u \leq 1$ となり $0 \leq \theta \leq \theta_3$ の範囲で運動できるので，$\theta = 0$ で運動している状態は不安定で

ある．

実際のこまの運動では，初め軸を鉛直に向けて速く回転している安定した運動状態にあっても，摩擦によって次第に回転の角速度が減少していき，$a^2 = 2\mu$ を満たす角速度より小さくなると運動が不安定となって軸がよろけ始め，章動が起こる．以後は摩擦で回転が減少するに従い章動が大きくなっていく．

▶ **問題 11.3A**　こまが速く回転している場合の章動に対する近似された微分方程式 $\dot{u}^2 = a^2(u_2-u)(u-u_1)$ において $s \equiv u_2-u$ と変数変換すると $\dot{s}^2 \simeq a^2 s(s_1-s)$ となる．$t=0$ のとき $s=0$, $\dot{s}=0$ とする．ただし $0<a$, $0 \le s \le s_1 \equiv u_2-u_1$ である．s に対する微分方程式を，次の 2 通りの解法で解け．

(1)　$\dot{s} = \pm a\sqrt{s(s_1-s)}$ から変数分離法で解く．

(2)　微分して s の 2 階微分方程式を求め，線形微分方程式の一般的解法で解く．

問題解答

1　運動学

1.1A (1) $1+\frac{1}{2}x-\frac{1}{8}x^2+\frac{1}{16}x^3-\cdots$　(2) $x+\frac{1}{3}x^3+\cdots$
(3) $x-\frac{1}{2}x^2+\frac{1}{3}x^3-\cdots$　(4) 直接公式を利用するか加法定理により変形してから展開する．$\frac{1}{2}-\frac{\sqrt{3}}{2}x-\frac{1}{4}x^2+\frac{\sqrt{3}}{12}x^3+\cdots$

1.1B 直接公式を利用するか，$\frac{1}{1-x}$ の展開を 2 乗して x^3 の項まで残す．または $\frac{1}{1-(2x-x^2)}$ と変形し $\frac{1}{1-x}$ の展開式で $x\to 2x-x^2$ の置き換えをし，x^3 の項まで残す．$1+2x+3x^2+4x^3+\cdots$

1.1C $y=a-a\left[1-\left(\frac{x}{a}\right)^2\right]^{\frac{1}{2}}$ と変形し，$\frac{x}{a}$ を展開パラメータとしてテイラー展開する．$g(x)=\frac{x^2}{2a}$

1.2A (1)(2) は定義に従って指数関数で表してから変形する．(3)(4) は (1)(2) の結果を利用する．

(1) $\sinh\alpha\cosh\beta+\cosh\alpha\sinh\beta$　(2) $\cosh\alpha\cosh\beta+\sinh\alpha\sinh\beta$

(3) $2\sinh\alpha\cosh\alpha$　(4) $\cosh\alpha\cosh\beta-\sinh\alpha\sinh\beta$

1.2B $\tanh(\alpha+\beta)=\frac{\sinh(\alpha+\beta)}{\cosh(\alpha+\beta)}$ に **1.2A** の結果を利用する．$\frac{\tanh\alpha+\tanh\beta}{1+\tanh\alpha\tanh\beta}$

1.3A (1) $(\boldsymbol{A}+\boldsymbol{B})\cdot(\boldsymbol{C}+\boldsymbol{D})=\boldsymbol{A}\cdot(\boldsymbol{C}+\boldsymbol{D})+\boldsymbol{B}\cdot(\boldsymbol{C}+\boldsymbol{D})=\boldsymbol{A}\cdot\boldsymbol{C}+\boldsymbol{A}\cdot\boldsymbol{D}+\boldsymbol{B}\cdot\boldsymbol{C}+\boldsymbol{B}\cdot\boldsymbol{D}$

(2) $(\boldsymbol{A}+\boldsymbol{B})\times(\boldsymbol{C}+\boldsymbol{D})=\boldsymbol{A}\times(\boldsymbol{C}+\boldsymbol{D})+\boldsymbol{B}\times(\boldsymbol{C}+\boldsymbol{D})=-(\boldsymbol{C}+\boldsymbol{D})\times\boldsymbol{A}-(\boldsymbol{C}+\boldsymbol{D})\times\boldsymbol{B}=\boldsymbol{A}\times\boldsymbol{C}+\boldsymbol{A}\times\boldsymbol{D}+\boldsymbol{B}\times\boldsymbol{C}+\boldsymbol{B}\times\boldsymbol{D}$

1.3B (1) $(\boldsymbol{B}+\boldsymbol{C})\cdot\boldsymbol{A}=12\,\boldsymbol{i}\cdot\boldsymbol{i}+24\,\boldsymbol{j}\cdot\boldsymbol{j}=36$

(2) $(\boldsymbol{C}+\boldsymbol{A})\cdot\boldsymbol{B}=12\,\boldsymbol{i}\cdot\boldsymbol{i}+28\,\boldsymbol{j}\cdot\boldsymbol{j}=40$

1.3C (1) $\boldsymbol{A}'=\sqrt{3}\,\boldsymbol{e}_1-\boldsymbol{e}_2$　(2) $\boldsymbol{B}'=\frac{3\sqrt{3}}{2}\,\boldsymbol{e}_1-\frac{3}{2}\,\boldsymbol{e}_2+5\,\boldsymbol{e}_3$
(3) $\boldsymbol{C}'=\frac{\sqrt{3}+1}{2}\,\boldsymbol{e}_1+\frac{\sqrt{3}-1}{2}\,\boldsymbol{e}_2+\boldsymbol{e}_3$　(4) $\boldsymbol{A}'\times\boldsymbol{B}'=-5\,\boldsymbol{e}_1-5\sqrt{3}\,\boldsymbol{e}_2$
(5) $\boldsymbol{C}'\cdot(\boldsymbol{A}'\times\boldsymbol{B}')=-10$　スカラー量なので座標回転に対して不変である．

1.3D デカルト座標との関係式 $x_1=r_1\sin\theta_1\cos\varphi_1, y_1=r_1\sin\theta_1\sin\varphi_1, z_1=r_1\cos\theta_1$, $x_2=r_2\sin\theta_2\cos\varphi_2, y_2=r_2\sin\theta_2\sin\varphi_2, z_2=r_2\cos\theta_2$ より内積 $\boldsymbol{r}_1\cdot\boldsymbol{r}_2$ を 2 通りの表しかたで書くと

$r_1r_2\cos\psi=r_1r_2(\sin\theta_1\cos\varphi_1\sin\theta_2\cos\varphi_2+\sin\theta_1\sin\varphi_1\sin\theta_2\sin\varphi_2+\cos\theta_1\cos\theta_2)$ となるから $\cos\psi=\cos\theta_1\cos\theta_2+\sin\theta_1\sin\theta_2\cos(\varphi_1-\varphi_2)$ が成り立つ．

1.3E 等速円運動の半径を a，角速度を ω とすると，$\boldsymbol{r}^2=a^2=$ 一定 かつ

$\boldsymbol{v}^2 = (a\omega)^2 =$ 一定 である．これらを時間微分すると $2\boldsymbol{r}\cdot\dot{\boldsymbol{r}} = 0$, $2\boldsymbol{v}\cdot\dot{\boldsymbol{v}} = 0$ となる．従って $\boldsymbol{r}\cdot\boldsymbol{v} = 0$, $\boldsymbol{v}\cdot\boldsymbol{\alpha} = 0$ である．

1.3F 位置ベクトルを順次微分して $\boldsymbol{v} = a\omega\sinh\omega t\,\boldsymbol{i} + a\omega\cosh\omega t\,\boldsymbol{j}$, $\boldsymbol{\alpha} = a\omega^2\cosh\omega t\,\boldsymbol{i} + a\omega^2\sinh\omega t\,\boldsymbol{j}$ となる．また $r = \sqrt{a^2\cosh^2\omega t + a^2\sinh^2\omega t} = a\sqrt{\cosh 2\omega t}$, $v = a\omega\sqrt{\cosh 2\omega t} = \omega r$, $\alpha = a\omega^2\sqrt{\cosh 2\omega t} = \omega^2 r$ である．$x = a\cosh\omega t$, $y = a\sinh\omega t$ より t を消去して軌道の式が $\left(\frac{x}{a}\right)^2 - \left(\frac{y}{a}\right)^2 = 1$ と得られる（双曲線のうち $x > 0$ の部分が軌道となる）．

1.4A $r = a =$ 一定, $\varphi = \omega t$ より $\boldsymbol{v} = a\omega\,\boldsymbol{e}_\varphi$, $\boldsymbol{\alpha} = -a\omega^2\boldsymbol{e}_r$ となる．

1.4B 平面極座標で表した軌道の式は $x = r\cos\varphi = a\cos\omega t$, $y = r\sin\varphi = b\sin\omega t$ より t を消去して $r = \frac{ab}{\sqrt{a^2\sin^2\varphi + b^2\cos^2\varphi}}$ となる．$\tan\varphi = \frac{b}{a}\tan\omega t$ の両辺を時間微分し r^2 をかけて変形すると $r^2\dot{\varphi} = ab\omega$ と得られる．これは一定値である．

1.4C 頂点から底面の中心に向けて z 軸をとると，z と $z + dz$ における中心軸に垂直な 2 つの面で切り取られる体積素片は $dV = \pi\left(\frac{az}{h}\right)^2 dz$ と表せる．これらの寄与を足し合わせて $V = \frac{\pi a^2}{h^2}\int_0^h z^2 dz = \frac{1}{3}\pi a^2 h$ となる．

1.4D z 軸に垂直な面で球面を細分したときの面積素片 $dS = 2\pi a^2\sin\theta d\theta$ を足し合わせて $S = \int_0^\beta 2\pi a^2\sin\theta d\theta = 2\pi a^2(1 - \cos\beta)$ となる．

1.4E 半径 r と $r + dr$ の球面に挟まれた球殻状の体積素片 $dV = 4\pi r^2 dr$ からの寄与を足し合わせて，質量は $M = \int_0^a k(a - r)\cdot 4\pi r^2 dr = \frac{\pi}{3}ka^4$ となる．

1.5A $v = \dot{s} = 2at + b$, $\dot{v} = 2a$, $\rho = \infty$ より $\boldsymbol{\alpha} = 2a\boldsymbol{e}_v$ となる．

1.5B $v = \dot{s} = gt$, $\dot{v} = g$, $\rho = a$ より $\boldsymbol{v} = gt\boldsymbol{e}_v$, $\boldsymbol{\alpha} = g\boldsymbol{e}_v + \frac{g^2t^2}{a}\boldsymbol{e}_n$ となる．

2 運動の法則

2.2A 運動方程式 $m\ddot{y} = -mg$ を積分して $\dot{y} = -gt + v_0$, $y = -\frac{g}{2}t^2 + v_0 t + 3a$ を得る（v_0 は初速度の大きさ）．$y = 4a$ のとき $\dot{y} = 0$ となるので $v_0 = \sqrt{2ga}$ であり，最高点に達した時刻は $\sqrt{\frac{2a}{g}}$ と得られる．

2.3A 時刻 t において $x = v_0 t\cos\varphi$, $y = -\frac{g}{2}t^2 + v_0 t\sin\varphi$ であるから，質点が $x = a$ に到達する時刻は $t = \frac{a}{v_0\cos\varphi}$ となる．これが最小となるのは $\varphi = 0$ のときである．到達する時刻は $t_1 = \frac{a}{v_0}$，到達点の y 座標は $y_1 = -\frac{ga^2}{2v_0^2}$ となる．

2.3B 運動方程式 $m\ddot{x} = 0$, $m\ddot{y} = -mg$ を積分して $x = v_0 t\cos\varphi$, $y = -\frac{1}{2}gt^2 +$

$v_0 t\sin\varphi + h$ を得る．地面に到達するとき $y=0$ より x 座標は $x_{\mathrm{f}} = \frac{v_0\cos\varphi}{g}\left[v_0\sin\varphi + \sqrt{v_0^2\sin^2\varphi + 2gh}\right]$ となる．x_{f} が最大値をとるときは $\frac{dx_{\mathrm{f}}}{d\varphi} = 0$ より $\sin\varphi = \frac{v_0}{\sqrt{2(v_0^2+gh)}}$ である．$h>0$ のときには，角度 φ は $\frac{\pi}{4}$ より小さくなる．このとき最大到達距離は $x_{\mathrm{m}} = \frac{v_0^2}{g}\sqrt{1+\frac{2gh}{v_0^2}}$ となる．

2.3C 運動方程式 $m\ddot{x}=0$, $m\ddot{y}=-mg$ を積分して $x=v_0 t\cos\varphi$, $y=-\frac{1}{2}gt^2 + v_0 t\sin\varphi$ となる．これらから t を消去して $\tan\varphi$ に関する 2 次方程式 $\tan^2\varphi - \frac{2v_0^2}{gx}\tan\varphi + 1 + \frac{2v_0^2 y}{gx^2} = 0$ が得られる．$\mathrm{P}(x,y)$ は $\tan\varphi$ に対して実数解を与える点でなければならないから，判別式 $D' \geq 0$ より $y \leq -\frac{g}{2v_0^2}x^2 + \frac{v_0^2}{2g}$（ただし $x\geq 0$, $y \geq 0$）の領域が質点が到達可能な範囲となる．上方の境界は放物線となっており $x_{\mathrm{m}} = 2y_{\mathrm{m}}$ の関係が成り立っている．

2.3D 頂点の座標は $x_1 = \frac{v_0^2\sin 2\varphi}{2g}$, $y_1 = \frac{v_0^2\sin^2\varphi}{2g}$ である．これらより φ を消去して，頂点の描く図形は $\left(\frac{x_1}{2}\right)^2 + \left(y_1 - \frac{v_0^2}{4g}\right)^2 = \left(\frac{v_0^2}{4g}\right)^2$ と得られる（ただし $x_1 \geq 0$, $y_1 \geq 0$）．これは楕円を表している．

2.4A 質点を投げ出した位置（原点とする）から斜面に沿って下方に x 軸，法線方向に y 軸をとって考える．運動方程式の y 成分 $m\dot{v}_y = -mg\cos\theta - m\beta v_y$ を初期条件のもとに積分すると $v_y = \left(v_0 + \frac{g}{\beta}\cos\theta\right)e^{-\beta t} - \frac{g}{\beta}\cos\theta$ が得られる．$v_y = 0$ のときに斜面から最も離れるので，その時刻は $t_1 = \frac{1}{\beta}\log\left(1+\frac{\beta v_0}{g\cos\theta}\right)$ となる．

2.4B 質点を投げ出した位置を原点とし，鉛直上方に x 軸をとって考える．運動方程式 $m\dot{v} = -mg - kv^2$ を初期条件のもとに積分する．$a = \sqrt{\frac{mg}{k}}$ とおき，変数分離法により $\int_{v_0}^{v}\frac{dv}{v^2+a^2} = -\frac{k}{m}\int_0^t dt$ の積分を実行する．変数変換 $v = a\tan\theta$ を行うと $\int_{v_0}^{v}\frac{dv}{v^2+a^2} = \frac{1}{a}(\theta-\theta_0)$ となる（ただし $v_0 \equiv a\tan\theta_0$）．従って $\theta = \theta_0 - \sqrt{\frac{kg}{m}}t$ である．これより，速さは $v = \sqrt{\frac{mg}{k}}\tan\left(\theta_0 - \sqrt{\frac{kg}{m}}t\right) = \left(v_0 - \sqrt{\frac{mg}{k}}\tan\sqrt{\frac{kg}{m}}t\right)/\left(1+v_0\sqrt{\frac{k}{mg}}\tan\sqrt{\frac{kg}{m}}t\right)$ と得られる．

2.4C 運動方程式 $m\dot{v} = -kv^{\frac{1}{2}}$ を初期条件のもとに積分する．変数分離法により $\int_{v_0}^{v} v^{-\frac{1}{2}}dv = -\frac{k}{m}\int_0^t dt$ の積分を実行すると，運動中においては，速さが $v = \left(\frac{k}{2m}\right)^2\left(t - \frac{2m\sqrt{v_0}}{k}\right)^2$ と得られる．また，これをさらに積分すると $\int_0^x dx = \left(\frac{k}{2m}\right)^2\int_0^t\left(t-\frac{2m\sqrt{v_0}}{k}\right)^2 dt$ より $x = \frac{1}{3}\left(\frac{k}{2m}\right)^2\left(t-\frac{2m\sqrt{v_0}}{k}\right)^3 + \frac{2mv_0^{\frac{3}{2}}}{3k}$ となる．

3 振動

3.2A 運動方程式 $m\ddot{x} = -m\omega^2 x + mh\sin 2\omega t$ を変形して $\ddot{x} + \omega^2 x = h\sin 2\omega t$ と表せる．同次方程式の一般解を $x_1 = A\sin(\omega t + \phi)$ とおく（A, ϕ は任意定数）．特解として $x_2 = B\sin 2\omega t$ の形のものを探してみる（B は定数）．このとき $(3\omega^2 B + h)\sin 2\omega t = 0$ があらゆる時刻で満たされなければならない．従って $B = -\frac{h}{3\omega^2}$ であればよい．以上より，一般解が $x = A\sin(\omega t + \phi) - \frac{h}{3\omega^2}\sin 2\omega t$ と書ける．時間微分して $\dot{x} = A\omega\cos(\omega t + \phi) - \frac{2h}{3\omega}\cos 2\omega t$ となる．初期条件を適用すると $x = \frac{h}{3\omega^2}(2\sin\omega t - \sin 2\omega t)$ と求まる．初めて極大となる時刻は $\frac{2\pi}{3\omega}$，そのときの x 座標は $\frac{\sqrt{3}h}{2\omega^2}$ と得られる．

3.4A 運動方程式 $m\ddot{x} = -m\omega_0^2(x - a\sin\omega t)$ を変形して $\ddot{x} + \omega_0^2 x = a\omega_0^2\sin\omega t$ となる．同次方程式の一般解を $x_1 = A\sin(\omega_0 t + \phi)$ とおく（A, ϕ は任意定数）．特解として $x_2 = B\sin\omega t$ の形のものを探してみる（B は定数）．これを元の方程式に代入した式があらゆる時刻で成り立つためには $B = \frac{a\omega_0^2}{\omega_0^2 - \omega^2}$ でなければならない．以上より，一般解が $x = A\sin(\omega_0 t + \phi) + \frac{a\omega_0^2}{\omega_0^2 - \omega^2}\sin\omega t$ と書ける．初期条件を適用すると $x = \frac{a\omega_0}{\omega^2 - \omega_0^2}(\omega\sin\omega_0 t - \omega_0\sin\omega t)$ と求まる．ω を ω_0 に近づけていくと $\lim_{\omega\to\omega_0} x = \frac{a}{2}(\sin\omega_0 t - \omega_0 t\cos\omega_0 t)$ となる．時刻とともに x の第 2 項の振幅が限りなく大きくなっていくことがわかる．

3.5A 粒子 1,2 に対する運動方程式は $m\ddot{x}_1 = k(x_2 - x_1)$, $\frac{m}{3}\ddot{x}_2 = -k(x_2 - x_1)$ である．$a \equiv \frac{k}{m}$ とおき変形すると $\ddot{x}_1 = -ax_1 + ax_2$, $\ddot{x}_2 = 3ax_1 - 3ax_2$ となる．座標 $q_1 \equiv x_2 - x_1$, $q_2 \equiv x_1 + \frac{1}{3}x_2$ を導入すると $\ddot{q}_1 = -4aq_1$, $\ddot{q}_2 = 0$ となる．初期条件 $t = 0$ のとき $q_1 = 0$, $q_2 = 0$, $\dot{q}_1 = -v_0$, $\dot{q}_2 = v_0$ を満たすように解を求めると $q_1 = -\frac{v_0}{2}\sqrt{\frac{m}{k}}\sin 2\sqrt{\frac{k}{m}}t$, $q_2 = v_0 t$ と得られる．従って，粒子の変位は $x_1 = \frac{3}{4}v_0 t + \frac{v_0}{8}\sqrt{\frac{m}{k}}\sin 2\sqrt{\frac{k}{m}}t$, $x_2 = \frac{3}{4}v_0 t - \frac{3v_0}{8}\sqrt{\frac{m}{k}}\sin 2\sqrt{\frac{k}{m}}t$ と求まる．粒子系の重心が一定速度 $\frac{3}{4}v_0$ で右へ並進運動しつつその重心を挟んで 2 個の粒子が逆向きに振動している．

3.6A 運動し始めた位置を座標原点 O とし，斜面下方に x 軸，斜面の法線方向に y 軸をとって考える．斜面からの垂直抗力の大きさを N とすると，運動方程式の x, y 成分は $m\ddot{x} = mg\sin\theta - \mu' N$, $m\ddot{y} = N - mg\cos\theta = 0$ である．これらより $\ddot{x} = g(\sin\theta - \mu'\cos\theta)$ となる．減速運動であるから $\ddot{x} < 0$

である．従って $\tan\theta < \mu'$ でなければならない．運動方程式を積分して速度の表式 $v = gt(\sin\theta - \mu'\cos\theta) + v_0$ が得られる．これより静止する時刻は $t_1 = \frac{v_0}{g(\mu'\cos\theta - \sin\theta)}$ と求まる．

3.6B (1) 運動方程式の接線成分は $m\dot{v} = -mg\sin\theta$ である．$\dot{v} = a\ddot{\theta}$ であるから，$\ddot{\theta} = -\frac{g}{a}\sin\theta$ と表せる．両辺に $\dot{\theta}$ をかけて変形すると $\frac{d}{dt}\left(\frac{1}{2}\dot{\theta}^2\right) = \frac{d}{dt}\left(\frac{g}{a}\cos\theta\right)$ となる．積分して $v = \sqrt{v_0^2 - 2ga(1-\cos\theta)}$ が得られる．

(2)$v_0 = 2\sqrt{ga}$ の場合には $v = a\dot{\theta} = \sqrt{2ga(1+\cos\theta)}$ となる．変数変換 $u = \sin\frac{\theta}{2}$ を使って積分 $t = \int_0^\theta \sqrt{\frac{a}{2g}}\frac{d\theta}{\sqrt{1+\cos\theta}}$ を行うと $t = \frac{1}{2}\sqrt{\frac{a}{g}}\ln\frac{1+\sin\frac{\theta}{2}}{1-\sin\frac{\theta}{2}}$ が得られる．変形すると $\sin\frac{\theta}{2} = \tanh\sqrt{\frac{g}{a}}\,t$ と表すことができる．これより $t\to\infty$ のときに $\theta\to\pi$ となることがわかる．

4 運動とエネルギー

4.1A $\frac{\partial f}{\partial x} = 2x+5y$, $\frac{\partial f}{\partial y} = 5x+12y$, $\frac{\partial^2 f}{\partial y\partial x} = 5$, $\frac{\partial^2 f}{\partial x\partial y} = 5$ となる．これより $df = (2x+5y)dx + (5x+12y)dy$ である．

4.1B (1) 成分で表して計算すると $\nabla\cdot(\phi\boldsymbol{E}) = \frac{\partial}{\partial x}(\phi E_x) + \frac{\partial}{\partial y}(\phi E_y) + \frac{\partial}{\partial z}(\phi E_z) = \frac{\partial\phi}{\partial x}E_x + \phi\frac{\partial E_x}{\partial x} + \frac{\partial\phi}{\partial y}E_y + \phi\frac{\partial E_y}{\partial y} + \frac{\partial\phi}{\partial z}E_z + \phi\frac{\partial E_z}{\partial z} = \nabla\phi\cdot\boldsymbol{E} + \phi(\nabla\cdot\boldsymbol{E})$ となる．

(2)$\nabla\cdot(\boldsymbol{E}\times\boldsymbol{H}) = \frac{\partial}{\partial x}(E_yH_z - E_zH_y) + \frac{\partial}{\partial y}(E_zH_x - E_xH_z) + \frac{\partial}{\partial z}(E_xH_y - E_yH_x) = (\nabla\times\boldsymbol{E})\cdot\boldsymbol{H} - \boldsymbol{E}\cdot(\nabla\times\boldsymbol{H})$ となる．

4.1C (1)$\nabla z = \frac{\partial z}{\partial x}\boldsymbol{i} + \frac{\partial z}{\partial y}\boldsymbol{j} + \frac{\partial z}{\partial z}\boldsymbol{k} = \boldsymbol{k}$

(2)$\nabla(y+z) = \frac{\partial(y+z)}{\partial x}\boldsymbol{i} + \frac{\partial(y+z)}{\partial y}\boldsymbol{j} + \frac{\partial(y+z)}{\partial z}\boldsymbol{k} = \boldsymbol{j} + \boldsymbol{k}$

(3)$\nabla[(x^2+y^2+z^2)^{\frac{3}{2}}] = \nabla r^3 = \frac{\partial r^3}{\partial x}\boldsymbol{i} + \frac{\partial r^3}{\partial y}\boldsymbol{j} + \frac{\partial r^3}{\partial z}\boldsymbol{k} = \frac{dr^3}{dr}\frac{\partial r}{\partial x}\boldsymbol{i} + \frac{dr^3}{dr}\frac{\partial r}{\partial y}\boldsymbol{j} + \frac{dr^3}{dr}\frac{\partial r}{\partial z}\boldsymbol{k}$

ここで $r = (x^2+y^2+z^2)^{\frac{1}{2}}$ であるから $\frac{\partial r}{\partial x} = \frac{1}{2}(x^2+y^2+z^2)^{-\frac{1}{2}}\cdot 2x = \frac{x}{r}$ となる．従って $\nabla[(x^2+y^2+z^2)^{\frac{3}{2}}] = 3r^2\left(\frac{x}{r}\boldsymbol{i} + \frac{y}{r}\boldsymbol{j} + \frac{z}{r}\boldsymbol{k}\right) = 3r(x\boldsymbol{i} + y\boldsymbol{j} + z\boldsymbol{k}) = 3r\boldsymbol{r}$.

4.1D (1)$\nabla r = \frac{\partial r}{\partial x}\boldsymbol{i} + \frac{\partial r}{\partial y}\boldsymbol{j} + \frac{\partial r}{\partial z}\boldsymbol{k} = \frac{x}{r}\boldsymbol{i} + \frac{y}{r}\boldsymbol{j} + \frac{z}{r}\boldsymbol{k} = \boldsymbol{e}_r$

(2)$\nabla\cdot\boldsymbol{r} = \frac{\partial x}{\partial x} + \frac{\partial y}{\partial y} + \frac{\partial z}{\partial z} = 3$

(3)$\nabla\times\boldsymbol{r} = \left(\frac{\partial z}{\partial y} - \frac{\partial y}{\partial z}\right)\boldsymbol{i} + \left(\frac{\partial x}{\partial z} - \frac{\partial z}{\partial x}\right)\boldsymbol{j} + \left(\frac{\partial y}{\partial x} - \frac{\partial x}{\partial y}\right)\boldsymbol{k} = \boldsymbol{0}$

4.1E (1)$\nabla(\boldsymbol{A}\cdot\boldsymbol{r})$

$= \frac{\partial}{\partial x}(A_xx + A_yy + A_zz)\boldsymbol{i} + \frac{\partial}{\partial y}(A_xx + A_yy + A_zz)\boldsymbol{j} + \frac{\partial}{\partial z}(A_xx + A_yy + A_zz)\boldsymbol{k}$

$= A_x\boldsymbol{i} + A_y\boldsymbol{j} + A_z\boldsymbol{k} = \boldsymbol{A}$

(2)$\nabla\times(\boldsymbol{A}\times\boldsymbol{r}) = \left[\frac{\partial}{\partial y}(A_xy - A_yx) - \frac{\partial}{\partial z}(A_zx - A_xz)\right]\boldsymbol{i}$

$+\left[\frac{\partial}{\partial z}(A_y z - A_z y) - \frac{\partial}{\partial x}(A_x y - A_y x)\right]\boldsymbol{j} + \left[\frac{\partial}{\partial x}(A_z x - A_x z) - \frac{\partial}{\partial y}(A_y z - A_z y)\right]\boldsymbol{k}$
$= (A_x + A_x)\boldsymbol{i} + (A_y + A_y)\boldsymbol{j} + (A_z + A_z)\boldsymbol{k} = 2\boldsymbol{A}$

(3)$\nabla \cdot (\boldsymbol{A} \times \boldsymbol{r}) = \frac{\partial}{\partial x}(A_y z - A_z y) + \frac{\partial}{\partial y}(A_z x - A_x z) + \frac{\partial}{\partial z}(A_x y - A_y x) = 0$

(4)$\nabla\left(\frac{\boldsymbol{A}\cdot\boldsymbol{r}}{r^3}\right) = \frac{\partial}{\partial x}\left(\frac{\boldsymbol{A}\cdot\boldsymbol{r}}{r^3}\right)\boldsymbol{i} + \frac{\partial}{\partial y}\left(\frac{\boldsymbol{A}\cdot\boldsymbol{r}}{r^3}\right)\boldsymbol{j} + \frac{\partial}{\partial z}\left(\frac{\boldsymbol{A}\cdot\boldsymbol{r}}{r^3}\right)\boldsymbol{k}$ において $\frac{\partial}{\partial x}\left(\frac{\boldsymbol{A}\cdot\boldsymbol{r}}{r^3}\right) = \frac{d}{dr}\left(\frac{1}{r^3}\right) \cdot \frac{\partial r}{\partial x} \cdot (\boldsymbol{A} \cdot \boldsymbol{r}) + \frac{1}{r^3} \cdot \frac{\partial}{\partial x}(A_x x + A_y y + A_z z) = -\frac{3x(\boldsymbol{A}\cdot\boldsymbol{r})}{r^5} + \frac{A_x}{r^3}$ となる．従って $\nabla\left(\frac{\boldsymbol{A}\cdot\boldsymbol{r}}{r^3}\right) = \frac{r^2\boldsymbol{A} - 3(\boldsymbol{A}\cdot\boldsymbol{r})\boldsymbol{r}}{r^5}$ である．

4.2A (1) 重力が質点に対してする仕事 $W_{\rm I}$ は次の積分により計算できる．$W_{\rm I} = \int_{\rm C_1} \boldsymbol{F} \cdot d\boldsymbol{r} + \int_{\rm C_2} \boldsymbol{F} \cdot d\boldsymbol{r}$ ここで，線素片からの寄与は，第 1 項では点 A から点 O に向かって線素片の座標 s_1 をとると $\boldsymbol{F} \cdot d\boldsymbol{r} = mg \cdot ds_1 \cdot \cos 0$，第 2 項では $\boldsymbol{F} \cdot d\boldsymbol{r} = 0$ なので $W_{\rm I} = \int_{\rm C_1} \boldsymbol{F} \cdot d\boldsymbol{r} = \int_0^a mgds_1 = mga$ と得られる．

(2) 重力が質点に対してする仕事は積分 $W_{\rm II} = \int_{\rm C_3} \boldsymbol{F} \cdot d\boldsymbol{r} + \int_{\rm C_4} \boldsymbol{F} \cdot d\boldsymbol{r}$ により計算できる．ここで，線素片からの寄与は，第 1 項では点 A から点 C 向かって線素片の傾き角 θ をとると $\boldsymbol{F} \cdot d\boldsymbol{r} = mg \cdot ad\theta \cdot \cos\left(\frac{\pi}{2} - \theta\right)$，第 2 項では点 C から点 B に向かって線素片の座標 s_2 をとると $\boldsymbol{F} \cdot d\boldsymbol{r} = mg \cdot ds_2 \cdot \cos\frac{\pi}{4}$ なので $W_{\rm II} = \int_0^{\frac{\pi}{4}} mga \sin\theta d\theta + \int_0^a \frac{mg}{\sqrt{2}} ds_2 = mga$ と得られる．従って $W_{\rm I} = W_{\rm II}$ である．

4.2B (1)$\boldsymbol{F}$ が保存力であるときにはポテンシャル・エネルギーを $U(x, y, z)$ として $\boldsymbol{F} = -\nabla U$ と表せるから，この各成分に対して $\frac{\partial F_x}{\partial y} = -\frac{\partial^2 U}{\partial y \partial x} = \frac{\partial F_y}{\partial x}$ 等が成り立つ．従って $\nabla \times \boldsymbol{F} = \boldsymbol{0}$ となる．

(2)$\nabla \times \boldsymbol{F} = \boldsymbol{0}$ が成り立っているとき，空間中の任意の固定点 $\mathrm{A}(x_0, y_0, z_0)$ および点 $\mathrm{R}(x, y_0, z_0)$, $\mathrm{Q}(x, y, z_0)$, $\mathrm{P}(x, y, z)$ を選び，点 A→R→Q→P の経路での $-\boldsymbol{F} \cdot d\boldsymbol{r}$ の積分により得られる次のような位置の関数 $U(x, y, z)$ を考える．

$$U(x, y, z) \equiv -\int_{x_0}^x F_x(x, y_0, z_0)dx - \int_{y_0}^y F_y(x, y, z_0)dy - \int_{z_0}^z F_z(x, y, z)dz \quad .$$

これを x で偏微分すると

$$\frac{\partial U}{\partial x} = -F_x(x, y_0, z_0) - \int_{y_0}^y \frac{\partial F_y(x,y,z_0)}{\partial x}dy - \int_{z_0}^z \frac{\partial F_z(x,y,z)}{\partial x}dz$$
$$= -F_x(x, y_0, z_0) - \int_{y_0}^y \frac{\partial F_x(x,y,z_0)}{\partial y}dy - \int_{z_0}^z \frac{\partial F_x(x,y,z)}{\partial z}dz$$
$$= -F_x(x, y_0, z_0) - \Big[F_x(x, y, z_0)\Big]_{y_0}^y - \Big[F_x(x, y, z)\Big]_{z_0}^z = -F_x(x, y, z)$$

となる．また y で偏微分すると

$$\frac{\partial U}{\partial y} = -F_y(x, y, z_0) - \int_{z_0}^z \frac{\partial F_z(x,y,z)}{\partial y}dz = -F_y(x, y, z_0) - \int_{z_0}^z \frac{\partial F_y(x,y,z)}{\partial z}dz$$
$$= -F_y(x, y, z_0) - \Big[F_y(x, y, z)\Big]_{z_0}^z = -F_y(x, y, z)$$

であり，z で偏微分すると

$\frac{\partial U}{\partial z} = -F_z(x, y, z)$

が得られる．従って，点 $\mathrm{P}(x, y, z)$ において $\boldsymbol{F} = -\nabla U$ が成り立っている．

4.2C $\frac{\partial F_y}{\partial x} = \frac{\partial F_x}{\partial y} = 0, \frac{\partial F_z}{\partial y} = \frac{\partial F_y}{\partial z} = 6ay, \frac{\partial F_x}{\partial z} = \frac{\partial F_z}{\partial x} = 6ax$ なので $\nabla \times \boldsymbol{F} = \boldsymbol{0}$ となり，保存力である．ポテンシャル・エネルギーを $U(x, y, z)$ として $\boldsymbol{F} = -\nabla U$ の各成分を積分していく．x 成分は $6axz = -\frac{\partial U}{\partial x}$ となるので，これを積分して $U = -3ax^2z + C_1(y, z)$ を得る．ここで $C_1(y, z)$ は変数 y, z のみの関数である．従って y 成分は $6ayz = -\frac{\partial C_1}{\partial y}$ となる．積分して $C_1 = -3ay^2z + C_2(z)$ を得る．ここで $C_2(z)$ は変数 z のみの関数である．これより $U = -3a(x^2+y^2)z + C_2(z)$ となる．z 成分は $3a(x^2 + y^2 - 2z^2) = 3a(x^2 + y^2) - \frac{\partial C_2}{\partial z}$ となるので，積分して $C_2 = 2az^3 + C_3$ を得る．ここで C_3 は変数 x, y, z によらない定数である．結局 $U = -3a(x^2 + y^2)z + 2az^3 + C_3$ となるが，$x = y = z = 0$ のとき $U = 0$ なので $C_3 = 0$ であり，ポテンシャル・エネルギーは $U = -3a(x^2 + y^2)z + 2az^3$ と得られる．

4.2D (1) U が極値をとるのは $\frac{dU}{dx} = 4ax^3 - 2bx = 0$ のときなので，$|x| = \sqrt{\frac{b}{2a}}$ のときに最低エネルギー $E_{\min} = U_{\min} = a\left(\frac{b}{2a}\right)^2 - b \cdot \frac{b}{2a} = -\frac{b^2}{4a}$ となる．

(2) 原点からの距離が最小および最大の位置では運動エネルギーが 0 となるので $ax^4 - bx^2 = -\frac{3b^2}{16a}$ を満たす．この方程式を解くと $x^2 = \frac{b}{4a}, \frac{3b}{4a}$ と得られるから，原点からの距離の最小値は $\frac{1}{2}\sqrt{\frac{b}{a}}$，最大値は $\frac{\sqrt{3}}{2}\sqrt{\frac{b}{a}}$ である．

4.2E (1) 平衡点は $\frac{dU}{dx} = \frac{a}{x^2} - \frac{2b}{x^3} = 0$ より $x = \frac{2b}{a}$ である．$z = x - \frac{2b}{a}$ とおいて U を $z = 0$ のまわりにテイラー展開し 2 次までの近似式を求めると $U \simeq -\frac{a^2}{4b} + \frac{a^4}{16b^3}z^2$ と表せる．質点に働く力は $F = -\frac{dU}{dx} = -\frac{dU}{dz} \simeq -\frac{a^4}{8b^3}z$ となる．運動方程式 $m\ddot{z} = -\frac{a^4}{8b^3}z$ より z は単振動しその角振動数は $\omega = \frac{a^2}{\sqrt{8mb^3}}$ である．x も z と同じ周期で振動するので，周期は $T = \frac{4\pi\sqrt{2mb^3}}{a^2}$ と得られる．

(2) 平衡点 $x = \frac{2b}{a}$ における力学的エネルギーは $E = -\frac{a^2}{4b}$ となるので，周期の厳密解の式にこのエネルギーを代入して $T = \frac{4\pi\sqrt{2mb^3}}{a^2}$ と得られる．

5 中心力

5.1A 中心力は $m\omega^2 r\boldsymbol{e}_r = -\frac{dU}{dr}\boldsymbol{e}_r$ であるから，積分 $\int_0^U dU = -m\omega^2 \int_0^r r dr$ を実行して $U = -\frac{1}{2}m\omega^2 r^2$ となる．運動方程式の成分は $m\ddot{x} = m\omega^2 x$, $m\ddot{y} = m\omega^2 y$

であるから，一般解を $x = A_1\cosh\omega t + A_2\sinh\omega t$, $y = A_3\cosh\omega t + A_4\sinh\omega t$ とおく（A_1, A_2, A_3, A_4 は任意定数）．初期条件を満たすように任意定数を決定すると，解は $x = a\cosh\omega t$, $y = \frac{v_0}{\omega}\sinh\omega t$ と求まる．これらより t を消去すれば，軌道の式が $\left(\frac{x}{a}\right)^2 - \left(\frac{y}{v_0/\omega}\right)^2 = 1 \quad (x > 0)$ と得られる．

5.1B 極座標を用いると $\boldsymbol{F} = -\frac{a}{r^2}\boldsymbol{e}_r = -\frac{dU}{dr}\boldsymbol{e}_r$ であるから，dU を積分して $U = -\frac{a}{r} = -\frac{a}{\sqrt{x^2+y^2+z^2}}$ と得られる．

5.1C 軌道の式を変形すると $r^2 = ar\sin\varphi$ より $x^2 + \left(y - \frac{a}{2}\right)^2 = \left(\frac{a}{2}\right)^2$ と表されるので，力の中心を通る円軌道であることがわかる．面積速度の関係式 $\frac{1}{2}r^2\dot{\varphi} = \frac{h}{2}$ より $\dot{\varphi} = \frac{h}{r^2}$ である．軌道の式を時間微分して $\dot{r} = a\cos\varphi\cdot\dot{\varphi} = \frac{ah}{r^2}\cos\varphi$，さらに微分して $\ddot{r} = ah\left[-2\frac{\dot{r}}{r^3}\cos\varphi + \frac{1}{r^2}(-\sin\varphi\cdot\dot{\varphi})\right] = ah\left[-\frac{2ah}{r^5} + \frac{h}{ar^3}\right]$ となるので $f = m(\ddot{r} - r\dot{\varphi}^2) = -\frac{2ma^2h^2}{r^5}$ と得られる．

5.2A (1)x 軸を極軸とする平面極座標 (r, φ) をとって考える．軌道の式は $r = \frac{l}{1+\cos\varphi}$ （l は正の定数）と書けるので，平面極座標系のベクトルで表すと $\boldsymbol{r} = \frac{l}{1+\cos\varphi}\boldsymbol{e}_r$ となる．$\varphi = 0$ のとき $r = r_0$ であるから $r_0 = \frac{l}{2}$ である．従って $\boldsymbol{r} = \frac{2r_0}{1+\cos\varphi}\boldsymbol{e}_r$ と書ける．時間微分して $\boldsymbol{v} = 2r_0\dot{\varphi}\left[\frac{\sin\varphi}{(1+\cos\varphi)^2}\boldsymbol{e}_r + \frac{1}{1+\cos\varphi}\boldsymbol{e}_\varphi\right]$ となる．$\varphi = 0$ のとき $\boldsymbol{v} = v_0\boldsymbol{e}_\varphi$ であるから $r_0\dot{\varphi} = v_0$ となる．ここで，定義により $l = \frac{h^2}{GM}$, $r^2\dot{\varphi} = h$ であるから $v_0 = r_0\cdot\frac{h}{r_0^2} = \sqrt{\frac{2GM}{r_0}}$ と得られる．

(2) 軌道の式をデカルト座標で表すと $x = -\frac{1}{2l}y^2 + \frac{l}{2}$ となる．他方，最近接点での内接円を $\left[x + \left(R - \frac{l}{2}\right)\right]^2 + y^2 = R^2$ とおいて $|y| \ll R$ の部分 $(x > 0)$ でテイラー展開すると $x \simeq -\frac{y^2}{2R} + \frac{l}{2}$ となる．これより $R = l = 2r_0$ である．天体（質量 m）が円軌道を運動するとき，法線方向の運動方程式 $m\frac{v_0^2}{R} = \frac{GMm}{(R/2)^2}$ が成り立つ．これを解くと $v_0 = 2\sqrt{\frac{GM}{R}} = \sqrt{\frac{2GM}{r_0}}$ が得られる．

5.3A 棒の線密度を $\lambda = \frac{M}{a\tan\beta}$ とおく．点 A から B へ向けて座標 s をとり，AB を線素片に分割する．座標 s の位置にある長さ ds の線素片が質点におよぼす万有引力の大きさは $dF = \frac{G\lambda ds\cdot m}{s^2+a^2}$ である．ここで $s = a\tan\varphi$ とおくと $ds = a\sec^2\varphi\, d\varphi$ なので $dF = \frac{GMm}{a^2\tan\beta}d\varphi$ となる．これより，棒が質点におよぼす万有引力の x 成分は $F_x = \int dF\cos\varphi = \frac{GMm}{a^2\tan\beta}\int_0^\beta\cos\varphi\, d\varphi = \frac{GMm}{a^2}\cos\beta$ となり，y 成分は $F_y = \int dF\sin\varphi = \frac{GMm}{a^2\tan\beta}\int_0^\beta\sin\varphi\, d\varphi = \frac{GMm}{a^2}\cdot\frac{1-\cos\beta}{\tan\beta}$ となる．従って，万有引力の大きさは $F = \sqrt{F_x^2 + F_y^2} = \frac{2GMm}{a^2}\cdot\frac{\sin(\beta/2)}{\tan\beta}$ と得られる．また，$\tan\theta = \frac{F_y}{F_x} = \tan\frac{\beta}{2}$ となるので $\theta = \frac{\beta}{2}$ の方向に万有引力が働く．

5.4A 楕円軌道上で原点に最も近づく点（動径 r_1）と最も遠ざかる点（動径 r_2）では $\dot{r}=0$ となる．このとき，原点のまわりの角運動量の大きさを L とすると $\frac{L^2}{2mr^2}-\frac{k}{r}=E$ が成り立つ．変形すると r_1, r_2 の満たすべき方程式は $r^2+\frac{k}{E}r-\frac{L^2}{2mE}=0$ となるので，楕円軌道の長半径は $\frac{r_1+r_2}{2}=\frac{k}{-2E}$ となる．
5.4B $U_\mathrm{e}=\frac{L^2}{2mr^2}+k\sqrt{r}$ が極値をとるのは $\frac{dU_\mathrm{e}}{dr}=-\frac{2L^2}{2mr^3}+\frac{k}{2\sqrt{r}}=0$ のときであるから，円軌道の半径は $r_0=\left(\frac{2L^2}{mk}\right)^{\frac{2}{5}}$ と得られる．

6　質点系の運動

6.1A $y_1=\frac{x^2}{a}$ とおいて，領域 I の面積 S_I と領域 II の面積 S_II を計算すると

$$S_\mathrm{I}=\iint_\mathrm{I} dxdy=\int_0^a\left(\int_0^{y_1}dy\right)dx=\int_0^a y_1dx=\int_0^a\frac{x^2}{a}dx=\frac{a^2}{3}$$
$$S_\mathrm{II}=\iint_\mathrm{II} dxdy=\int_0^a\left(\int_{y_1}^{a}dy\right)dx=\int_0^a(a-y_1)dx=\int_0^a\left(a-\frac{x^2}{a}\right)dx=\frac{2a^2}{3}$$

と得られる．薄板の質量面密度を σ として，領域 I の重心の x 座標 x_GI および y 座標 y_GI を計算すると

$$x_\mathrm{GI}=\frac{1}{\sigma S_\mathrm{I}}\iint_\mathrm{I} x\cdot\sigma dxdy=\frac{3}{a^2}\int_0^a\left(\int_0^{y_1}xdy\right)dx=\frac{3}{a^2}\int_0^a xy_1dx=\frac{3a}{4}$$
$$y_\mathrm{GI}=\frac{1}{\sigma S_\mathrm{I}}\iint_\mathrm{I} y\cdot\sigma dxdy=\frac{3}{a^2}\int_0^a\left(\int_0^{y_1}ydy\right)dx=\frac{3}{2a^2}\int_0^a y_1^2dx=\frac{3a}{10}$$

となる．領域 II についても同様な計算により

$$x_\mathrm{GII}=\frac{1}{\sigma S_\mathrm{II}}\int_0^a\left(\int_{y_1}^{a}x\cdot\sigma dy\right)dx=\frac{3a}{8}$$
$$y_\mathrm{GII}=\frac{1}{\sigma S_\mathrm{II}}\int_0^a\left(\int_{y_1}^{a}y\cdot\sigma dy\right)dx=\frac{3a}{5}$$

と得られるので，それぞれの位置ベクトルは $\boldsymbol{r}_\mathrm{I}=\frac{3a}{4}\boldsymbol{i}+\frac{3a}{10}\boldsymbol{j}$, $\boldsymbol{r}_\mathrm{II}=\frac{3a}{8}\boldsymbol{i}+\frac{3a}{5}\boldsymbol{j}$ となる．

6.1B (1) 質量線密度を λ とおく．重心の y 座標は辺 OB からの寄与を 2 倍したものになるので，点 O から B に向かって座標 s をとって線素片 ds からの寄与を足し合わせると $y_\mathrm{G}=\frac{1}{36a\lambda}\cdot 2\int_0^{13a}\lambda ds\cdot\frac{12}{13}s=\frac{13}{3}a$ と得られる．
(2) 質量面密度を σ とおく．重心の y 座標の計算では，点 B から x 軸へおろした垂線の両側からの寄与が等しくなる．$y_1=\frac{12}{5}x$ とおいて，面素片 $dxdy$ からの寄与を足し合わせると $y_\mathrm{G}=\frac{1}{60a^2\sigma}\cdot 2\int_0^{5a}\left(\int_0^{y_1}y\cdot\sigma dy\right)dx=4a$ と得られる．
6.1C 時刻 t における質点 1, 2 の位置ベクトルは $\boldsymbol{r}_1=v_0t\boldsymbol{i}$, $\boldsymbol{r}_2=(a-v_0t)\boldsymbol{j}$ であるから，重心の位置ベクトルは $\boldsymbol{r}_\mathrm{G}=\frac{m\boldsymbol{r}_1+m\boldsymbol{r}_2}{2m}=\frac{1}{2}v_0t\,\boldsymbol{i}+\frac{1}{2}(a-v_0t)\,\boldsymbol{j}$ となる．重心の速度ベクトルはこれを時間微分して $\boldsymbol{v}_\mathrm{G}=\frac{v_0}{2}(\boldsymbol{i}-\boldsymbol{j})$ である．重心の軌道の式は $x_\mathrm{G}=\frac{v_0}{2}t$, $y_\mathrm{G}=\frac{a}{2}-\frac{v_0}{2}t$ から t を消去して $y_\mathrm{G}=-x_\mathrm{G}+\frac{a}{2}$ と得ら

れる．質点系の全運動量は $\boldsymbol{P} = m\boldsymbol{v}_1 + m\boldsymbol{v}_2 = mv_0(\boldsymbol{i} - \boldsymbol{j})$ である．全質量は $M = 2m$ であるから $\boldsymbol{P} = M\boldsymbol{v}_{\mathrm{G}}$ が成り立つ．

6.2A 半球の重心 G の座標を (x_2, y_2) で表す．水平方向には外力が働いていないので，質点系の重心の x 座標 $\frac{mx_1+Mx_2}{m+M}$ は，初めの時刻での値 0 に等しい．従って，$mx_1+Mx_2 = 0$ となっている．半球が静止した座標系でみると，質点は半球の中心 $\mathrm{C}(x_2, 0)$ を中心とする半径 a の円周を運動する．従って $(x_1 - x_2)^2 + y_1^2 = a^2$ が成り立つ．この式から x_2 を消去すると軌道の式が $\left(\frac{x_1}{Ma/(M+m)}\right)^2 + \left(\frac{y_1}{a}\right)^2 = 1$ と得られる．

6.2B (1) 質量線密度を $\lambda = \frac{M}{l}$ とすると，長さ x だけ伸びているときの全運動量は $P = \lambda x \cdot v$ であるから，運動方程式 $\frac{dP}{dt} = F$ より，求める力の大きさは $F = \frac{d(\lambda x v)}{dt} = \lambda \dot{x} v = \lambda v^2 = \frac{Mv^2}{l}$ と得られる．

【別解】質点系の重心の座標は $x_{\mathrm{G}} = \frac{1}{M}\int_0^x x \cdot \lambda dx = \frac{x^2}{2l}$ である．重心の運動方程式から $F = M\ddot{x}_{\mathrm{G}} = \frac{Mv^2}{l}$ と得られる．

(2) 運動エネルギーは $\frac{1}{2}Mv^2$, 力のした仕事は $\frac{Mv^2}{l} \cdot l = Mv^2$ である．

6.2C 落下を始めた時刻を $t = 0$ とすると，上端の落下距離は $y = \frac{1}{2}gt^2$，落下速度は $v = gt$ である．鉛直部分の長さを x とすると $x = \frac{l}{2} - \frac{1}{2}gt^2$ の関係が成り立つ．これより $\dot{x} = -gt, \ddot{x} = -g$ である．$x, \dot{x}$ の表式から t を消去すると $x = \frac{l}{2} - \frac{\dot{x}^2}{2g}$ となるので $\dot{x}^2 = gl - 2gx$ である．鉛直部分の長さが x のときの鎖の重心の床からの高さを計算すると $x_{\mathrm{G}} = \frac{1}{\lambda l}\int_0^x x\lambda dx = \frac{x^2}{2l}$ となる．これを時間微分して $\dot{x}_{\mathrm{G}} = \frac{x\dot{x}}{l}$, $\ddot{x}_{\mathrm{G}} = \frac{1}{l}(\dot{x}^2 + x\ddot{x}) = \frac{1}{l}(gl - 2gx - gx) = \frac{g}{l}(l - 3x)$ が得られる．鎖が床から受ける鉛直上方への力を F とすると，鎖の重心の運動方程式は $\lambda l \ddot{x}_{\mathrm{G}} = F - \lambda l g$ と書ける．これより $F = \lambda l(\ddot{x}_{\mathrm{G}} + g) = \lambda g(2l - 3x)$ となる．これが $\lambda l g$ に等しくなるのは $x = \frac{l}{3}$ のときとなる．求める答えは，鉛直部分の長さが $\frac{l}{3}$ となったときとすべて落下し終わって床に静止しているときである．

【別解】鎖が床におよぼす力は，鉛直部分がおよぼす力 F_1 と床に固まって静止している部分がおよぼす力 F_2 の和である．鉛直となっている部分の運動方程式は $\frac{d(\lambda x \cdot v)}{dt} = \lambda x g - F_1$ と書ける．$v = -\dot{x}, \dot{v} = g$ を用いて変形すると $F_1 = \lambda(xg + v^2 - xg) = \lambda v^2$ となる．また $F_2 = \lambda(l - x)g$ であるから鎖が床におよぼす全体の力は $F = F_1 + F_2 = \lambda(v^2 + lg - xg)$ となる．ここで，関係式 $v^2 = g(l - 2x)$ を用いると $F = \lambda g(2l - 3x)$ となる．これより $x = \frac{l}{3}$ のとき $F = \lambda l g$ となる．求める答えは，鉛直部分の長さが $\frac{l}{3}$ となったときとすべて落

下し終わって床に静止しているときである．

7 剛体の運動

7.2A (1) 重心を通る棒に垂直な軸のまわりの慣性モーメントは $\frac{1}{3}Ma^2$ だから，平行軸の定理により，求める慣性モーメントは $I = M\left(\frac{a^2}{3} + h^2\right)$ となる．
(2) 支点を通る鉛直方向からの棒の振れ角を θ とすると，支点のまわりの重力のモーメントは $\boldsymbol{N} = \sum_{i=1}^{N} \boldsymbol{r}_i \times (m_i \boldsymbol{g}) = \left(\sum_{i=1}^{N} m_i \boldsymbol{r}_i\right) \times \boldsymbol{g} = M\boldsymbol{r}_{\mathrm{G}} \times \boldsymbol{g}$ である（$\boldsymbol{r}_{\mathrm{G}}$ は支点から見た重心の位置ベクトル）．これより，棒の運動方程式は $I\ddot{\theta} = -Mgh\sin\theta$ となる．微小振動においては $\ddot{\theta} = -\frac{Mgh}{I}\theta$ と近似できるので，周期は $T = 2\pi\sqrt{\frac{1}{gh}\left(\frac{a^2}{3} + h^2\right)}$ と得られる．周期が最小となるのは $\frac{dT}{dh} = 0$ より $h = \frac{a}{\sqrt{3}}$ のときである．

7.2B (1) 質量線密度を $\lambda = \frac{M}{8a}$ とおく．正方形 ABCD の辺 AD の中点 M から頂点 D に向かって座標 s_1 をとる．また，頂点 D から C に向かって座標 s_2 をとる．各辺の線素片からの寄与を足し合わせて，慣性モーメントは $I_1 = 2\int_{-a}^{a} s_1^2 \cdot \lambda ds_1 + 2\int_0^{2a} a^2 \cdot \lambda ds_2 = \frac{2}{3}Ma^2$ と求まる．
(2) 頂点 A から頂点 D に向かって座標 s_3 をとる．各辺の線素片からの寄与を足し合わせて，慣性モーメントは $I_2 = 4\int_0^{2a} \left(\frac{s_3}{\sqrt{2}}\right)^2 \cdot \lambda ds_3 = \frac{2}{3}Ma^2$ と求まる．
(3) 辺 CD の中点 N から頂点 D に向かって座標 s_4 をとる．各辺の線素片からの寄与を足し合わせて，慣性モーメントは $I_3 = 4\int_{-a}^{a} \left(a^2 + s_4^2\right) \cdot \lambda ds_4 = \frac{4}{3}Ma^2$ と求まる．同じ結果は，薄板の定理により計算しても得られる．

7.2C (1) 質量線密度を $\lambda = \frac{M}{2\pi a}$ とおく．円環の中心を原点 O，中心軸を z 軸とし，円環面内に x, y 軸をとる．円周上の点 P の位置を xy 面内の平面極座標 (r, φ) を用いて表すと，点 P の位置ベクトルは $\boldsymbol{r} = a\cos\varphi\,\boldsymbol{i} + a\sin\varphi\,\boldsymbol{j}$ となる．回転軸は yz 面内にあって z 軸から角度 θ だけ傾いているものとする．このとき，回転軸方向の単位ベクトルは $\boldsymbol{e} = \sin\theta\,\boldsymbol{j} + \cos\theta\,\boldsymbol{k}$ である．このように回転軸を選んでも，得られる結果の一般性は失われない．点 P から回転軸におろした垂線の長さは $h = \sqrt{a^2 - (\boldsymbol{r}\cdot\boldsymbol{e})^2} = a\sqrt{1 - \sin^2\varphi\sin^2\theta}$ となる．点 P での線素片を ds として，一周にわたって線素片からの寄与を足し合わせると，慣性モーメントは $I = \int h^2 \cdot \lambda ds = \frac{Ma^2}{2\pi}\int_0^{2\pi}(1 - \sin^2\varphi\sin^2\theta)d\varphi = \frac{1}{2}Ma^2(1 + \cos^2\theta)$ と得られる．
(2)x, y, z 軸方向を回転軸とする円環の慣性モーメントは，それぞれ $I_x = \frac{1}{2}Ma^2$,

$I_y=\frac{1}{2}Ma^2$, $I_z=Ma^2$ である．z 軸から角度 θ だけ傾いた軸方向の方向余弦 (l,m,n) は $l=\sin\theta\cos\varphi$, $m=\sin\theta\sin\varphi$, $n=\cos\theta$ であるから，この軸のまわりの慣性モーメントは $I=l^2I_x+m^2I_y+n^2I_z=\frac{1}{2}Ma^2(1+\cos^2\theta)$ となる．

7.2D 回転体の体積は $V=\int_0^a\pi\left(\frac{x^2}{a}\right)^2dx=\frac{1}{5}\pi a^3$ であるから，体積密度は $\rho=\frac{5M}{\pi a^3}$ となる．x 軸のまわりの慣性モーメントは

$$I=\int\left(\frac{x^2}{a}\right)^2\cdot\frac{1}{2}\rho dV=\frac{\rho}{2a^2}\int_0^a x^4\cdot\pi\left(\frac{x^2}{a}\right)^2dx=\frac{5}{18}Ma^2$$

となるから，剛体の運動エネルギーは $K=\frac{1}{2}I\omega^2=\frac{5}{36}Ma^2\omega^2$ と得られる．

7.3A i 番目の質点の座標の間に $x_i'=x_i\cos\theta+y_i\sin\theta$, $y_i'=-x_i\sin\theta+y_i\cos\theta$ の関係が成り立つので $x_i'y_i'=\frac{1}{2}\sin 2\theta\,(y_i^2-x_i^2)+\cos 2\theta\cdot x_iy_i$ となる．i 番目の質点の質量を m_i とすると，$z_i=0$ なので，$\mathrm{O}'x'y'z'$ 座標系での非対角成分は

$$\begin{aligned}I_{12}'&=-I_{xy}'=-\sum_{i=1}^N m_ix_i'y_i'\\&=\frac{1}{2}\sin 2\theta\left(\sum_{i=1}^N m_ix_i^2-\sum_{i=1}^N m_iy_i^2\right)-\cos 2\theta\sum_{i=1}^N m_ix_iy_i\\&=\frac{1}{2}\big(I_{22}-I_{11}\big)\sin 2\theta+I_{12}\cos 2\theta\end{aligned}$$

となる．$I_{12}'=0$ のとき対角化されるので $\tan 2\theta=\frac{2I_{12}}{I_{11}-I_{22}}$ が求める式である．

7.3B 質量面密度を $\sigma=\frac{M}{2a^2}$ とおく．$\mathrm{O}xyz$ 座標系での慣性テンソルの各成分は

$$\begin{aligned}I_{11}&=I_x=\int_0^{2a}\left(\int_0^a\sigma y^2dy\right)dx=\frac{1}{3}Ma^2\\I_{22}&=I_y=\int_0^{2a}\left(\int_0^a\sigma x^2dy\right)dx=\frac{4}{3}Ma^2\\I_{12}&=-I_{xy}=-\int_0^{2a}\left(\int_0^a\sigma xydy\right)dx=-\frac{1}{2}Ma^2\end{aligned}$$

となる．慣性テンソルが対角化されるのは $\tan 2\theta=\frac{2I_{12}}{I_{11}-I_{22}}=1$ のときとなるので $\theta=\frac{\pi}{8}$ が求める角度である．

8 剛体の平面運動

8.2A 棒に働く力は重力 Mg と端点 B での垂直抗力だけなので，棒の重心 G は鉛直方向だけに運動する．傾き角が θ のとき，重心の床からの高さは $y_{\mathrm{G}}=a\cos\theta$ である．このときの回転の角速度の大きさを $\omega(=\dot{\theta})$ とすると，$\dot{y}_{\mathrm{G}}=-a\omega\sin\theta$ となる．重心を通る棒に垂直な軸のまわりの慣性モーメントは $I_{\mathrm{G}}=\frac{1}{3}Ma^2$ である．力学的エネルギー保存の法則より，傾き角 θ のとき

$$\frac{1}{2}I_{\mathrm{G}}\omega^2+\frac{1}{2}M\dot{y}_{\mathrm{G}}^2+Mga\cos\theta=Mga\cos\frac{\pi}{6}$$

が成り立つ．これを ω について解くと $\omega=\sqrt{\frac{3g(\sqrt{3}-2\cos\theta)}{a(4-3\cos^2\theta)}}$ となる．床にあたる直前では $\theta=\frac{\pi}{2}$ として $\omega=\sqrt{\frac{3\sqrt{3}g}{4a}}$ となる．端点 B が瞬時回転中心になって

いるので，端点 A の速さは $v_{\mathrm{A}} = 2a\omega = \sqrt{3\sqrt{3}ag}$ と得られる．

【別解】 端点 B を通る棒に垂直な軸のまわりの慣性モーメントは $I_{\mathrm{B}} = \frac{4}{3}Ma^2$ である．床にあたる直前では，力学的エネルギー保存の法則より $\frac{1}{2}I_{\mathrm{B}}\omega^2 = Mg\cdot\frac{\sqrt{3}}{2}a$ が成り立つ．これより ω を求めて $v_{\mathrm{A}} = 2a\omega$ に代入すれば $v_{\mathrm{A}} = \sqrt{3\sqrt{3}ag}$ が得られる．

8.3A 円柱の中心軸のまわりの慣性モーメントは $I = \frac{1}{2}Ma^2$ である．時刻 t における前方回転の角速度を ω，重心の並進速度を v，円柱の接点の床の接点に対する相対速度を v' とすると，$v' = v - a\omega$ なので，$t = 0$ では $v' < 0$ である．従って，運動方程式は $M\dot{v} = \mu' Mg,\ I\dot{\omega} = -a\cdot\mu' Mg$ と書ける．初期条件のもとに積分すると $v = \mu' gt + \frac{1}{2}a\omega_0,\ \omega = -\frac{2\mu' g}{a}t + \omega_0$ となる．等速運動となる時刻に $v = a\omega$ が成り立つので，その時刻は $t_1 = \frac{a\omega_0}{6\mu' g}$ と得られる．このときの並進速度は $v_1 = \frac{2}{3}a\omega_0$ であり，以後はこの速度での等速運動となる．

8.4A 球の中心軸のまわりの慣性モーメントは $I = \frac{2}{5}Ma^2$ である．初めの重心の位置を原点として，斜面下方へ x 軸をとり，重心の座標が x のときの重心の並進速度を v，前方回転の角速度を ω とする．滑らないので，力学的エネルギーの保存則 $\frac{1}{2}Mv^2 + \frac{1}{2}I\omega^2 = Mgx\sin\beta$ が成り立つ．これより $\frac{7}{10}Mv^2 = Mgx\sin\beta$ となる．これを時間微分して，斜面下方への並進加速度は $\alpha = \dot{v} = \frac{5}{7}g\sin\beta$ と得られる．また，接点における斜面上方への静止摩擦力を F とすると，運動方程式は $M\dot{v} = Mg\sin\beta - F,\ I\dot{\omega} = aF$ と書ける．滑らないとき $v = a\omega$ であるから $F = \frac{2}{7}Mg\sin\beta$ となる．滑らないための条件 $\frac{2}{7}Mg\sin\beta \leq \mu Mg\cos\beta$ を変形して $\tan\beta \leq \frac{7}{2}\mu$ となる．従って，求める値は $\tan\beta_c = \frac{7}{2}\mu$ である．

8.6A 球の中心軸のまわりの慣性モーメントを I，重心の並進速度を v，前方回転の角速度を ω，接点における固定球面上方への静止摩擦力を F，垂直抗力を N，重力加速度の大きさを g とする．運動方程式は $M\frac{v^2}{a+b} = Mg\cos\theta - N,\ M\dot{v} = Mg\sin\theta - F,\ I\dot{\omega} = aF$ と書ける．滑りが起こっていないとき $v = a\omega$ が成り立つから $F = \frac{2}{7}Mg\sin\theta$ となる．$v^2 = \frac{10}{7}g(a+b)(1-\cos\theta)$ であることを用いて $N = \frac{1}{7}(17\cos\theta - 10)Mg$ が導かれる．滑りが起こらないのは $\frac{2}{7}Mg\sin\theta \leq \mu N$ となっている間である．θ の増加とともに，左辺は増加し，右辺は有限値から 0 に向かって減少するので，$N = 0$ になるまでの間に滑りが始まる．滑りが始まる角度 θ' に対しては $2\sin\theta' = \mu(17\cos\theta' - 10)$ が成り立つ．

9 非慣性系における運動

9.1A 点 O$'$ を原点とし，進行方向へ x' 正方向，鉛直上方へ y' 軸正方向を選んだ箱と一緒に動く座標系 O$'x'y'$ で運動を記述する．$m\ddot{x}' = -ma$, $m\ddot{y}' = -mg$ と運動方程式が書けるので，投げ出した時刻を $t=0$ としてこれらを積分すると $\dot{x}' = -at + v_0'$, $x' = -\frac{1}{2}at^2 + v_0't$, $\dot{y}' = -gt$, $y' = -\frac{1}{2}gt^2 + h$ と得られる．質点が床に達する時刻は $t_1 = \sqrt{\frac{2h}{g}}$ となる．$t = t_1$ において $\dot{x}' = -a\sqrt{\frac{2h}{g}} + v_0'$ および $\dot{y}' = -\sqrt{2gh}$ である．$\frac{1}{2}mv_1'^2 = \frac{1}{2}mv_0'^2 + mgh$ が成り立つのは，水平方向と鉛直方向の運動を決める定数の間に $\frac{v_0'}{a} = \sqrt{\frac{h}{2g}}$ の関係がある場合となっている．上記の結果から，$t = t_1$ のとき $x' = 0$, $\dot{x}' = -v_0'$ となることがわかる．従って,「質点がちょうど原点に達する場合」である．

9.1B この問題は，慣性系どうしの相対運動となっている．薄板に固定した座標系として，質点をのせた位置を原点 O$'$ とし，薄板の移動方向に x' 軸正方向を選ぶ．質点の質量を m とすると，薄板に固定した座標系での運動方程式は $m\ddot{x}' = \mu' mg$ と書ける．初めの時刻を $t=0$ として積分すると $\dot{x}' = \mu' gt - V_0$, $x' = \frac{1}{2}\mu' gt^2 - V_0 t$ と得られる．質点が薄板に対して静止する時刻は $t_1 = \frac{V_0}{\mu' g}$ となるから，このときの x' 座標は $x' = -\frac{V_0^2}{2\mu' g}$ である．$x = x' + V_0 t$ の関係が成り立つので，求める座標は $x = \frac{V_0^2}{2\mu' g}$ となる．

9.2A (1) 慣性系，回転系ともに，質点は xy 面内を時計回りに円運動している．慣性系における速さを $v = a\omega$ として，運動方程式の法線成分は $m\frac{v^2}{a} = F_0$ と書ける．従って $\boldsymbol{F}_0 = -ma\omega^2\boldsymbol{e}_r'$ である．

(2) 回転系における位置ベクトルを $\boldsymbol{r}'$，速度ベクトルを $\boldsymbol{v}'$ とすると，遠心力は $\boldsymbol{F}_\omega = m(\boldsymbol{\omega}\times\boldsymbol{r}')\times\boldsymbol{\omega} = ma\omega^2\boldsymbol{e}_r'$，コリオリの力は $\boldsymbol{F}_v = 2m\boldsymbol{v}'\times\boldsymbol{\omega} = -2m\omega v'\boldsymbol{e}_r'$ と表される．回転系で働く全体の力は $\boldsymbol{F} = \boldsymbol{F}_0 + \boldsymbol{F}_v + \boldsymbol{F}_\omega = -2m\omega v'\boldsymbol{e}_r'$ となる．これより，回転系での運動方程式の法線成分は $m\frac{v'^2}{a} = 2m\omega v'$ と書けるので，$v' = 2a\omega$ と得られる．従って，コリオリの力は $\boldsymbol{F}_v = -4ma\omega^2\boldsymbol{e}_r'$ となる．

9.2B (1) 棒とともに z 軸のまわりに回転する座標系 O$'x'y'z'$ を考える（x' 軸が棒の方向に一致；基本ベクトルは $\boldsymbol{i}'$, $\boldsymbol{j}'$, $\boldsymbol{k}'$）．この座標系での位置ベクトルを $\boldsymbol{r}'$，速度ベクトルを $\boldsymbol{v}'$ とすると，働く遠心力は $\boldsymbol{F}_\omega = m(\boldsymbol{\omega}\times\boldsymbol{r}')\times\boldsymbol{\omega} = mr'\omega^2\boldsymbol{i}'$，コリオリの力は $\boldsymbol{F}_v = 2m\boldsymbol{v}'\times\boldsymbol{\omega} = -2mv'\omega\boldsymbol{j}'$，棒からの抗力は $\boldsymbol{R} = R\boldsymbol{j}'$ と

なる．回転系での運動方程式は $m\ddot{r}' = mr'\omega^2$, $m \cdot 0 = R - 2mv'\omega$ と書ける．A, B を任意定数として $\ddot{r}' = \omega^2 r'$ の一般解を $r' = A\cosh\omega t + B\sinh\omega t$ とおくと $\dot{r}' = A\omega\sinh\omega t + B\omega\cosh\omega t$ である．初期条件より $A = a$, $B = 0$ と決まるので，解は $r' = a\cosh\omega t$ となる．$r = r'$ より $r = a\cosh\omega t$ である．また，$v' = \dot{r}' = a\omega\sinh\omega t$ となるので，抗力は $R = 2ma\omega^2\sinh\omega t$ と得られる．

(2) $\boldsymbol{i}' = \cos\omega t\,\boldsymbol{i} + \sin\omega t\,\boldsymbol{j}$, $\boldsymbol{j}' = -\sin\omega t\,\boldsymbol{i} + \cos\omega t\,\boldsymbol{j}$ であるから $\frac{d\boldsymbol{i}'}{dt} = \omega\boldsymbol{j}'$ となる．慣性系でみたときに，位置ベクトルは $\boldsymbol{r} = a\cosh\omega t\,\boldsymbol{i}'$，速度ベクトルは

$$\boldsymbol{v} = \dot{\boldsymbol{r}} = a\omega\sinh\omega t\,\boldsymbol{i}' + a\cosh\omega t\,\frac{d\boldsymbol{i}'}{dt} = a\omega(\sinh\omega t\,\boldsymbol{i}' + \cosh\omega t\,\boldsymbol{j}')$$

である．これより $\tan\theta = \frac{a\omega\cosh\omega t}{a\omega\sinh\omega t} = \frac{1}{\tanh\omega t}$ である．従って，この螺旋運動において十分時間を経た後には $\theta \to \frac{\pi}{4}$ のように漸近していく．

10 地球表面に固定した座標系

10.1A 本文における落体の運動の場合と同じように Oxyz 座標系をとって考える．運動方程式の x, z 成分において v_y を無視すると

$$\dot{v}_x = 0, \quad \dot{v}_y = -2\omega(v_z\cos\lambda + v_x\sin\lambda), \quad \dot{v}_z = -g$$

となる．これを初期条件のもとに積分すると

$$x = v_0 t, \quad y = \omega t^2\left(\frac{gt}{3}\cos\lambda - v_0\sin\lambda\right), \quad z = -\frac{g}{2}t^2 + h$$

となる．$z = 0$ となるとき $y = \frac{2\omega h}{3g}\left(\sqrt{2gh}\cos\lambda - 3v_0\sin\lambda\right)$ であるから，$y > 0$（東へずれる）となるのは $0 \leq v_0 < \frac{\sqrt{2gh}}{3\tan\lambda}$ のときであることがわかる．

11 固定点のまわりの剛体の運動

11.2A オイラーの運動方程式の第 1 式 $I_1\dot{\omega}_1 - (I_1 - I_3)\omega_2\omega_3 = 0$ を変形すると $\omega_2 = -\frac{\dot{\omega}_1}{\Omega}$ となる．これを第 2 式 $I_1\dot{\omega}_2 - (I_3 - I_1)\omega_3\omega_1 = 0$ に代入して ω_2 を消去すると，ω_1 に対する単振動の運動方程式 $\ddot{\omega}_1 = -\Omega^2\omega_1$ が得られる．この解を $\omega_1 = A\cos(\Omega t + \phi)$ とする（$A(>0)$, ϕ は定数）．これより $\omega_2(t) = A\sin(\Omega t + \phi)$ となる．この結果は，$\omega_1\boldsymbol{e}_1 + \omega_2\boldsymbol{e}_2$ の始点を ζ 軸上の固定点においたとき，その先端が半径 A の円周上を角速度 Ω で円運動することを表している．運動中は $\omega_3\boldsymbol{e}_3$ は一定なので，$\boldsymbol{\omega}$ は ζ 軸に対して一定の角度をなして傾いていることがわかる．

11.2B 原点のまわりに外力のモーメントが働いていない運動を考えているので，$\frac{d\boldsymbol{L}}{dt} = \boldsymbol{N} = \boldsymbol{0}$ である．慣性系で見たときは原点のまわりの角運動量ベク

トル $\boldsymbol{L}$ は一定のベクトルとなるので，この角運動量の方向に慣性系の z 軸を選ぶ．すなわち，$\boldsymbol{L} = L\boldsymbol{k}$ である．他方，角運動量ベクトルは主軸座標系では $\boldsymbol{L} = L_1\boldsymbol{e}_1 + L_2\boldsymbol{e}_2 + L_3\boldsymbol{e}_3 = I_1\omega_1\boldsymbol{e}_1 + I_2\omega_2\boldsymbol{e}_2 + I_3\omega_3\boldsymbol{e}_3$ と書けるから，角運動量ベクトルの ξ, η, ζ 成分は，それぞれ $I_1\omega_1 = L\boldsymbol{k}\cdot\boldsymbol{e}_1$, $I_2\omega_2 = L\boldsymbol{k}\cdot\boldsymbol{e}_2$, $I_3\omega_3 = L\boldsymbol{k}\cdot\boldsymbol{e}_3$ となる．オイラーの角を用いて，角速度ベクトルの成分と方向余弦を表すと

$$\omega_1 = \dot{\theta}\sin\psi - \dot{\varphi}\sin\theta\cos\psi = -\tfrac{L}{I_1}\sin\theta\cos\psi,$$
$$\omega_2 = \dot{\theta}\cos\psi + \dot{\varphi}\sin\theta\sin\psi = \tfrac{L}{I_2}\sin\theta\sin\psi,$$
$$\omega_3 = \dot{\varphi}\cos\theta + \dot{\psi} = \tfrac{L}{I_3}\cos\theta$$

が成り立つ．ここで，$I_1 = I_2$ である．第 1 式に $\sin\psi$，第 2 式に $\cos\psi$ をかけて和をとると $\dot{\theta} = 0$ が得られ，運動中に θ が一定に保たれることがわかる．これにより ω_3 が運動中に一定であることも導かれる．次に，第 1 式に $-\cos\psi$，第 2 式に $\sin\psi$ をかけて和をとってから $\sin\theta$ で両辺を割ると $\dot{\varphi} = \frac{L}{I_1} > 0$ が導かれる．最後に，この結果を第 3 式に代入し，$L\cos\theta = I_3\omega_3$ を用いて変形すると $\dot{\psi} = \frac{I_1 - I_3}{I_1}\omega_3$ が得られる．以上より，$\theta, \dot{\varphi}, \dot{\psi}$ が運動中一定に保たれることになる．

11.3A (1) 変数分離の形 $\int \frac{ds}{\sqrt{s(s_1 - s)}} = \pm\int a dt$ にして積分する．まず，変数変換 $s = s_1\sin^2\gamma$ を行う．ここで $0 \leq s \leq s_1$ なので $0 \leq \gamma \leq \pi/2$ である．積分を実行すると $\int \frac{ds}{\sqrt{s(s_1 - s)}} = \int \frac{2s_1\sin\gamma\cos\gamma}{s_1\sin\gamma\cos\gamma}d\gamma = 2\gamma + C_1$ となる（C_1 は積分定数）．一般解は $2\gamma = \pm at + C_1$ と書ける．初期条件を適用すると $2\gamma = \pm at$ となる．従って，解は $s = \frac{s_1}{2}(1 - \cos 2\gamma) = \frac{s_1}{2}(1 - \cos at)$ と得られる．

(2) もとの方程式を微分して $2\dot{s}\ddot{s} = a^2 s_1\dot{s} - 2a^2 s\dot{s}$ となる．$\dot{s} = 0$ は章動のない場合となるので，章動に対する微分方程式は $2\ddot{s} = a^2 s_1 - 2a^2 s$ である．すなわち $\ddot{s} = -a^2\left(s - \frac{s_1}{2}\right)$ を解けばよい．この一般解を $s = A\cos(at + \phi) + \frac{s_1}{2}$ とおく（A, ϕ は任意定数）．微分して $\dot{s} = -Aa\sin(at + \phi)$ である．初期条件を適用すると $0 = A\cos\phi + \frac{s_1}{2}$,　$0 = -Aa\sin\phi$ となるので $\phi = 0$,　$A = -\frac{s_1}{2}$ と決定される．従って，解は $s = \frac{s_1}{2}(1 - \cos at)$ と得られる．

参　考

この本の作成に当たって，多くの文献を参考にさせていただいた．力学の問題をもっと解いてみたいと思う読者のために，下にそれらの文献をあげておく．それぞれの文献には興味深い問題や力学にまつわる事柄が取り上げられているので，この本と合わせて読んでいただくとよい．

1. 山内恭彦・末岡清市編：大学演習　力学，裳華房（1957）
2. 原島鮮：力学，裳華房（1958）
3. ゴールドスタイン著　野間進・瀬川富士訳：古典力学，吉岡書店（1959）
4. ランダウ・リフシッツ共著　広重徹・水戸巌訳：力学，東京図書（1967）
5. Ch. シンガー著　伊東俊太郎・木村陽二郎・平田寛訳：科学思想のあゆみ，岩波書店（1968）
6. 後藤憲一・山本邦夫・神吉健共著：詳解力学演習，共立出版（1971）
7. 喜多秀次・宮武義郎・徳岡善助・山崎和夫・幡野茂明共著：力学，学術図書出版社（1974）
8. 阿部龍蔵：力学，サイエンス社（1975）
9. 荒川泰二：力学，朝倉書店（1979）
10. 今井功・高見穎郎・高木隆司・吉澤徴共著：演習力学，サイエンス社（1981）
11. 戸田盛和：力学，岩波書店（1982）
12. A.P. フレンチ著　橋高知義監訳：MIT 物理　力学，培風館（1983）

索 引

◆さ◆

◆た◆

◆な◆

◆は◆

◆ま◆

◆や◆

◆ら◆

◆わ◆

著者紹介：

竹内秀夫（たけうち・ひでお）

埼玉県出身.

埼玉大学理工学部物理学科，名古屋大学大学院理学研究科物理学専攻修士・博士課程を経て，1977 年より名古屋大学助手・講師・助教授を歴任.

現在，豊田工業大学教授．理学博士.

専攻は物性物理学。.

しっかり身につく
基礎から学ぶ力学

2013 年 8 月 20 日　　初版 1 刷発行

著　者　　竹内秀夫
発行者　　富田　淳
発行所　　株式会社　現代数学社
〒 606-8425 京都市左京区鹿ヶ谷西寺ノ前町 1
TEL 075 (751) 0727　FAX 075 (744) 0906
http://www.gensu.co.jp/

印刷・製本　　モリモト印刷株式会社

検印省略

ISBN 978-4-7687-0428-8